# 室内设计原理

## PRINCIPLES OF INTERIOR DESIGN

李洋　编著

机械工业出版社
CHINA MACHINE PRESS

本书系统介绍了室内设计的基本原理与方法。全书分为8章，第1章室内设计的概述，介绍了室内设计的相关概念与学习方法。第2章室内设计的发展，概述了中国与西方室内设计的发展以及中国传统室内设计原理。第3章室内空间的设计，内容包括室内空间的形成与分类、关系与组织。第4章室内界面的设计，内容包括界面材料的选用与界面设计的要点。第5章室内陈设的选配，介绍室内家具、织物、植物与饰品的选配原理。第6章室内色彩的设计，内容包括色彩的基础知识、色彩知觉的效应、色彩对比与色彩调和以及室内配色设计原理。第7章室内照明的设计，介绍照明的基础知识、电光源与灯具以及室内照明设计原理。第8章室内设计的方法，介绍了功能分析与平面布置、空间氛围与空间形象，并结合作品范例以供参考。全书图文并茂，清晰易读。本书可作为高等院校室内设计、环境设计、建筑装饰和建筑学专业的教材或教学参考用书，也可供室内设计师及相关从业人员阅读、参考。

**图书在版编目（CIP）数据**

室内设计原理/李洋编著. —北京：机械工业出版社，2024.4
ISBN 978-7-111-75501-2

Ⅰ.①室… Ⅱ.①李… Ⅲ.①室内装饰设计 Ⅳ.①TU238.2

中国国家版本馆CIP数据核字（2024）第066814号

机械工业出版社（北京市百万庄大街22号　邮政编码100037）
策划编辑：赵　荣　　　　　　责任编辑：赵　荣　范秋涛
责任校对：王荣庆　宋　安　　　封面设计：鞠　杨
责任印制：张　博
北京利丰雅高长城印刷有限公司印刷
2024年8月第1版第1次印刷
184mm×260mm·16.25印张·343千字
标准书号：ISBN 978-7-111-75501-2
定价：89.00元

电话服务　　　　　　　　　　　网络服务
客服电话：010-88361066　　　　机　工　官　网：www.cmpbook.com
　　　　　010-88379833　　　　机　工　官　博：weibo.com/cmp1952
　　　　　010-68326294　　　　金　书　网：www.golden-book.com
**封底无防伪标均为盗版**　　　机工教育服务网：www.cmpedu.com

# 前　言

有关《室内设计原理》的教材，比较早的是霍维国教授于1985年出版的《室内设计》（西安交通大学出版社）以及陆震纬教授于1987年主编的《室内设计》（四川科学技术出版社），随后又有史春珊、吴家骅、张绮曼、郑曙旸、朱小平、来增祥以及高祥生等教授的相关教材陆续出版。中国台湾地区的有侯平治教授于1971年出版的《现代室内设计》以及王建柱教授于1976年出版的《室内设计学》。在那样一个设计资料较为匮乏的年代，王建柱的《室内设计学》也被潘吾华的《室内陈设艺术设计》（1999）、尼跃红的《室内设计基础》（2004）、陈易的《室内设计原理》（2006）以及辛艺峰的《建筑室内环境设计》（2006）等作为参考资料。《室内设计学》的主要参考文献*Inside Today's Home*也以《美国室内设计通用教材》为名于2004年由上海人民美术出版社翻译出版，其桥梁与联结作用可见一斑。国外比较有代表性的如Francis D. K. Ching的*Interior Design Illustrated*（1987）、John F. Pile的*Interior Design*（1988）、Mark Karlen的*Space Planning Basics*（1993）等。近年来相关出版更为丰富，如叶铮的《室内设计纲要：概念思考与过程表述》（2010）、娄永琪与杨皓的《环境设计》（2版，2021）以及王国彬、宋立民与程明的《虚拟环境艺术设计》（2022）等。

本书便是对不限于上述的国内外相关教材进行较为系统的梳理，结合笔者自身的教学与实践经验进行编写的，并以"基本概念—历史发展—设计原理—设计方法"为总体框架，将"设计原理"结合室内设计项目实际操作过程中的"硬装设计（空间设计、界面设计）—软装设计（家具、织物、植物、饰品的选配）—总体把控（色彩设计、照明设计）"组织教材编写的具体内容结构。书中的基本概念多引用最新的标准规范与百科全书，力求做到严谨规范。在此也向本书所引用参考的所有文献的作者表示感谢！

本书的编写得到了杨鸿勋先生、朱永春教授、陈新生教授、郭端本教授、薛光弼教授、林磐耸教授、李朝阳教授、李宗山先生、张雷先生以及周健老师等人的热情帮助。

陈新生教授、薛光弼教授、周健、张实、卓娜等老师以及深圳市大壹空间室内装饰设计有限公司的张雷先生为本书提供了照片与案例。本书的编写得到了机械工业出版社的编辑们，特别是责任编辑赵荣老师的帮助；亦离不开我家人的支持，在此一并表示深深的感谢！本书为2020年福建省本科高校教育教学改革研究项目研究成果。本书的不足之处还恳请广大专家学者们给予批评指正并不吝赐教！

李　洋

# 目　录

# 第1章
# 室内设计的概述

## 1.1 室内设计的相关概念

　　人类自诞生以来就伴随着对自身所处的室内环境进行装饰与设计的本能行为。本书在这里探讨的，主要针对的是自20世纪初期以来，室内设计逐渐发展并成为一门专门的教育和一个独立的职业，相关研究学者的学术论著以及教育与行业机构所做出的概念界定。从世界范围来看，室内设计的专业称谓都经历了室内装饰、室内设计与环境设计这3个名称的发展变化。这三者的演化并不是直线式的替代关系，而是对室内装饰、设计以及环境的认识观念逐步渐进地发展，其中就含有对这三者互相关联而交融的内容。

### 1.1.1 室内装饰

　　室内装饰（Interior Decoration）是室内设计历史上长期沿用的名词。

#### 1. 帕森斯与《室内装饰：原理与实践》

　　1906年，美国设计教育家弗兰克·阿尔瓦·帕森斯（Frank Alvah Parsons，1863~1930）在纽约艺术学院（New York School of Art，现帕森斯设计学院）率先开设室内装饰课程。帕森斯于1915年出版《室内装饰：原理与实践》（*Interior Decoration：Its Principles and Practice*）一书（图1-1），开篇就提出"何时、何地、如何进行装饰"的问题。他认为，装饰（Decoration）首先要满足房屋的功能（Function）、人的使用（Use）以及结构（Structure）的加强，然后才是美观（Beauty）。如果装饰物的功能理念没有得到充分的实现，那么艺术的美感也只是表达了一半，更会沦为一种表面附加的装饰（Ornament）[一]。在这里，功能性已经先于形式美，成为室内装饰首要考虑的问题。帕森斯还强调"人就是他所生活的环境，环境是影响人发展的最

图1-1　《室内装饰：原理与实践》扉页

---

　　[一] Frank Alvah Parsons. Interior Decoration：Its Principles and Practice [M]. New York：Doubleday，Page & Company，1915：3-16.

强有力的因素"⊖的观点，环境的概念在室内装饰的阶段已经被提出。

2. 谢里尔·惠顿与《室内装饰元素》

美国第一所专门的室内设计学校纽约室内装饰学院（New York School of Interior Decoration）在1916年创立之初也是以室内装饰来命名的，直到1951年才改名为纽约室内设计学院（New York School of Interior Design）。这所学校的创办人美国建筑师谢里尔·惠顿（Sherrill Whiton，1887~1961），于1937年出版的《室内装饰元素》（*Elements of Interior Decoration*）（图1-2）一书中指出："室内装饰是一门与房屋内部处理有关的艺术，从而为人类的身体（Physical）、视觉（Visual）和精神（Intellectual）上的舒适和快乐做出贡献，室内装饰师的工作在任何情况下都必须满足这3个要求。室内装饰显然是建筑的一个分支，它必须同时考虑实用（Utility）和美观（Beauty）"。⊖随着20世纪初期美国室内装饰专业教育的发展，"室内装饰师"这一职业也应运而生，其主要的工作内容是为已有的房间选择合适的地板和墙壁的覆盖物、家具、陈设、照明及整体配色方案。

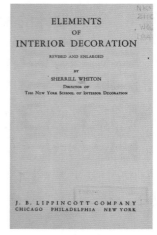

图1-2 《室内装饰元素》扉页

3. 史岩与《现代家庭装饰》

西方的室内装饰思想自然也影响到中国，比较突出的是20世纪30年代的上海⊜。当时中国著名美术史论家史岩（1904~1994）编写了《室内装饰美术》，该书1933年出版时易名为《现代家庭装饰》⑩（图1-3）。史岩认为："家庭装饰是装饰家庭居室内部的一种美术。各室内内部装饰所要研究的，是在使室内的一切器物及其环境普遍的艺术化。被装饰的室内是受色彩、形式与材料这3大力量的支配，一种装饰的综合美，便从此产生。具体而言，色彩是指室内大体的色调而言，壁面、窗帘、地毯以及各种家具的色彩都包括在内。形式是指室内的一切物体的形状而言，装饰物体表面的花纹模样，均可包含在形式的范围内。材料是指室内的一切装饰材料而言

图1-3 《现代家庭装饰》封面

⊖ Frank Alvah Parsons. The art of Home Furnishing and Decoration [M]. Lancaster，PA：Armstrong Cork Company，1918：5.
⊖ Augustus Sherrill Whiton. Elements of Interior Decoration [M]. 2nd ed. Chicago：J. B. Lippincott Company，1944：4-5.
⊜ 丁俊. 1930年代上海家装设计的现代性路径研究 [D]. 无锡：江南大学，2021.
⑩ 孙振华. 根深才能叶茂——著名美术史论家史岩教授的学术生涯 [J]. 美术，1993（04）：36-39.

的，家具虽以实用为目的，但也含有装饰的意味，故均有注意其质料的必要。"[一]史岩不仅详细论述了以上室内装饰的3个基本要素，还超前性地提出"环境艺术化""室内综合美"以及"艺术化生活大众化"的概念。史岩在书中还特别强调，在学习模仿西方室内装饰的同时，更要保持中华民族所固有的民族趣味和民族特征，这也是他写作该书最大的旨趣。

**4. 中央工艺美术学院室内装饰系**

新中国的室内设计教育始于1957年中央工艺美术学院室内装饰系的成立，其制订的教学目标明确为："培养学生成为具有忠实于社会主义建设事业的坚强意志，有一定的文化艺术科学水平和一定的生产知识，在室内装饰专业上有较高的创作能力和理论知识的室内装饰设计师。并且要求毕业后能独立进行公共建筑、居住建筑的室内装饰、建筑装饰和家居设计工作。"[二]

室内装饰系自建系之后全体师生随即投入北京"十大建筑"的部分室内外装饰设计任务中。该系的重要人物奚小彭（1924~1955），在1960年对此前室内装饰的教学与设计实践工作回顾说："'室内装饰'是一个外来语，英文称为'interior decoration'，原意是室内设计，沿用'室内装饰'这一译法已经颇有年月。其实，'室内装饰'无论如何也不能概括我们已经做过的工作的全部内容。即使我们在'室内'所做的那部分工作的内容，也不是'室内装饰'一词所能包含得了的。'室内装饰'，一般人把它理解成室内的陈设布置、家具造型设计，与建筑实体本身关系不大。这样理解当然不够全面。十年来的经验证明，我们的工作——即使在'室内'的那一部分工作，也应该包括建筑的某些重要组成部分（如平顶、柱式、门窗、地面、墙面、楼梯……）的艺术处理。这些处理不可能不牵涉功能结构以及科学技术上的种种问题，这就已经超出了'装饰'两字的范围，而具有更加广泛的意义。何况还有'室外'某些部分的艺术处理问题。"[三]以上文字可以看出当时中国室内设计教育的开创者对室内装饰的认识发展，得益于室内设计教学与设计工程实践的结合，已经逐渐由"室内"扩展到"建筑"，其解决的问题也由"装饰艺术处理"扩展到"功能结构与科学技术问题"。

## 1.1.2 室内设计

伴随着现代设计运动的发展与影响，美国大部分以室内装饰命名的学术机构和出版物逐步改名为室内设计。如前述纽约室内装饰学院于1951年改名为纽约室内设计学院，谢里尔·惠顿的《室内装饰元素》（*Elements of Interior Decoration*）1951年再版时也改名

---

[一] 史岩. 现代家庭装饰 [M]. 上海：大东书局，1933：4-5，19。

[二] 任艺林. 从室内装饰到环境设计：清华大学美术学院（原中央工艺美术学院）环境艺术设计系历史沿革 [M]. 北京：中国建筑工业出版社，2017：23。

[三] 马怡西. 奚小彭文集 [M]. 济南：山东美术出版社，2018：94。

为《室内设计和装饰元素》（*Elements of Interior Design and Decoration*）。1931年成立的美国室内装饰师协会（American Institute of Interior Decorators，AIID）也于1961年更名为美国室内设计师协会（American Institute of Interior Designers，AID）。

### 1. 王建柱与《室内设计学》

中国台湾师范大学教授王建柱（1931~1993）于1976年出版的《室内设计学》是试图建构系统的、完整的、独立的人性化现代室内设计理论体系的学术专著（图1-4）。在此之前，王建柱已先后出版《更好的，和更美的》（1971年）、《包豪斯：现代设计教育的根源》（1972年）、《西洋家具的发展》（1972年）、《现代环境的命运：非人性环境的检讨与人性环境的展望》（1976年）等专著，对室内设计、现代设计及人类环境的相关理论进行了深入的研究，为《室内设计学》的成书奠定了夯实的基础。

图1-4　《室内设计学》封面

王建柱定义室内设计是"环境设计的一个主要部门，它可以简明地解释为'建筑内部空间的理性创造方法'；更为精确的说，它是一种'以科学为机能基础，以艺术为形式表现，为了塑造一个精神与物质并重的室内生活环境而采取的创造活动'"。[一]书中对室内设计的造型、色彩、光线与材料等要素的探讨均是从功能与形式两个角度来进行阐释。王建柱认为，室内设计对于个人和家庭来说，是体认生活和处理环境的基本修养；对于职业性的专家而言，是建设环境和创造文明水准的智慧表现。室内设计是一种透过空间塑造方式以提高生活境界和文明水准的智慧表现，它的最高理想在于增进人类生活的幸福和提高人类生命的价值。从以上表述中可见王建柱已将室内设计归属为环境设计的主要组成。室内设计的价值已经确立，其最高理想是提高人的价值。人性生活环境的建立是室内设计的最高理想和最终目标。

### 2. 约翰·派尔与《Interior Design》

美国普拉特学院室内设计系教授约翰·派尔（John F. Pile，1924~2007）以其巨著《室内设计史》（*A History of Interior Design*，2000）享誉中国。派尔等人于1970年合作出版的《室内设计：建筑室内导论》（*Interior Design：An Introduction to Architectural Interiors*）也对当时与室内设计相关的室内装饰、室内建筑、环境设计等专业术语进行了探讨。他们认为，这些术语本身其实并不重要，不过由于社会对于一些术语认识的固化，从而使得我们有必要不时地找到更加清晰的术语来阐释新的认识与新的基本问题。相较室内装饰师所关注的主要是家居设计问题，室内设计作为一种职业是一个相对

〇　王建柱. 室内设计学 [M]. 台北：视觉文化事业股份有限公司，1976：3-5。

较新的领域，不过装饰艺术（Decorative arts）仍然是室内设计中有意义的一个部分。随着室内设计师对其所从事工作内容的认识不断清晰，便有许多人称之为"室内建筑"（Interior architecture）。而近来所有关注人为环境（Manmade environment）塑造的人们把整个领域都称为"环境设计"，很有可能10年以后"环境设计师"会成为从事室内设计的人们所接受的职业称谓。⊖

派尔于1988年出版《室内设计》（*Interior Design*）（图1-5），他定义"室内设计"这一术语可以描述为，将任何室内空间打造成为一个有效的环境（Effective setting），以便在那里进行各种人类活动的一组相关工作。"室内设计师"可以描述为一种专业的室内设计方法，它比装饰更加强调基本规划和功能设计。室内设计师的职业界定并不像律师或者医生那样明确，它可以是与这些工作有关的职业名称。⊖许多具有不同专业背景和专业头衔的设计师都在进行着室内设计的工作，如空间规划师和办公室规划师；建筑师；工业设计师；结构工程师；采暖通风与空调（HAVC）工程师；照明、声学与一些有特殊功能要求空间的顾问；还有一些解决如家具、标识图形、陈设艺术品等的专门人员等。由此反映了对室内设计综合性与复杂性认识的不断加深和专业不断细化以及协作工作方式等室内设计发展趋势。

图1-5　*Interior Design*封面

### 3. 室内设计资格委员会

随着室内设计职业化进程的不断发展，通过组织室内设计从业人员进行资格考试，进而加强室内设计职业准入的资格认证机构也应运而生。在美国和加拿大影响较大的是自1974年开始的NCIDQ资格认证考试（The National Council for Interior Design Qualification，NCIDQ）。该考试具体的内容开发和操作管理工作由室内设计资格委员会（The Council for Interior Design Qualification，CIDQ）负责，因此CIDQ也是不断维护并更新室内设计师专业定义和服务范围的重要组织。

CIDQ在2019年对室内设计的定义更新为：室内设计是一门明确的专业，其专业知识应用于室内环境的规划和设计，以促进人类的健康、安全和福祉，支持并增进人类的体验。室内设计师以设计学和人类行为学的理论和研究为基础，运用基于循证的方法来辨识、分析并综合信息，以形成具有整体性、技术性、创造性和文脉性的设计解决方案。

室内设计围绕以人为中心的策略，可以解决文化、特定人群和政治对社会的影响。

⊖　Arnold Friedmann，John F. Pile，Forrest Wilson. Interior Design：An Introduction to Architectural Interiors [M]. 2nd ed. New York：Elsevier North Holland，Inc.，1976.

⊖　John F. Pile. Interior design [M]. New York：Harry N. Abrams，Inc.，1988：15-24.

室内设计师专注于室内环境中技术和创新的发展，提供具有弹性、可持续性和适应性强的设计与施工解决方案。通过教育、实践和考试，合格的室内设计师应具备保护业主和使用者的道德与伦理责任，他们通过设计符合规范要求、无障碍且包容性的室内环境，既可以满足人们的福祉，又可以满足人们复杂的身体、心理和情感需求。

室内设计师通过空间规划、室内建筑材料及饰面、嵌入式与可移动家具、陈设与设备、照明、声学、导向标识系统、人体工程学和人体测量学、环境行为学等知识和技能来促成室内环境。室内设计师遵照现行适用的建筑设计和施工、消防、生命安全、能源规范、标准、法规和指南，分析、规划、设计、记录和管理室内中非结构与非抗震工程及改建工程，以在法律允许的情况下获得建造许可。[一]

### 1.1.3 环境设计[一]

近年来，中国的学界对"环境艺术""环境艺术设计""环境设计"的名称定义、概念内涵及其之间相互关系的梳理取得了丰富的成果。不过，目前的研究对象聚焦的多是中国学者，而对于最早提出"环境设计"一词发源地的美国和日本学者的研究偏少。尽管环境设计的概念在中国一直具有模糊性和争议性，然而概念的界定是一切研究的起点。因此，有必要对国外代表性学者及他们所定义的环境设计概念进行考察。

1. 浅田孝与"环境发展中心"

浅田孝（Takashi Asada，1921~1990）于1961年创立的"环境发展中心"是日本最早在民间的规划设计咨询机构，它更像是一个"智囊团""沙龙"或"组织"，汇集各个不同专业的人士来协同进行规划设计研究。他对"环境"的定义是："在人类生活的物理外部条件与人类生活的内容和意识活动的内部条件密切相关的前提下，这些外部的物理条件被称为环境。"[一]由此可见，浅田孝所定义的环境首要强调的是"人类内心世界与外部世界的统一"。他认为，人类内心世界的思想影响并促使人类改造着外部世界，而被改造过的外部世界所形成的新的环境又反过来进一步对人类的内心世界和行为方式产生新的影响。而人类的内心世界一旦欲望膨胀并超过了外部世界所能承受的范围，便会产生混乱。

浅田孝创造出"环境发展"一词，即是为了调和它们之间的关系，进而实现"内心世界与外部世界的统一"。他定义"环境发展"就是"通过创造新的环境来重塑人与人之间的相互关系"[四]。在后来的"孩童之国"项目中，浅田孝即是希望使得孩童们能够在

---

[一] Definition of Interior Design [EB/OL]. [2023-04-30]. https://www.cidq.org/about-cidq.

[一] 注：原文《走向整合的关系设计：环境设计概念的历史考察》发表于《室内设计与装修》2022年第6期。

[一] 松下和輝，木下光. 浅田孝の子供に対する環境開発の手法に関する研究 [J]. 日本建築学会計画系論文集，2017，82巻，736号：1531-1541。

[四] [日] 笹原克. 无为与有为：日本第一位城市规划师浅田孝 [M]. 赵昕，译. 武汉：华中科技大学出版社，2017：42。

"自然环境"里（而不是城市环境）"玩耍"的过程中，建立起孩童与孩童、孩童与父母、孩童与自然以及孩童与自身之间的交流与对话。

### 2. 稻次敏郎与"环境造型设计"

稻次敏郎（Toshiro Inaji，1924~2008）于1977年在东京艺术大学开设"环境造型设计"课程，引发了他对于"建筑的内部设计与外部设计之间的关系"的思考。此后他陆续就日本、中国及韩国的民居与园林之间的关系问题进行实地考察与研究。稻次敏郎认为，如果从空间与造型（场与物）之间的关系来看西方美术的整体发展，就可以发现反复上演着各种艺术向空间的"整合"（如中世纪和巴洛克时期）与各种艺术从空间中"脱离与独立"出来（如文艺复兴和工业革命时期）的交替过程。进而他提出，尽管格罗皮乌斯（Walter Gropius，1883~1969）在包豪斯所倡导的国际建筑是又一次新的整合，但是如同17世纪的巴洛克建筑一样，其整合仍然是"建筑空间的整合"，并没有进一步地发展整合到"城市空间"，即"环境"的整合没有被提出[一]。

稻次敏郎定义"环境设计"是以构成环境的各种要素的"整合"为前提的，其内容是在整合的过程中寻求"协调"，并将其"秩序化"。其设计方法与以往的专业领域纵轴方向的编制不同，采用横轴连接设计领域的方向。其前提是形成设计对象的环境的空间，称之为"场"。场从室内层面、建筑层面、场地层面、地区层面、城市层面、区域层面、国家层面直至地球层面，根据设计对象的不同层面，专业领域被横向地组织。场是由包括自然在内的各种"物"形成的，每个物都是通过纵轴的专业领域分类方法来创建的。因此环境设计不是一个人就能完成的设计，与项目相关的众多专业领域都将参与其中。环境设计培养了以上述设计为目标的各个层面的每个专业领域设计师的共同意识，形成人与人之间关系更好的场所是最重要的基调，可用舒适环境的形成来概括[二]。

### 3. 三轮正弘与《环境设计的思想》

20世纪50年代初期，三轮正弘（Masahiro Miwa，1925~2013）与山口文象（Yamaguchi Bunzo，1902~1978）等建筑师在一起尝试摸索一种新的共同体设计组织，1953年他们正式成立了"RIA（Research Institute of Architecture）建筑综合研究所"。山口文象曾于1931~1932年间进入了他所崇拜的格罗皮乌斯在柏林的事务所工作了2年，并切身体会到其通过整合设计团队来进行设计创造的优秀能力。格罗皮乌斯到美国后与7位年轻的建筑师成立的"TAC建筑家合作事务所"也是基于这种团队合作工作方式的逻辑。这些都影响了山口文象本人后来与三轮正弘正式成立RIA，即是他们倡导并希望实现的联合与合作的团队设计组织。

三轮正弘教授的《环境设计的思想》成书于1991年，他认为：从城市设计、建筑设

---

　㊀　稻次敏郎.環境デザインの今日的意義 [J].デザイン学研究，1989，1989卷，70号：1．
　㊁　稻次敏郎.阪神大震災の復興期において思うこと[J].デザイン学研究特集号，1995，3卷，4号：25-26．

计、园林设计、室内设计，再到工业设计、平面设计、服装设计，所有的设计行为都与"环境设计"有关。三轮正弘认为环境设计是关系的设计，它并不是直接合并各个设计领域，也并不是一种用体系来加以捆绑的原理，而是起了将各领域联系起来的媒介物的作用，更进一步来说，是成为媒介物的方法与思想<sup>○</sup>。

### 4. 多伯与 *Environmental Design*

多伯（Richard P. Dober，1928~2014）被誉为是"美国校园规划的领导者"。他在哈佛GSD与MIT求学期间受到佐佐木英夫（Hideo Sasaki，1919~2000）和凯文·林奇（Kevin Lynch，1918~1984）的影响。《Environmental Design》一书出版于1969年（图1-6）。当时正值美国处于二战结束后1950~1970年间这段经济高速发展的"黄金时代"的尾期。随着城市化进程的不断加速，城市中的人口、土地、生态、社会、经济等危机

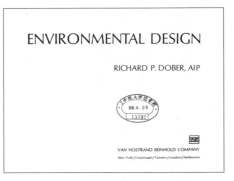

图1-6　*Environmental Design*扉页

问题日益加剧。生活在城市中的人们对这一缺乏人情味的环境抱有普遍的不满情绪但却又无力改变。而在多伯看来，尽管用传统的规划、建筑和工程的方法远远不能解决人们当前的需求和愿望，未来也肯定会出现设计的实验方法，但是历史经验和当前专业实践中的某些方面对于解决这个时代的问题仍然是有效的。

多伯从看待环境设计的多种方式中选择了3个主题来进行阐释：①人类栖息地。探讨如何通过处理日常环境机会的创新和发明来改善居住环境。②设计结构。说明如何通过创造设计结构来安排所设计环境的功用性。③一种场所感。分析如何通过强烈的场所感来产生愉悦。多伯阐释这3个主题所选用的说明性材料偏重于城市及城市活动的情况，因此诸如校园、户外空间、排屋、绿化带、雕塑、广场、公园、铁路、高速公路、汽车等，但凡是组成城市环境并与塑造人们生活相关的要素均在他的审视范围之内。由于全书涉猎范围较广，当时有评论就抱怨说"为多伯先生昂贵的著作推荐合适的读者并不容易"<sup>○</sup>。尽管如此，多伯提出"环境设计是一门跨越界限、跨越空间、跨越专业，专注于人与社区的艺术""环境设计的理想贡献是完善一个过程，而不是一个产品"<sup>○</sup>。

### 5. 土肥博至与《环境设计的世界》

土肥博至（Hiroshi Dohi，1934~ ）对环境设计的探索与筑波大学有着紧密的联系。他从1971年便开始负责筑波大学的校园建设工作，为此他曾专程拜访过多伯。筑波大学

○ [日]三轮正弘. 环境设计的思想 [M]. 曹炜，译. 南京：江苏凤凰科学技术出版社，2017。

○ W. D. Campbell. Book Review [J]. Urban Studies，1972，（9）1：140-142.

○ Richard P. Dober. Environmental Design [M]. New York：Van Nostrand Reinhold Company，1969.

校园设计的特别之处在于不是按照常规的以建筑为主体构成空间的大学规划设计方法，而是采取了环境设计的方法，即是对校园整体环境进行空间构成和功能配置，仅将建筑作为构成环境的诸要素之一来处理。<sup>○</sup>在土肥博至的推动下，筑波大学于1975年设置了日本大学中第一个命名为"环境设计"的专业，在之后的2年中又分别地开设了对应的博士与硕士课程。《环境设计的世界》一书汇集了土肥博至教授及其博士研究生们的环境设计研究成果（图1-7）。

图1-7　《环境设计的世界》封面

　　土肥博至认为，环境设计时的环境不仅仅指的是作为"设计对象"的环境，还指的是一种被认为人们可以生活和体验的时间与空间的环境。环境设计是"关系"的设计，即创造环境的各种元素（如自然元素/人工元素、大元素/小元素）以及这些元素之间的空间与时间关系，而体验场所的人被置于这种关系的中心。他列举了9个关键词来阐释环境设计这种特有的重视"关系"的设计方法：①综合性。即强调整体定位、综合判断以及设计时要考虑纵向贯穿的综合性。②灵活性。包括设计过程中的灵活性以及设计目标与理念的灵活性。③持续性。包括在设计过程中延续项目基本理念的持续性以及建成后的环境在现实中能够尽可能长久使用的持续性。④公共性。通过巧妙的重叠，形成在使得环境容易编码化的同时（如形成可读性与易懂性的环境）又能够产生对特定个人来说固有的含义在内（如形成模糊性与多义性的意味）的公共性。⑤地域性与场所性。不是一般性地探索空间与用地特性并从中提取主题进而组合概念，而是与更本质的设计立场相联系的内容。⑥时间性。包括要设计随着时间而变化的环境及要设计超越时间的持续生存的环境。⑦历史的文化的背景。要着眼于突出环境中造型要素背后人们的生活方式，并细心地挖掘出没有作为形式而留存下来的要素。⑧软设计。如组织的建立、规则的制订、信息的制作和发布、活动的企划和演出等，以及从新的视角重新考虑现有的事物和空间，并赋予其与以往不同的利用方法和新的意义的设计。⑨调整机能。为了实现设计目的而进行的协调大量利益相关者（个人、组织、机构）的意见和利益的协调活动<sup>○</sup>。

　　从以上关于环境设计概念的历史考察中，可以对最早提出"环境设计"一词发源地的美国和日本的相关学者所普遍阐释的环境设计共通的、重叠的内容做一个归纳：即环境设计是"不同层次的关系的设计""整合的设计"；"专业交叉"与"跨专业整合"是其专业特点；"协同工作"和"团队合作"是其工作方式。由此，环境设计"走向整合的关系设计"的概念逐渐清晰。

　　○　土肥博至. 筑波大学キャンパスの環境デザインについて[J]. デザイン学研究，1985，1985卷，52号：12。
　　○　土肥博至. 環境デザインの世界——空間・デザイン・プロデュース[M]. 东京：井上書院，1997。

## 1.2　室内设计的学习方法

### 1.2.1　提高创作力

从上一节"室内设计的相关概念"中的阐述可知，一方面在建造实体层面，室内设计是建筑设计的延续和深化，属于建筑学的范畴；另一方面从当代中国快速发展的设计学学科来看，环境设计二级学科下的室内设计被赋予了更多新的学科拓展意义。由此提出当代室内设计的学习，在吸取传统建筑设计的学习方法上，更要不断关注并融合设计学的新理念。提出要建立以"创作"代替"创意与设计"的思维，以此提高包括学生的主体能动性、设计过程性、创新创造性的创作力（区别于工程设计）。

### 1.2.2　关注新动向

室内设计的学习应该不断地关注相关设计院校、学术组织、学术期刊、竞赛展览、设计公司等的最新动向。国内的设计院校如清华大学、同济大学、中国美术学院、中央美术学院等。学术组织如中国建筑学会室内设计分会、中国美术家协会环境设计艺术委员会等；行业协会如中国室内装饰协会、中国建筑装饰协会等。学术期刊如《装饰》《室内设计与装修》《家具与室内装饰》等。竞赛展览如"新人杯"全国大学生室内设计竞赛、"为中国而设计"全国环境艺术设计展览、中国人居环境设计学年奖、中国国际室内设计双年展、"中装杯"全国大学生环境设计大赛等。设计公司如苏州金螳螂建筑装饰股份有限公司、CCD香港郑中设计事务所、梁志天设计集团有限公司等。以下列举一些相关信息以供关注。

1. 设计院校

1）皇家艺术学院（Royal College of Art，RCA）

网址：https://www.rca.ac.uk/

2）伦敦艺术大学（University of the Arts London，UAL）

网址：https://www.arts.ac.uk/

3）帕森斯设计学院（Parsons School of Design at The New School）

网址：https://www.newschool.edu/parsons/

4）罗德岛设计学院（Rhode Island School of Design，RISD）

网址：https://www.risd.edu/

5）阿尔托大学（Aalto University）

网址：https://www.aalto.fi/en

6）米兰理工大学（Politecnico di Milano）

网址：https://www.polimi.it/en

7）普拉特学院（Pratt Institute）

网址：https://www.pratt.edu/

8）格拉斯哥艺术学院（The Glasgow School of Art，GSA）

网址：https://www.gsa.ac.uk/

9）艺术中心设计学院（Art Center College of Design，ACCD）

网址：https://www.artcenter.edu/

10）纽约室内设计学院（New York School of Interior Design，NYSID）

网址：https://www.nysid.edu/

2. 学术组织

1）国际室内建筑师/设计师团体联盟（International Federation of Interior Designers/Architects，IFI）

网址：https://ifiworld.org/

2）国际建筑师联盟（International Union of Architects，UIA）

网址：https://www.uia-architectes.org/en/

3）国际室内设计协会（The International Interior Design Association，IIDA）

网址：https://iida.org/

4）环境设计研究学会（Environmental Design Research Association，EDRA）

网址：https://www.edra.org/

5）美国室内设计师协会（American Society of Interior Designers，ASID）

网址：https://www.asid.org/

6）英国室内设计协会（British Institute of Interior Design，BIID）

网址：https://biid.org.uk/

7）日本室内设计师协会（Japan Interior Designers' Association，JID）

网址：https://jid.or.jp/

8）美国室内设计教育者协会（Interior Design Educators Council，IDEC）

网址：https://idec.org/

9）室内设计资格委员会（The Council for Interior Design Qualification，CIDQ）

网址：https://www.cidq.org/

10）室内设计认证委员会（The Council for Interior Design Accreditation，CIDA）

网址：https://www.accredit-id.org/

3. 学术期刊

1）*Interior design*

网址：https://interiordesign.net/

2）*The World of Interiors*

网址：https://www.worldofinteriors.com/

3）*Architectural Record*

网址：https://www.architecturalrecord.com/

4）*Architectural Review*

网址：https://www.architectural-review.com/

5）*Architectural Digest*

网址：https://www.architecturaldigest.com/

6）*domus*

网址：https://www.domusweb.it/en.html

7）*Abitare*

网址：https://www.abitare.it/en/

8）*SHINKENCHIKU*

网址：https://shinkenchiku.online/

9）*dezeen*

网址：https://www.dezeen.com/

10）*Journal of Interior Design*

网址：https://journals.sagepub.com/home/idx

## 4. 竞赛展览

1）国际室内建筑师/设计师团体联盟（IFI）系列赛事

网址：https://ifiworld.org/gap-2/

2）国际建筑师联盟（UIA）系列赛事

网址：https://www.uia-architectes.org/en/

3）国际室内设计协会（IIDA）系列赛事

网址：https://iida.org/competitions

4）环境设计研究学会（EDRA）系列赛事

网址：https://www.edra.org/

5）INSIDE世界室内设计节（INSIDE World Interior Design Festival）

网址：https://www.insidefestival.com/

6）iF设计奖（iF Design Awards）

网址：https://ifdesign.com/en/

7）红点设计奖（Red Dot Award）

网址：https://www.red-dot.org/

8）美国IDEA奖（International Design Excellence Awards）

网址：https://www.idsa.org/awards-recognitions/idea/

9）世界人居奖（World Habitat Awards）

网址：https://world-habitat.org/world-habitat-awards/

10）安德鲁·马丁年度室内设计师奖（Andrew Martin Interior Designer of the Year Award）

网址：https://www.andrewmartin.co.uk/design-awards

5. 设计公司

1）Gensler

网址：https://www.gensler.com/

2）Jacobs

网址：https://www.jacobs.com/

3）Perkins & Will

网址：https://perkinswill.com/

4）AECOM

网址：https://aecom.com/

5）HOK

网址：https://www.hok.com/

6）IA Interior Architects

网址：https://interiorarchitects.com/

7）Stantec

网址：https://www.stantec.com/en

8）CannonDesign

网址：https://www.cannondesign.com/

9）NELSON Worldwide

网址：https://www.nelsonworldwide.com/

10）HBA International

网址：https://www.hba.com/

## 本章小结与思考

20世纪初期以来，全球室内设计教育与行业机构对室内设计的专业称谓大都经历了室内装饰、室内设计与环境设计这三个名称的发展变化。本章通过中外代表性学者的学术论著与行业机构对这些专业称谓的概念界定进行文献梳理。从中可以发现中国的学者和院校在室内设计理论研究与设计实践中所做出的贡献。如史岩教授在其1933年出版的《现代家庭装饰》一书中，不仅超前性地提出"环境艺术化""室内综合美"及"艺术化生活大众化"的概念，而且特别强调在学习西方室内装饰的同时，要保持我们中华民族所固有的民族趣味和民族特征。又如中央工艺美术学院室内装饰系（现清华大学美术学院环境艺术设计系）在1957年成立伊始，便承担了人民大会堂、中国革命博物馆和中国历史博物馆、民族文化宫等"首都十大建筑"的设计与建设工作，这些极具中国风格和民族特色的室内设计作品时至今日依然是我们学习的经典案例。

我们应对古今中外的相关室内设计原理类研究成果进行分析鉴别与比较借鉴，并熟悉国内外室内设计发展的整体情况、最新动向与学术前沿，"按照立足中国、借鉴国外，挖掘历史、把握当代，关怀人类、面向未来的思路"，着力构建中国特色室内设计学科的学科体系、学术体系、话语体系。

## 课后练习

一、简释

室内装饰　室内设计　环境设计

二、图解

登录本章中所列出的设计院校、学术组织、学术期刊、竞赛展览及设计公司的网站，从中找出2~3个你感兴趣的室内设计案例，并用图文并茂的手绘图解分析的形式表现出来。

三、简答

1. 从文献中找出1~2个你觉得比较有新意的室内设计定义，并对其做简要评析。

2. 提出你自己对室内设计的理解，并对其做简要阐释。

# 第2章
# 室内设计的发展

讲课视频

## 2.1　中国室内设计的发展

### 2.1.1　原始社会时期

人类最早营造居所是为了躲避恶劣的自然环境和禽兽虫蛇的侵害，其目的是为了满足最基本的生存需要。由于我国北方和南方的地理气候条件不同，在北方黄河流域一带生活的先民选择了"穴居"的形式，而在南方长江流域一带生活的先民则选择了"巢居"的形式。这两种最初的居住形式经过近万年的演变，最终都发展成为地上建筑的形式——穴居演变为木骨泥墙房屋，巢居演变为干阑式建筑。

#### 1. 穴居发展过程

仰韶文化早期的住房建筑遗存中有圆形平面和方形平面两种。

圆形平面住房直径4~6m。建筑的屋顶和墙体的做法都是在木骨架上扎结枝条后再涂泥，称之为"木骨泥墙结构"。室内的地面和墙面均是以细泥抹面或是烧烤其表面，使之陶化，这样可以防潮防湿，也有铺设木材、芦苇等作为地面防水层的做法。仰韶文化时期的室内空间已经有了简单的功能分区，如圆形住房的平面布局是以凹下的"火塘"为中心，它是供人们炊煮食物和取暖之用的，屋顶则设有排烟口。杨鸿勋先生研究认为：在圆形住房门内两侧隔墙的背后所造成的两个隐退空间，即现代居住建筑尤为强调的所谓"隐奥"（Secret），隐奥空间实际上初步地具备了卧室的功能[一]（图2-1）。

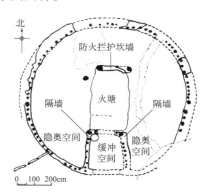

图2-1　陕西西安半坡村F22遗址平面图
（杨鸿勋复原）

方形平面住房多为浅穴的形式，穴深50~80cm，其面积在20m²左右，最大的面积可以达到40m²。住房的门口有坡道通往住房室内，坡道上方有简单搭盖的人字形棚盖。方形住房四面的墙体也是采用木骨泥墙的结构，四面墙体的顶部向中间聚拢，同时住房室内有4根木柱作为屋顶的主要承重构件，最后形成四角攒尖状的屋顶造型。尽管由于当时人

---

〇　杨鸿勋.杨鸿勋建筑考古学论文集：增订版[M].北京：清华大学出版社，2008：43。

们对木构结构的建造技术尚未掌握成熟，在方形住宅的四面墙体的处理上，从底部到顶部采用了倾斜墙体的形式，但是这种墙体的处理方式在客观上形成四棱锥的室内空间形态，这在室内空间的形态处理上无疑又是一个很大的进步（图2-2）。方形平面住房的室内空间也是以火塘为中心的布局方式，围绕火塘周围布置一些其他日常生活的功能空间。杨鸿勋先生研究认为：半坡时期一般住房室内空间的普遍习惯布置格局为，东南部习惯作为食物、炊具等杂物存放之用；东北隅面向入口，迎光明亮，可能是做炊事、进饮食的地方；西南部隐奥处应是对偶卧寝所在。原始住房内部四隅的功能分配，显示了汉代礼制规定宗庙四隅——"宦"（东北）、窔（东南）、奥（西南）、屋漏（西北）的历史渊源[一]。

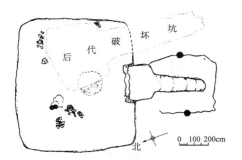

图2-2　陕西西安半坡村F37遗址平面图
（杨鸿勋复原）

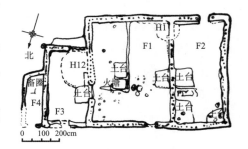

图2-3　郑州大河村F1~F4遗址平面图
（杨鸿勋复原）

　　河南郑州大河村F1~F4遗址是仰韶文化晚期的建筑遗存。它是一座四室连间的地面建筑，F1、F2是一座完整建筑，后增建F3，再增建F4，说明当时地面建筑已从单间型向多间型演进，人们已经有了分间使用房屋的意识。建筑造型高低错落，与今天普通房屋的形象已经十分相似了。F1室内还带有一个套间，表明当时人们已经能够运用隔墙或者隔断进行室内空间的二次划分，使室内空间形态的变化更加丰富多样。其内外墙面都是木骨泥墙的做法，并经过烧烤成为硬面。地面则采用了沙质土抹光烧烤的做法[二]（图2-3）。

　　关于穴居的发展线索，萧默先生进行了宏观的概括，即"穴居系列建筑的发展，从剖面看大致是穴居——半穴居——地面建筑——下建台基的地面建筑，居住面逐渐升高；从平面看则是圆形——圆角方形或方形——长方形；从室数而言则是单室——吕字形平面（前后双室，或分间并连的长方形多室）。同时，它也是从不规则到规则，从没有或甚少表面加工直到使用初步的装饰。"[一]

### 2.彩画和线脚

　　辽宁建平牛河梁女神庙遗址属于红山文化的建筑遗存，该神庙也是中国最古老的神庙遗址。神庙的房屋是在基址上挖成平坦的室内地面后再用木骨泥墙的构筑方法建造壁体和屋盖的。神庙的室内墙面已经用施彩画和做线脚的方式来进行装饰。彩画是在压平

　　[一]　杨鸿勋.杨鸿勋建筑考古学论文集：增订版[M].北京：清华大学出版社，2008：43-44。
　　[二]　萧默.中国建筑艺术史[M].北京：文物出版社，1999：123。

后经过烧烤的泥面上用赭红和白色描绘的几何图案，如赭红交错、黄白相间的三角纹、勾连纹（图2-4）。线脚的做法是在泥面上做成凸出的扁平线或半圆线，其形式有表面带点状圆窝的带状线脚、光面带状线脚和半混线脚三种形式（图2-5）。

图2-4 辽宁建平牛河梁女神庙内墙
面彩绘图案残片

a）带状线脚表面带点状圆窝　　b）带状线脚　　c）半混线脚

图2-5 辽宁建平牛河梁女神庙内墙面线脚三种

### 3. 席地而坐和筵席制度

中国古代人民是席地而居的生活方式，由此产生一整套的生活习惯、风俗礼仪、等级制度，也影响到人们的衣履式样、建筑格局及室内空间的尺度体系。古人这种席居的生活方式也称为"筵席制度"或"茵席制度"。在浙江余姚河姆渡遗址中出土了我国现知最早的苇编残片实物，据考古专家推测，当时的苇席除了用于覆盖、承托茅屋顶棚外，讲究一点的苇席应主要用来铺陈坐卧，有的还可能用于分隔房间或垫铺窑穴底壁等[○]（图2-6）。

图2-6 浙江余姚河姆渡遗址出土的苇编残片

## 2.1.2 夏商与西周时期

夏商与西周时期夯土技术极其发达，表现在建筑台基和筑墙上广泛使用夯土技术，考古发掘证明我国至迟到西周末年已经使用陶瓦作为屋面的防水材料，建筑由"茅茨"演进为"瓦屋"。商周时期创造了灿烂的青铜文化，这一时期也是我国"铜制家具"的繁荣阶段，主要形式则以几、案、俎、禁为代表。从河南省安阳市小屯村"妇好墓"出土的"妇好"青铜偶方彝的造型中，人们还找到了中国古代建筑中斗栱的雏形。

### 1. 河南偃师二里头一号宫殿遗址

河南偃师二里头遗址是夏晚期的宫殿遗址。宫殿的构筑方式是以夯土为台基，以木骨泥墙结构建壁体，屋顶覆盖以树枝茅草的"茅茨土阶"形态。根据《考工记》记载："夏后氏世室，堂修二七，广四修一。五室三四步，四三尺。九阶。四旁两夹窗，

○ 李宗山. 中国家具史图说 [M]. 武汉：湖北美术出版社，2001：49。

白盛。门堂三之二，室三之一。"结合遗址的柱子排列，杨鸿勋先生将殿内平面复原为"一堂""五室""四旁""两夹"的格局，形成一座"四阿重屋"式的殿堂。殿身平面东西长30.4m，南北宽11.4m，面阔8间，进深3间（图2-7）。《考工记》中"世室"即"太（大）室"，是指"大房间"或"大房子"。二里头一号宫殿正中有面阔6间，进深2间的"一堂"。"堂"估计是举行仪式、接见群臣、处理政务的地方，属于开敞性公共空间的性质。"一堂"后面的6开间是"五室"。"室"是有墙体和门扇围护，形成供人休息之用的卧室，其空间的私密性较强。"一堂"的左右为对称布置的"四旁"，其后部的左右角为"两夹"。"室""旁""夹"其实是现代所说的"房间"，只是它们的平面位置和使用功能上不同，出于生活中指示的方便而以其位置命名[一]。

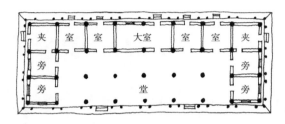 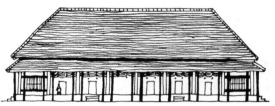

a）复原平面图　　　　　　　　　　　　　　b）复原立面图

图2-7　河南偃师二里头一号宫殿遗址复原图（杨鸿勋复原）

### 2. 陕西岐山凤雏村西周建筑遗址

陕西岐山凤雏村西周建筑遗址属于西周早期的建筑遗存，根据西厢出土筮卜甲骨1万7千余片，推测这是一座宗庙建筑。建筑坐落在大型夯土台基上，台基南北为42.5m，东西为32.5m，是一所矩形平面的两进院落的四合院式建筑。建筑的平面布局左右对称，中轴线上依次为影壁、门屋、前院、前堂、穿堂、后院、后室，两侧为南北通长的东厢房和西厢房，将院落围合成封闭空间。院落的四周有檐廊环绕。前堂面阔6间，进深3间，每间面宽约3m，堂的北、东、西三面有夯土墙，北墙开2个小门，南面敞开。后室分成三间，中间为"室"，东西两侧间为"房"；"室"开一门一窗，"房"各开一门；后壁为夯土墙，槛墙为垛泥墙。堂的柱子埋入基中0.5~0.7m，下有础石。墙壁下部夯土筑成，墙中有木柱。但遗物堆积中有大量垛泥墙，可能上部有使用垛泥墙处。堂的柱洞沿开间方向成列，而沿进深方向有些错位，表明其承重主梁是纵开间方向架设的檩架结构。屋顶做法是在檩上顺屋面坡度密排用草绳绑成的苇束，上下两面均抹草泥，用白灰、细砂、黄土混合的砂浆抹面。屋的脊部、檐口、天沟处铺瓦，有的瓦下有瓦钉或环，以便钉入泥中或系于檩或苇束上。室内的地面、墙面和各房屋的踏步、台基侧缘和散水都用砂浆抹平。在局部台基边缘和踏步处用草拌泥制的土坯。前院在东门塾下埋陶制排水管6

---

[一] 杨鸿勋.杨鸿勋建筑考古学论文集：增订版[M].北京：清华大学出版社，2008：43-44.

节，外端接卵石砌的下水道。后院在穿廊和东庑下也有卵石砌的下水道[一]（图2-8）。

### 2.1.3　春秋战国时期

春秋战国时期台榭建筑颇为流行，在宫殿建筑中以秦咸阳宫一号宫殿遗址为代表；在陵墓建筑中则以战国中山王陵为代表，其墓椁内出土的兆域铜板图是中国现知最早的建筑设计图。春秋时期是最讲礼制的时代，仅与室内设计相关的住宅形式、凭几样式、座席方式及建筑色彩方面，就都有一套相当严格并且极为细致完整的等级规范制度。春秋时期瓦已经开始普遍使用，各种瓦的类型和其上的装饰纹样都已经比较丰富。春秋中晚期以后，楚国日渐强盛，以精美的髹漆工艺和精湛榫卯工艺著称的楚式竹木制家具迅速发展并且大放异彩，不仅家具类型的品种增多，而且其设计制作也日渐成熟。同时伴随着青铜冶炼技术的发展和铁器的广泛使用，铜镜开始大量流行。战国时期还发明了铜灯。铜灯造型各异，其设计独具匠心，可谓是集实用性与艺术性于一体的优秀设计作品。春秋时期还诞生了被后世建筑工匠尊称为"祖师"的鲁班。

在陕西凤翔春秋秦都雍城遗址中先后出土了64件青铜建筑构件。大件的形制大体上可以分为内转角型、外转角型、尽端型和中段型。杨鸿勋先生研究认为，大件的用途应是宫殿中壁柱、壁带上面的构件，即"金釭"[二]。还有少数小型转角和梯形截面的构件，据推测应为门窗构件（图2-9）。当时大型宫殿是采用土木混合结

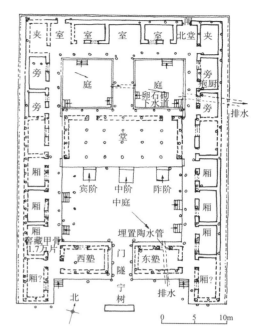

图2-8　陕西岐山凤雏村西周建筑遗址平面图
（傅熹年复原）

图2-9　金釭

---

[一] 中国大百科全书出版社编辑部. 中国大百科全书：建筑·园林·城市规划（图文数据光盘）[DB/CD]. 北京：中国大百科全书出版社，2000，周原建筑遗址条目，傅熹年撰稿。

[二] 釭（音刚，又读工）：①车毂内外口的铁圈，用以穿轴。王念孙《广雅疏证·释器》："凡铁之空中而受柄者谓之釭。"《新序·杂事》："方内（柄）而员（圆）釭。"②灯。江淹《别赋》："冬釭凝兮夜何长。"③古代宫室壁带上的环状金属饰物。《汉书·外戚传下》："壁带往往为黄金釭。"（引自辞海编辑委员会.辞海[M].上海：上海辞书出版社，2000：4824）

构解决屋盖、楼层的荷载问题的，即除用木柱支承外，并多用版筑承重墙或墩、台。因为版筑承重部件耐压而不耐弯剪，所以在其两侧用木框架拢之。框架的竖向杆件称为"壁柱"，联系各壁柱的横向杆件称为"壁带"。金釭则是加固版筑墙的壁柱和壁带的建筑构件。壁柱和壁带都是露于壁面，一

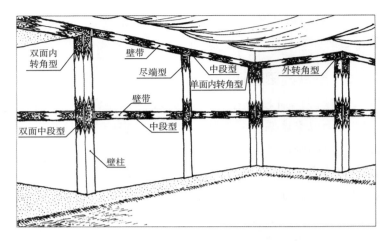

图2-10　金釭可能安装位置示意图（杨鸿勋复原）

般与壁面平齐。壁柱的截面为方形，壁带的截面为方形或长方形，尺寸与壁柱相等或略减。因此金釭的截面大小是方形筒状中空的，恰好可以箍套在壁柱和壁带上，端部用木楔挤紧加牢。同时根据金釭安装在壁柱和壁带上的不同部位，以不同型制的金釭加以箍套（图2-10）。

　　在早期，金釭的四面都是铜版，如同一个箍套，仅露明的看面上有纹饰，其功能更多的是出于建筑结构构造上的考虑。后来为了节省铜料，将嵌入壁中的部分做成框架的形式。再后来为了更节省铜料，做成了单面片状的形式，此时金釭在早期作为建筑构件的实用功能的性质已经隐退，而演化为了纯粹的建筑装饰。"金釭"后来多称为"列钱"$^{\ominus}$，从"列钱"的解释来看，不难理解其作为纯粹的装饰物的意味就更加突出了$^{\ominus}$。

### 2.1.4　秦汉时期

　　秦汉时期中国古代建筑趋于成型，形成了多样的建筑类型，并体现出雄浑、豪放、朴拙的风格。这一时期木构架建筑已进入体系的成熟期，并已初步具备中国传统建筑的特征，奠定了中国建筑的理性主义基础。汉代的画像石和画像砖取得了颇高的艺术成就，常应用在陵墓建筑中，成为其建筑装饰和室内装修的一个重要组成部分。从汉代画像中还可以看到当时人们的日常生活风貌和各种类型的家具形态。秦汉时期的家具是我国低矮家具的代表。这一时期家具种类非常齐全，不但继承了春秋战国以来的家具样式，而且还创造出许多新的家具品种，并逐渐形成了"以床榻为中心"的起居方式。汉

　　$\ominus$　列钱：宫殿墙上的装饰物。金环里面镶着玉石，排列在一条横木上，像一贯钱似的。《后汉书·四十上·班固传·两都赋》："金釭衔璧，是为列钱。"注："谓以黄金为釭，其中衔璧，纳之于壁带为行列，历历如钱也。"（引自广东、广西、湖南、河南辞源修订组，商务印书馆编辑部. 辞源（修订本）[M]. 北京：商务印书馆，1979：345）

　　$\ominus$　杨鸿勋. 杨鸿勋建筑考古学论文集：增订版[M]. 北京：清华大学出版社，2008：164-170。

代也是我国古代灯具的鼎盛期，以铜制虹管灯表现得最为突出。

### 1. 界面装修——藻井

秦汉时期出现了比较正规的藻井彩画。《西京赋》有"蒂倒茄于藻井"的说法，注曰"藻井当栋中，交木如井，画以藻文，饰以莲茎，缀其根于井中，其华下垂，故云倒也"。可见当时藻井多绘画荷莲等水生植物。这类藻井的形象见于四川乐山崖墓内雕刻和沂南古画像石墓中，并且可知当时室内的藻井至少已经有"覆斗形"和"斗四"两种形式了（图2-11、图2-12）。藻井多用于室内顶界面的重点部位，以突出空间的构图中心。秦汉时期的藻井虽然没有后代的藻井复杂，但作为一种高等级的室内装修形式，也只能用于宫殿建筑或祭祀建筑中[一]。

图2-11 覆斗形天花（四川乐山崖墓）

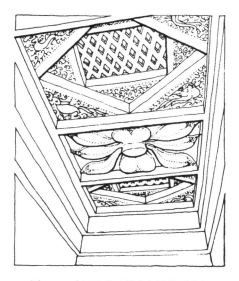

图2-12 斗四天花（沂南古画像石墓）

### 2. 界面装修——铺地砖和椒房

地面除了传统做法外，多用铺地砖。铺地砖以方形居多，上有各种雕刻纹样及图案（图2-13、图2-14）。用红色漆地的做法在秦汉时期的宫殿建筑、礼制建筑及祭祀建筑的遗址中多有出现。

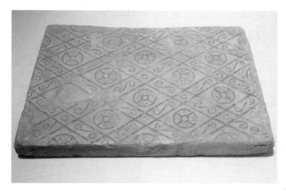

图2-13 几何纹方砖
（陕西西安临潼区秦始皇陵园出土，秦代）

图2-14 "海内皆臣"十六字方砖
（边长30.5cm，厚2.25cm，汉代）

秦汉宫殿的墙壁大都是夯土和土坯混用的，中间有壁柱。其做法是在表面先用掺

---

○ 霍维国，霍光.中国室内设计史[M].2版.北京：中国建筑工业出版社，2007：44-45.

有禾茎的粗泥打底，再用掺有米糠的细泥抹面，最后以白灰涂刷。这种做法已经分出底层、间层和面层，是不小的进步。墙面也有以椒涂壁的，如陕西西安汉长安城未央宫椒房殿即是这种做法。"椒房"就是用花椒水和泥涂抹墙壁、地面等处。花椒是温馨香料，可以驱虫及恶气，有益卫生，同时还取其"花椒多子"的吉祥含义，因此多用于后宫。还有一种彩涂墙壁的做法，如河南雒阳东汉灵台遗址，其东、南、西、北四堂分别象征青龙、朱雀、白虎、玄武四方神灵；又象征五行中的木、火、金、水（以中央台顶象征土）以及春、夏、秋、冬四季；分别以五色中的青、赤、白、黑（中央台顶为黄）来涂抹内壁。

秦汉时期壁画大量出现，或画于某面墙，或画于四面墙，或画在藻井上，都与界面紧密相结合，已成为室内装修的一部分。汉代的画像石和画像砖大量涌现，由于它们比壁画更耐久，因此常用来装饰陵墓，也更有永生的意义。

室内隔离的屏风、帷幕在汉代也比较多见。屏风在汉代时已经相当流行，其功能不仅限于挡风和屏蔽，在室内中已经成为一种改变室内陈设布局的轻便隔断用具。屏风在室内具体应用的场景在汉画像中都有表现，而且常常为画面表现的主体[一]。

## 2.1.5　三国魏晋南北朝时期

伴随着佛教入主中原并迅速传播，以佛寺、佛塔和石窟寺为代表的佛教建筑的大量建造，是三国魏晋南北朝时期建筑的显著特点。北魏洛阳永宁寺塔为中国最早的佛寺建筑，是中国佛教建筑融合外来文化的典型范例。河南登封嵩岳寺塔是中国现存年代最早的砖砌密檐式塔，代表了中国地上砖构建筑的辉煌成就。石窟中的壁画和造像为研究当时中国建筑、室内、家具的面貌提供了大量的资料。伴随着佛教的盛行，佛国的大量高型坐具，如扶手椅、绳床、胡床、坐墩等，逐渐进入中原并为人们所接受。中国家具从"适应席地而坐的低矮家具"开始向"适应垂足而坐的高型家具"而转变。家具增高的变化，也引发了中国建筑室内空间和室内景观的嬗变。

### 1. 界面装修——平棊

北朝石窟中所见的室内天花形式，主要为斗四、平棊或两者混用，也有不加顶棚、直接在椽板上施以彩绘的做法。"斗四天花"又称"叠涩天井"。在敦煌莫高窟北朝洞窟和北魏云冈石窟中，则大多表现为木构平棊方格中又做斗四（或斗八）的样式，中心往往雕饰（或绘饰）圆莲，四周饰飞天、火焰纹等，是不具结构功能的装饰性做法（图2-15）。但其位置往往不在窟内中心，而是围绕中心方柱或位于前廊顶部。"平棊"是中国古代建筑中最基本、最常用的内顶做法。山西大同北魏云冈石窟第7窟主室窟顶作六格平棊天花，平棊之间以宽大的格条相隔，平棊中心及格条相交处都雕饰莲花。此平

---

　　　 一　杨鸿勋. 杨鸿勋建筑考古学论文集：增订版[M]. 北京：清华大学出版社，2008：239，321。

綦是云冈石窟，也是中国石窟中最早出现的木构天花形象<sup>○</sup>（图2-16）。

图2-15　斗四天花（云冈石窟第9窟）

图2-16　平綦（云冈石窟第7窟）

#### 2. 界面装修——柏殿和柏寝

魏晋南北朝时期，一般的房屋室内墙面的做法为白色涂壁，即文献所记的"朱柱素壁""白壁丹楹"。在佛寺中还出现红色涂壁和彩绘壁画的做法。如洛阳永宁寺塔，内壁彩绘，外壁涂饰红色。文献记载南朝建康同泰寺"红壁玄梁"，郢州晋安寺"螭桷丹墙"，墙面也都是红色涂壁的做法。

除了涂壁之外，壁画也是一种常用的墙面装饰手法。壁画常用于宫室中，其题材以沿袭汉代的云气、仙灵和圣贤为主，佛寺画壁亦然。南朝墓室侧壁往往装饰"竹林七贤"等题材的画像砖，或使用大量的莲花纹砖。

南朝以来宫室府第盛行用柏木建寝室。《南齐书》载南齐武帝建风华、耀灵、寿昌三殿为寝宫，其中风华殿又称"柏殿""柏寝"，史称其"香柏文桠，花梁绣柱，雕金镂宝，颇用房帷"。在北魏南迁洛阳后，这种以柏木建寝室的做法也传到北魏洛阳。这种用木板壁建屋的做法应是皇宫中特殊的营造现象<sup>○</sup>。

### 2.1.6　隋唐五代时期

中国建筑在隋唐五代时期逐渐走向成熟。唐长安城大明宫含元殿、麟德殿建筑群尺度巨大，气势恢宏，充分展示出唐代建筑技艺之精湛。山西五台佛光寺大殿构架是我国现存年代最早、尺度最大、形制最典型的殿堂型构架。始建于五代的福建福州华林寺大殿堪称"江南第一大殿"。这些均显示出这一时期木构建筑进入成熟阶段。唐代的住宅，大到门、厅的间架数量、屋顶形式，小到重栱、藻井、悬鱼、瓦兽等细部装饰，都有着详细的规定，反映出唐代住宅严格的等级制度。隋唐五代时期，席地而居的生活方

---

○　傅熹年. 中国古代建筑史 第二卷：两晋、南北朝、隋唐、五代建筑[M]. 北京：中国建筑工业出版社，2001：206，254-255。

○　傅熹年. 中国古代建筑史 第二卷：两晋、南北朝、隋唐、五代建筑[M]. 北京：中国建筑工业出版社，2001：249-252。

式逐步过渡为垂足起居的生活方式。以桌、椅、凳为代表的新型家具更为普及，渐渐取代了床榻的中心地位。家具结构也从箱形壸门结构向梁柱式框架结构演化，其家具造型奠定了后世家具的基本形态，也导致了家具布局和室内格局发生了新的变化。

佛光寺大殿建于唐大中十一年（857年），面阔7间，进深4间，通面阔34m，通进深17.66m。大殿正面明间、次间、梢间装板门，两端尽间和山面后梢间装直棂窗，其余部分用墙包砌，上覆单檐庑殿板瓦屋顶（图2-17a~d）。

佛光寺大殿为"殿堂型构架"，其特点是由上、中、下三层叠加而成。下层是柱网，檐柱和内柱柱顶标高相同，用阑额连成内、外两圈矩形框子，作为屋身骨架。中层是在柱上重叠4、5层柱头枋，围成和阑额上下相重的两圈井干式结构的框子，称为"槽"；再在两圈框子间相应的柱上，用斗栱和加工成略微拱起的月梁同逐层柱头枋垂直相交，穿插交织，将槽连成方格网状的整体，称为"铺作层"；这一措施在整个构架中起保持整体性并将重量均匀地传递于各柱的作用，类似现代建筑中的圈梁。上层是屋顶骨架，每间用一道坡度为1:2的两坡抬梁式构架，架在铺作层上，构成屋顶骨架（图2-17e）。

殿身平面柱网由内外两圈柱子组成，属宋《营造法式》的"金箱斗底槽"平面形式。内槽柱围成面阔5间，进深2间的内槽空间，两圈柱子之间形成一周外槽空间。由于柱头铺作后尾向室内只挑出一层，使内槽的顶棚比外槽顶棚高出很多；同时内槽又施以繁密的平闇[一]，而外槽则采取露明的做法；这样内槽便成为殿内高敞的中心大厅，外槽则成为环绕内槽周围的较低的通廊。就功能来说，内槽后半部设大佛坛以供奉佛像，外槽供信徒瞻拜行香之用，内外槽在体量和高度上的明显差异恰好起到突出佛像的效果。这种以柱网平面和铺作形式的变化作为内部空间构成的主要手段，体现了结构与艺术的完美统一（图2-17c~g）。

佛光寺大殿共用7种斗栱（唐、宋时称"铺作"）。外檐铺作有3种，用在柱头上的向外挑出两层栱、两层昂，共挑出2.02m；室内的称为"身槽内铺作"，有4种，用在柱头上的挑出4层栱，共1.88m。大殿木构架所用"材"高30cm，"分"长2cm。大殿的面阔、进深、柱高均为"材分"的整齐倍数，表明以材分为模数的设计方法至迟在唐代已成熟运用。大殿木构部分现刷成土朱色，隐约可见旧有彩画的痕迹，阑额、柱头枋上有白色圆点，斗栱正面紫色，侧棱交替用紫色和白色画凹形"燕尾"[二]。

---

○ 平闇：宋式建筑小木作装修名称，室内吊顶的一种。《营造法式》："于明栿背上架算程方，以方椽施板，谓之平闇"。算程方一般相互正交绞井口，从而形成横纵方木组成的格眼。平闇与平棊的不同主要在于方椽格眼较小，且椽上背版用不事雕饰的素板。现存最早的实物见于唐建五台佛光寺东大殿内。（王效青. 中国古建筑术语辞典[M]. 太原：山西人民出版社，1996：90）

○ 中国大百科全书出版社编辑部. 中国大百科全书：建筑·园林·城市规划（图文数据光盘）[DB/CD]. 北京：中国大百科全书出版社，2000，佛光寺条目，傅熹年撰稿。
傅熹年. 中国古代建筑史 第二卷：两晋、南北朝、隋唐、五代建筑[M]. 北京：中国建筑工业出版社，2001：495-499。
侯幼彬，李婉贞. 中国古代建筑历史图说[M]. 北京：中国建筑工业出版社，2002：58-59。

a）山西五台佛光寺大殿外观

b）山西五台佛光寺大殿次间、梢间及尽间近景

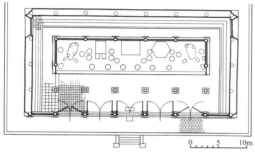

c）山西五台佛光寺大殿平面图

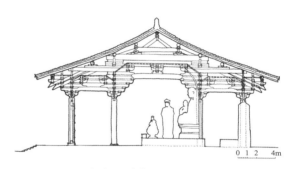

d）山西五台佛光寺大殿剖面图

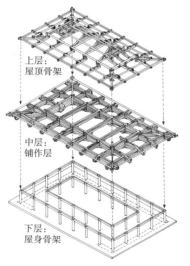

e）山西五台佛光寺大殿构架分解图

f）山西五台佛光寺大殿内景

g）山西五台佛光寺大殿外槽顶棚与内槽顶棚近景

图2-17 山西五台佛光寺

### 2.1.7 宋辽金元时期

北宋时期官修的建筑典籍《营造法式》是中国现存时代最早、内容最丰富的建筑学著作，其颁布标志着宋代建筑体系的成熟化、制度化和精致化。《营造法式》诸作制度中以小木作制度占全书的比例最多，反映出宋代建筑内檐装修的成熟和细腻，小木作制度的成熟对宋代家具制作及工艺的大发展也带来较大的影响。两宋时期基本完成了由席地而坐向垂足而坐的过渡，并最终形成了"以桌椅为中心"的生活习俗，宋代家具的类型和形式也趋于完善和多样。辽代建筑延续唐代建筑浑厚雄健的风貌，天津蓟县独乐寺观音阁反映出辽代早期官式建筑的风貌，现存山西应县佛宫寺释迦塔是中国现存唯一的全木构木塔，也是世界上现存最高的古代木构建筑。金代建筑受北宋影响并趋于繁丽，山西大同善化寺是现存金代佛寺中规模最大的一处，寺内大雄宝殿天花藻井装修的精细程度堪称辽代小木作之冠。元代建筑则在沿袭宋、金的传统上又有创新，山西洪洞广胜下寺大殿内采用减柱、移柱法以及大内额，其大木构架做法大胆且灵活。

善化寺在山西省大同市内，沿中轴线自南而北为山门、三圣殿、大雄宝殿。山门面阔5间，进深2间4架椽；通面阔28.14m，通进深10.04m。屋身坐落在高1m左右的台基上，台基前中部出月台。屋身前后檐当心间装版门，前檐左右次间设直棂窗，其余均作实墙。上覆单檐四阿顶。梁架为分心斗底槽殿堂型构架。殿内彻上明造，乳栿、劄牵均作月梁状（图2-18a、b）。

三圣殿约建于金天会、皇统年间。面阔5间，进深4间8架椽；通面阔32.68m，通进深20.50m。殿身坐落在带月台的台基上。前后檐当心间装版门，前檐左右次间设直棂窗。次间开间长达7.34m，其间通长设直棂窗，有49棂之多，棂上下有楗，中间有横串将棂固定，左右有立颊作边框，这样大的窗在其他建筑中是少见的。殿身其余均作实墙。上覆单檐四阿顶，举折陡峻，屋面凹曲偏大。屋顶在立面上所占比例超过立面总高的1/2，显得格外宏大。外檐次间补间铺作每跳都有斜出45°的斜栱，其装饰意义大于结构意义，是斗栱丧失结构作用开始蜕化的征兆（图2-18c）。

三圣殿的明间梁架为"八架椽屋乳栿对六椽栿用三柱"，次间梁架为"八架椽屋五椽栿对三椽栿用三柱"，是典型的厅堂型构架。其内柱出现减柱移柱现象，后内柱4根，明间两内柱包在佛坛后面的扇面墙内，次间两内柱位于佛坛两侧不显眼位置，取得殿内空阔的感觉。此外还有后世添加的4根辅柱，柱径很细。佛坛上供释迦、文殊、普贤"华严三圣"坐像（图2-18d）。

大雄宝殿为善化寺的主殿，始建于辽代，经金代大修，仍保持辽构。大殿建在3m高的矩形砖砌台基上，台前有宽阔的月台。殿身面阔7间，进深5间10架椽；通面阔约41m，通进深约25m。殿身正面明间和左右梢间设门，每樘门由门额分隔成上下两部分，上部为四直方格眼窗，下部为双扇版门，门两侧有余塞版，双腰串造。其余用厚墙封闭，墙体下部用砖砌筑，上部用土坯砖砌筑并外涂一道抹灰层饰面。土坯砖与砖之间作"墙下隔减（碱）"一道，隔减用木板铺成，土坯砖中还夹有水平铺砌上下共9层的木骨。大殿外檐补间铺作采用45°和60°两种斜栱，殿身上覆单檐四阿顶（图2-18e）。

大殿采取殿堂与厅堂混合式构架，称为"厅堂二型构架"。其内部采用减柱法，前檐第一列内柱和后檐第二列内柱各减去4根。殿内形成前后两跨各深2间、宽5间的两个敞厅和从左、右、后三面围绕它的深1间的回廊。前一跨敞厅较矮，供礼佛和做法事之用；后一跨较高，内砌5间通长的矩形佛坛，坛上并列五尊坐佛，各居1间之中。上部梁架为彻上明造，唯当心间前部施平棊，后部装斗八藻井，以突出主佛的崇高地位。两尽间沿山墙砌凹形台座，上立护法诸天24身。大殿的构架做法及其所形成的殿内空间同佛像布置和宗教活动方式密切结合（图2-18f~h）。

藻井前有方格形平棊，后有菱形平棊。藻井周围有七铺作小斗栱及绘有小佛像的斜板环绕。藻井本身分为上下两层，下层为八角井，嵌于方井之中，四角出角蝉，八角井呈八棱台形，内施七铺作双杪双下昂重栱计心造斗栱。第三跳施翼形栱，第四跳施令栱，昂咀、耍头皆取批竹昂式。藻井上层做成截顶圆锥体，施八铺作重栱计心卷头造斗栱。上下两层斗栱朵数不同，下部的八棱台共用斗栱24朵，上部的圆锥体共用斗栱32

a）山西大同善化寺山门外观

b）山西大同善化寺山门内景

c）山西大同善化寺三圣殿外观

d）山西大同善化寺三圣殿内景

图2-18 山西大同善化寺

朵，两者用材尺寸不同。其精细程度当属现存辽代小木作装修之冠<sup>⊖</sup>（图2-18i）。

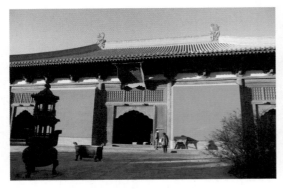

e）山西大同善化寺大雄宝殿外观

f）山西大同善化寺大雄宝殿内景

g）山西大同善化寺大雄宝殿当心间前部平棊近景

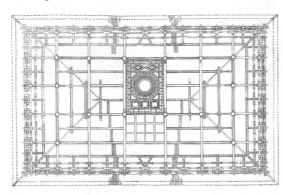

h）山西大同善化寺大雄宝殿梁架仰视平面图

i）山西大同善化寺大雄宝殿当心间后部藻井

图2-18　山西大同善化寺（续）

⊖ 中国大百科全书出版社编辑部. 中国大百科全书：建筑·园林·城市规划（图文数据光盘）[DB/CD]. 北京：中国大百科全书出版社，2000，善化寺条目，屠舜耕撰稿。
侯幼彬，李婉贞. 中国古代建筑历史图说 [M]. 北京：中国建筑工业出版社，2002：90-91。
郭黛姮. 中国古代建筑史 第三卷：辽、宋、金、西夏建筑[M]. 北京：中国建筑工业出版社，2003：331-354。

### 2.1.8　明清时期

明清紫禁城建筑群是中国古代宫殿建筑艺术的集大成者，代表了皇家建筑的最高成就。明清时期儒家伦理道德规范得以"践覆"，因此，各类宗祠、书院、会馆、戏院、旅店、餐馆等世俗建筑类型增多。随着经济的发展，坛庙成为一大宗观。明清时期的园林，以明代的南方私家园林和清代的北方皇家园林为代表，清代中国园林艺术达到顶峰。明清时期还出现了建筑、园林、家具及陈设等各个门类的著作，如明末出现了由造园家计成所著的造园著作《园冶》，明中叶由午荣汇编的木工用书《鲁班经》，以及文震亨的《长物志》、李渔的《闲情偶寄》等。1734年刊行的《工程做法》，是清代官修的一部建筑法典，它是继宋代《营造法式》后官方颁布的又一部较为系统全面的建筑工程专书，梁思成先生称其为"中国建筑之两部'文法课本'"。该书的颁布从一个侧面也反映出清代官式建筑的高度定型化与成熟化。清代宫廷中还设有主持设计和编制预算的"样房"和"算房"，形成严密的设计制度。明清时期也是中国古典家具发展的高峰期，明式家具享誉海内外，被世人誉为"东方艺术的一颗明珠"，对欧洲的家具设计也产生一定的影响。

#### 1. 北京故宫太和殿

太和殿始建于明永乐十八年（1420年），后经重建、重修，是紫禁城内规模最大、等级最高的建筑物。明代太和殿面阔9间，进深5间，四周有一圈深半间的回廊。宫殿的长宽比例精心设计成9：5，代表着帝王的"九五之尊"，拥有至高无上的权利和地位。清代重建太和殿时梁九将山墙推到山面下的檐柱，使太和殿外观呈11间状。重建后的太和殿面阔11间，进深5间；通面阔63.93m，通进深37.17m，建筑面积2377m$^2$；高26.92m，连同台基通高35.05m。太和殿与中和殿、保和殿共同坐落在一个3层高的"工"字形汉白玉大台基上。太和殿前设月台，称为"丹陛"。丹陛上陈列日晷、嘉量各1个，铜龟、铜鹤各1对，以及18座铜鼎，以示皇权。太和殿的屋顶为等级最高的重檐庑殿顶，上覆黄色琉璃瓦。屋脊两端安有高3.4m、重约4300kg的大吻。上下檐角均安放10个走兽，为现存古建筑中孤例。

太和殿殿内为金砖铺地，地面共铺二尺见方的金砖4718块。殿内有立柱72根，仅明间设宝座。宝座设于七层台阶之上，通体髹金。宝座后列七扇屏风。宝座两侧有6根直径1m的沥粉贴金云龙图案的巨柱，所贴金箔采用深浅两种颜色，使图案突出鲜明。宝座周围有象征国家安定、政治巩固的"宝象"；象征皇帝贤明、群臣毕至的"甪（音录）端"；象征延年益寿的"仙鹤"；以及象征江山稳固的"香亭"这四对陈设。宝座上方的藻井正中雕有蟠卧的金龙，龙头下探，口衔宝珠，称为"轩辕镜"，其下正对宝座，以示皇帝为轩辕氏皇帝的正统继承者。藻井全部贴金，在青绿色的井字天花中显得雍容华贵。殿内外的梁枋上均饰以等级最高的金龙和玺彩画。门窗上部嵌成菱花格纹，下部浮雕云龙图案，接榫处安有镌刻龙纹的鎏金铜叶<sup>○</sup>（图2-19）。

a）北京故宫太和殿外观

b）北京故宫太和殿殿内藻井

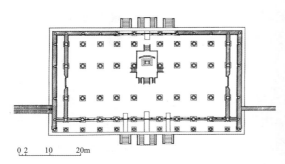

0 2　10　20m

c）北京故宫太和殿平面图

0 1　5　10m

d）北京故宫太和殿剖面图

e）北京故宫太和殿内景

图2-19　北京故宫太和殿

---

　○　侯幼彬，李婉贞. 中国古代建筑历史图说[M]. 北京：中国建筑工业出版社，2002：132。
中国大百科全书出版社编辑部. 中国大百科全书：建筑·园林·城市规划（图文数据光盘）[DB/CD]. 北京：
中国大百科全书出版社，2000，紫禁城宫殿条目，于倬云撰稿。
中国大百科全书出版社编辑部. 中国大百科全书：美术（图文数据光盘）[DB/CD]. 北京：中国大百科全书出
版社，2000，北京宫殿条目，萧默撰稿。

### 2. 北京故宫乐寿堂

乐寿堂面阔7间，进深3间，带周围廊；通面阔36.15m，通进深23.20m，建筑面积839m²。乐寿堂明间前后檐为五抹步步锦隔扇4扇，余各间均为槛窗。屋顶为单檐歇山顶，上覆黄色琉璃瓦。柱网结构为减柱造。室内以装修分为南北两厅，东西又隔出暖阁，平面布局自由灵活。室内装修多用楠木包以紫檀、花梨等贵重木材，并以玉石、珐琅等饰件装饰。乐寿堂仙楼为乾隆时期室内装修的代表作之一，天花为楠木井口天花，天花板雕刻卷叶草，与整个室内装修相衬托，雍容华贵[一]（图2-20）。

图2-20 北京故宫乐寿堂内景

## 2.1.9 近代时期

近代时期中国建筑与室内设计的形式较为复杂多样。一方面，中国传统建筑与室内设计的风格样式继续延续；另一方面，西方的新建筑体系与现代生活方式在不断地被输入和引进。在中西方文化的冲击与碰撞下，对"中国固有之形式"的传承与"西方近现代建筑"的交融中，也产生了大量经典的设计作品。这其中有如吕彦直等中国建筑师以及如华盖建筑事务所等中国本土设计事务所的不断探索；也有如邬达克（Ladislaus Edward Hudec，1893~1958）、威尔逊等外籍建筑师在中国的设计实践。

### 1. 上海汇丰银行大楼

上海汇丰银行大楼建成于1923年，由英国公和洋行（现名巴马丹拿集团）建筑师威尔逊（George Leopold Wilson，1880~1967）主持设计。该建筑为钢筋混凝土框架结构，圆顶为钢框架结构，总建筑面积达32000m²。建筑主体为5层，中部有7层，另有一层半为地下室。建筑外观模仿新古典主义建筑风格，室内采用爱奥尼式的柱廊与藻井式天花等形式，十分富丽堂皇。

汇丰银行入口大厅是一个八角厅，八角厅穹顶下的八幅巨型壁画分别为汇丰银行在世界设有分行的8个主要城市：中国上海、中国香港、东京、加尔各答、曼谷、伦敦、巴黎和纽约。八角厅的设计含义包含着"面向世界"的意思。八角厅后面是面积足有1500m²的营业大厅，厅的墙沿及暗角，设计有供暖设备与冷排风系统。屋顶设计了巨大的玻璃顶棚，顶棚用小块厚玻璃镶拼，牢度足以顶住千磅的冲击。从顶棚透进来的日光，提供了日间工作的阳光。汇丰银行的室内装修极为考究，大厅内的柱子、护壁、地坪均用大理石贴面（图2-21）。

---

〇 茹竞华，彭华亮. 中国古建筑大系·宫殿建筑[M]. 北京：中国建筑工业出版社，2004。

a）上海汇丰银行大楼外观　　　　　b）上海汇丰银行大楼八角厅内景　　c）上海汇丰银行大楼八角厅天花图案

图2-21　上海汇丰银行大楼

## 2. 南京中山陵

南京中山陵由建筑师吕彦直（1894~1929）设计，其整体布局吸取了中国古代陵墓布局的特点，体现了传统中国式纪念建筑布局与设计的原则。在祭堂的设计中，西方式的建筑体量组合构思与中国式的重檐歇山顶的完美组合，真正地体现了中西建筑文化交融的建筑构思。在细部处理上，吕彦直将中国传统建筑的壁柱、额枋、雀替、斗栱等结构部件运用钢筋混凝土与石材相结合的手法来制作。

祭堂的顶部为覆斗式天花并施以彩绘。祭堂内部庄严肃穆，12根柱子铺砌了黑色的石材，四周墙面底部有近3m高的黑色石材护壁，东西两侧护壁的上方各有4扇窗牖，安装梅花空格的紫铜窗。整个建筑及室内空间参考了与现代历史相关联的著名中式和西式纪念物来进行设计。经过道进入墓室，环绕圆形墓圹、瞻仰圹内的石椁和安卧于石椁之上的孙中山卧像。整个建筑和室内空间不仅在功能上满足了仪式活动的需求，也符合了中国人对于孙中山作为一位历史伟人的想象（图2-22）。

a）南京中山陵祭堂外观　　　　　　　b）吕彦直绘制的南京中山陵祭堂纵切剖视图

图2-22　南京中山陵

## 3. 上海沙逊大厦

位于上海外滩的沙逊大厦建成于1928年，由英国公和洋行的威尔逊建筑师主持设计。建筑的平面呈A字楔形，主体为钢筋混凝土框架结构，总建筑面积36317m²。大厦以朝向外滩的东面作为主立面，主立面高12层，屋顶采用四方攒尖、高达19m的瓦楞紫铜皮屋顶。

　　沙逊大厦底层为华懋饭店的大堂，2~4层为写字间，5~7层为华懋饭店的客房部。客房部的特色之处在于每层按照不同国度的风格特点来进行室内设计，在5层设有德国式、印度式、西班牙式及日本式客房；6层设有法国式、意大利式及美国式客房；7层则设有中国式及英国式客房。饭店的8层设舞厅、酒吧及中国式餐厅，9层有小餐厅及夜总会，10层为沙逊家族的住所。整体的室内设计为当时国际上流行的装饰艺术风格（图2-23）。

b）入口拱券门洞与铜门

c）外立面紫铜窗饰

a）上海沙逊大厦外观

d）东侧楼梯扶手细部

e）室内彩绘玻璃图案

f）上海沙逊大厦印度式客房

g）上海沙逊大厦日本式客房

图2-23　上海沙逊大厦

## 2.2 西方室内设计的发展

### 2.2.1 原始社会时期

原始社会时期的人类或是住在天然洞穴里，或是巢居树上。这些在大自然中就现成存在的住地还不能称之为建筑，它们只是为了满足人们遮风避雨和防范动物侵袭这些基本生存需要的"遮蔽物"（Shelter）。随着人类发明了火并逐渐使用工具，才逐渐出现人工修筑的竖穴、蜂巢形石屋、圆形棚屋及帐篷等地面住所。关于人类原始的建筑，可以对建筑空间中基本的需要、实用、简洁、本质、完美等因素进行思考。此外，不同的自然条件，如地理、气候等因素，以及受其影响而产生并反映其地域性特征的建筑材料，对于建筑的结构、形式及布局也会产生重大的影响。

### 2.2.2 古代埃及时期

金字塔是埃及古王国时期的代表性建筑。中王国时期以陵墓建筑为主，陵墓内部空间的重要性大大加强。法老门图荷太普二世和哈特谢普苏特女王的陵墓，将传统的金字塔、祀庙与岩窟墓结合起来，并且出现了开放式柱廊、坡道式台阶、纵深序列式轴线以及对称式构图等建筑艺术处理手法。新王国时期的建筑以太阳神庙为主要代表，建筑艺术已经全部从外部形象转移到了内部空间。卡纳克遗址中的多柱式大厅是古埃及最大的室内空间。室内的石柱密如树林，柱身上满饰着有鲜艳彩饰的阴刻浮雕，创造了神庙空间神秘和压抑的氛围。古埃及贵族府邸的平面布局功能合理，并出现了厅堂、居室、厨房、浴室、厕所、谷仓、畜棚及内院等各种丰富的功能空间。古埃及陵墓中出土的家具多是法老或社会上层的陪葬品，它们做工考究、精美华丽。椅、凳、床、箱柜及台架等各种家具类型已经十分丰富。

卡纳克（Karnak）的神庙建筑约始建于中王国时期，经过前后持续有2000年之久的不断扩建，形成了一组规模宏大的神庙建筑群。卡纳克的太阳神庙坐西朝东，建筑形体较为对称。平面宽约110m，进深约366m。神庙的主轴线为东西向。自西向东有6道塔门依次排列。

在第2、3道塔门之间是整个神庙建筑群的中心——多柱式大厅（Great Hypostyle Hall），为新王国第19王朝拉美西斯一世所建，后经塞提一世和拉美西斯二世装饰完善。大厅宽103m，进深52m，面积达5000m²。厅内有16列共134根圆形大石柱。中央通路两旁的12根圆柱，高21m，直径3.57m，上面架设着9.21m长的大梁，重达65t。两侧的圆柱高12.8m，直径2.74m。所有柱子的柱身上都装饰有鲜艳彩饰的阴刻浮雕，柱头的式样有纸草花式、莲花式、棕榈叶式等。柱子的细长比只有1：4.66，柱间净空小于柱径（图2-24）。由于中央的圆柱大大高出两侧的圆柱，在中部与两侧屋面高差的部位设置了石窗格，形成了高侧窗采光。石窗格也是室内的换气孔。光线通过石窗格仅能照到大厅的中央区域，且光线非常微弱，再加上大厅内粗大的石柱繁密如林，两侧则更显阴暗，使得厅内的气氛神秘而又压抑[一]。

　　卡纳克遗址的西南角建有月亮神洪斯神庙（Temple of Khons），其平面布局是新王朝时期神庙建筑的代表。穿过塔门便进入前庭，前庭的两侧是双排圆柱的柱廊。前庭之后是通向连柱厅堂的院廊，此时的

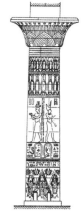

a）多柱式大厅剖面透视图　　　　　　　　b）大纸草柱立面图

图2-24　卡纳克的太阳神庙

地面升高，屋顶降低。连柱厅堂的中央廊较高，侧面有窗，中央廊是由有盛开的花朵式柱头的纸草花式圆柱所支承的。连柱厅堂之后是一个正方形平面的大殿，大殿中央是放神船的圣所。大殿的地面较院廊又进一步升高，屋顶也进一步降低。大殿之后是神堂[二]（图2-25）。

## 2.2.3　古代两河流域及波斯时期

　　古代两河流域的人民创造了以土作为基本原料的结构体系和装饰方法，如夯土墙、土坯砖、烧制砖和陶钉。在苏美尔-阿卡德时代，美索不达米亚南部最早的神庙建筑见于埃利都遗址。乌鲁克的白庙便是两河流域地区塔庙的雏形。在乌尔的山岳台中，已经有了通过将建筑的朝向、层数、色彩与人们的信仰崇拜意识结合起来，以表达建筑的象征

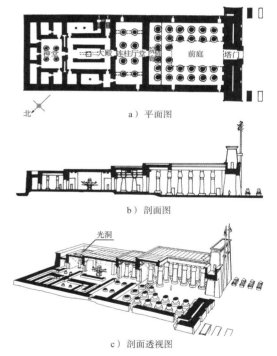

a）平面图

b）剖面图

c）剖面透视图

图2-25　卡纳克的月亮神洪斯神庙

　　[一]　陈志华. 外国建筑史（19世纪末叶以前）[M]. 3版. 北京：中国建筑工业出版社，2004：13-15。
　　　　陈平. 外国建筑史：从远古至19世纪[M]. 南京：东南大学出版社，2006：34-36。
　　　　中国大百科全书出版社编辑部. 中国大百科全书：考古学（图文数据光盘）[DB/CD]. 北京：中国大百科全书出版社，2000，卡纳克遗址条目，刘文鹏撰稿。
　　[二]　王英健. 外国建筑史实例集. 1，西方古代部分[M]. 北京：中国电力出版社，2006：17，21-23。
　　　　[英] S·劳埃德，[德] H·W·米勒. 世界建筑史丛书——远古建筑[M]. 高云鹏译. 北京：中国建筑工业出版社，1999：130-133。

意义的建筑创作手法。在迪
亚拉地区的泰勒阿斯玛的苏
辛神庙和总督府建筑群中，
又可以看到通过轴线来组织
功能空间的建筑设计方法。
亚述时期的建筑以规模宏大
的豪尔萨巴德的萨尔贡二世
王宫为代表，其宫殿装饰豪
华，饰面技术广用石板贴面

图2-26　波斯波利斯宫百柱大殿复原图
（引自Frankfort，1954年）

和彩色琉璃面砖相结合。亚述常用的装饰题材人首翼牛像则采用圆雕和浮雕相结合的雕
刻手法。新巴比伦城的伊什达门、王宫及空中花园等建筑则将两河流域的建筑文明推向
顶峰。

　　波斯波利斯宫应当是古代波斯宫殿建筑中最宏伟豪华者。大流士一世的觐见大殿
及百柱大殿集礼仪性与纪念性于一体，室内空间更为开敞通畅，大殿柱头也很有特色
（图2-26）。在另一些古代波斯建筑遗址中还可以看到对拱券及穹窿结构的探索。

### 2.2.4　爱琴文化及古希腊时期

　　爱琴文化时期的建筑、家具及室内装饰受到古埃及的影响，并由古希腊所继承。
最著名的是位于克里特岛上克诺索斯的米诺斯王宫及位于伯罗奔尼撒半岛上的迈锡尼卫
城。米诺斯王宫是一组规模庞大而又复杂的建筑群，其特色在于内部结构的高低错落与
奇特多变，在希腊神话中有"迷宫"之称。米诺斯王宫室内的功能空间已经较为多样，
室内的壁画装饰也很有特色，具有极强的装饰性。王宫中"正厅"的布局被认为是后来
古希腊庙宇最早的和基本的形式。迈锡尼卫城中最著名的建筑是"狮子门"和"阿特柔
斯宝库"。

　　古希腊时期建筑艺术的最大成就主要
体现在柱式、神庙建筑、建筑雕刻及建筑
群体组合的高度艺术性及成熟化，建立了
建筑设计的逻辑结构，并体现着强烈的理
性精神和人文色彩。

　　古希腊时期逐渐形成了多立克柱
式（Doric Ordo）、爱奥尼柱式（Ionic
Ordo）及科林斯柱式（Corinthian Ordo）
这3种最为基本也是最主要的柱式
（图2-27，表2-1），此外还有如人像
柱、端墙柱、壁柱、半柱和方柱墩等相对

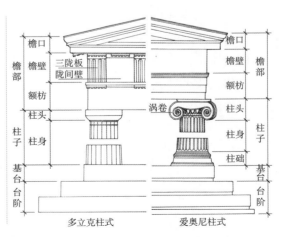

图2-27　古希腊的柱式

少见的形式。柱式不仅说明该建筑柱子的样式，而且还以柱身底部半径为模数，定出柱高、柱距乃至建筑各个组成部分的比例关系，它直接反映了古希腊人对数的原则和人的美感的不断追求，体现了理性思维和人本主义的力量。

表2-1　古希腊三种柱式的比较

| 比较点 | 多立克柱式 | | 爱奥尼柱式 | | 科林斯柱式 |
| --- | --- | --- | --- | --- | --- |
| 柱式流行地区 | 意大利、西西里一带寡头制度城邦里 | 多立克人 | 小亚细亚先进共和城邦里 | 爱奥尼族人 | 科林斯人 |
| 细 长 比 | 1：5.5~5.75 | 粗壮 | 1：9~10 | 修长 | |
| 开间 | 1.2~1.5个柱底径 | 窄 | 2个柱底径左右 | 宽 | |
| 檐部 | 约为柱高的1/3 | 重 | 柱高的1/4以下 | 轻 | |
| 檐壁 | 分隔（连续交替的三陇板和陇间壁） | | 不分隔 | | |
| 柱头 | 简单而刚挺的倒立的圆锥台，外廊上举 | | 精巧柔和的涡卷，外廊下垂 | | 莨苕叶饰，如满盛卷草的花篮 |
| 柱身凹槽 | 20个浅槽，横断面为平弧形。凹槽相交成锋利的棱角 | | 24个深槽，横断面为半椭圆或半圆形。凹槽相交的棱上有一小段圆面 | | |
| 柱础 | 无 | | 有 | | |
| 收分和卷杀 | 明显 | | 不显著 | | |
| 线脚 | 极少，偶尔也有是方线脚 | | 较多，使用多种复合的曲面线脚，有华丽的雕饰 | | |
| 台基 | 三层台阶，中央高，四角低，微有隆起 | | 台基侧面壁立，上下都有线脚，没有隆起 | | |
| 装饰雕刻 | 高浮雕及圆雕，强调体积感 | | 薄浮雕，强调线条 | | |
| 象征 | 男性 | | 女性 | | 少女 |
| 总体风格特征 | 崇高 | | 优雅 | | 豪华 |
| 所适合的建筑 | 庄重雄伟的大型纪念性建筑 | | 较小的建筑 | | 优雅华丽的小建筑或作为室内装饰 |

注：此表据陈志华.外国建筑史（19世纪末叶以前）[M].3版.北京：中国建筑工业出版社，2004：43。

　　雅典卫城建筑群的特色在于巧妙地顺应并利用地形地势进行布置，并呈现出整体布局自由活泼且主次分明的外貌，在西方建筑史上堪称是建筑群体组合艺术的一个典范。帕提农神庙的3组雕刻各有特色又互相协调，形成多样而又统一的建筑雕刻整体。帕提农神庙还运用了如水平线条起拱、柱子内斜、卷杀、收分等一系列校正视错觉的措施，使得神庙整体上有一种向上的动态感和稳定感，造型坚实而又雄伟。

　　希腊化时期还产生了广场、廊厅、露天剧场、竞技场、会堂、议事堂及浴室等多种类型的公共建筑物，并且有些建筑实例突出地反映了重视功能性和强调使用性的特点。如迈加洛波利斯的大会堂的设计考虑到了在会堂建筑中对听众室内视线的关注，其处理手法是将室内的其他柱子都以讲台为中心呈放射线排列。又如在较为考究的住宅里出现了较为完善的厨卫设施，在设炉灶的房间和厨房里一般都配有烟道。浴室中的地面有防水处理，并有固定在墙上的陶盆及排污水的管道等。古希腊比较有特点的室内布局是廊厅及住宅中的餐室，其沿室内四周墙面设置卧榻的布置方式是与希腊人喜好靠在卧榻上用餐的生活方式相联系的。古希腊的家具受到古西亚与古埃及的影响，比较有特色的是"卧榻"和"克利斯莫斯椅"（Klismos chair）。

帕提农神庙（Parthenon，建于公元前447~前432）是为供奉雅典守护女神雅典娜而建。建筑师为伊克蒂诺（Ictinus）和卡利克拉特（Callicrates），主要雕塑师为菲迪亚斯（Phidias，约公元前490~前430）。

帕提农神庙在卫城的最高处，整个建筑全部都用高质量的白色大理石建造。神庙为多立克八柱围廊式（8×17柱），它不仅是雅典卫城中唯一的一座采用最隆重的围廊式形制的神庙，更是希腊本土最大的多立克式神庙（图2-28a）。

神庙立在一个三级台阶上（基台面30.9m×69.5m）。每步台阶宽约0.7m，高约0.5m；东西两端入口中央均设置了中间踏步，以适合人的尺度登临。

神庙山墙及神庙四周的陇间壁上满是雕刻。山墙内的雕刻以适应建筑山墙的三角形外轮廓形状来构图，内布圆雕群像。正面东山墙表现的是雅典娜诞生的情景，西山墙刻画的是雅典娜和海神波塞冬争作雅典保护神的情节，雕刻表现的内容直接点出了帕提农神庙的主题（图2-28c、d）。围绕神庙四周共有92块带高浮雕的陇间壁（东西两面各14块，南北两面各32块），每块高约1.35m。其上的雕刻均为各自独立的方形构图。内容按四面方向分别表现4次神话传说中的战争（东面表现神和巨人的搏斗；西面表现希腊人和亚马逊人的战争；南面表现半人半马怪和拉庇泰人的斗争；北面表现围困特洛伊的远征），寓意为歌颂希腊对波斯的胜利。这些雕刻在当时都涂以红、蓝、金等鲜艳的色彩，十分辉煌华丽（图2-28b~d）。

帕提农神庙的外廊柱高约10.4m，柱底径约1.9m，其构造之精确优美堪称多立克柱式的最高典范。外廊柱之内为环绕整个神庙的围廊。围廊之内的中央主体部分由朝东的内殿、朝西的帕提农室及几乎完全一样的前门廊和后门廊组成（图2-28a）。

前、后门廊的檐部位置取消了多立克柱式的三陇板和陇间壁，而是布置了爱奥尼柱式那样连续的檐壁雕刻。这一圈檐壁雕刻总长约160m、高1m余。基本上是浅浮雕，共刻有350多人体和250余动物形象，表现的内容是四年一度的向雅典娜献新衣盛典的游行场面（游行的起点从西廊开始，分别沿北面和南面展开，最后到达东端入口上部结束），为菲迪亚斯等人所作（图2-28b、d）。前、后门廊上的这圈檐壁雕刻与神庙东西山墙上的两组雕刻及神庙四周的陇间壁上的雕刻，这3组雕刻各有特色又互相协调，形成多样而又统一的建筑雕刻整体。

内殿宽约19.2m，长约29.9m（合100古雅典尺），因而内殿又被称为"百尺殿"。殿内南北向的两排多立克式内柱廊（连同转角处柱墩在内每排10柱）与西向的3柱连在一起，其上均叠置更小的多立克柱承木构屋架，在内殿中间形成一个绕内殿三面的环廊。这里南北向的两排多立克式内柱廊的位置均向两边侧墙靠拢，在平面上形成中间廊道宽而两侧窄的格局；且在立面上内柱廊做成上下两层的多立克柱式而不是用通高的柱子

（通高的柱子不仅柱径很粗而且尺度过大）。而前述的前、后门廊的进深也都缩至较小的范围，这些做法的目的都是为了在内殿中间形成一个更加宽敞开阔的室内空间，以保证能够容纳在内殿深处所供奉的雅典娜女神巨像。环廊内的地面稍稍低于四周。木构顶棚上有彩绘及金饰（图2-28e~g）。

关于内殿的采光，主要有"假楼取光法"和"天窗取光法"两种假设，但估计室内主要还是通过门洞采光（门高达9.75m）。内殿的光线幽暗而又静谧。这样的空间之内供奉着菲迪亚斯的又一名作——连基座高达12m的雅典娜巨像——她顶盔、持矛、握盾，右手掌上立有一个展翅的胜利女神像。雕像为木胎，面部、手和脚用象牙雕成，眼珠为精致的宝石，盔甲和衣饰用金箔（在危机时可拆卸运走）。雅典娜女神巨像前设置有栏杆，以防止人们直接走到雕像前。估计在栏杆后面还布置有帷幔。当帷幔升起时，巨大的雅典娜女神像突然间便占据满了整个内殿的空间，其压倒一切的恢宏气势带给人们的是无穷的震撼力量。内殿中充满着祭献物、珍贵的瓶饰和圣迹装饰，立在神像周围和挂在墙上的战利品，固定在楣梁上的金盾，一直摆到前厅和廊道内的祭祀物等（图2-28f、g）。

帕提农室（意即"少女雅典娜之室"）作为存放国家财物和档案之用。其室内用4根爱奥尼式柱支承屋顶，这种在多立克式建筑里采用爱奥尼柱子的做法也是雅典卫城中首创的[〇]（图2-28e）。

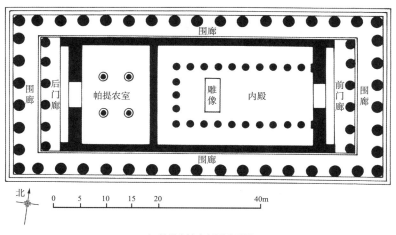

a）帕提农神庙复原平面图

（引自 Charbonneaux-Martin-Villard，1969年）

图2-28　帕提农神庙

---

〇　王瑞珠. 世界建筑史·古希腊卷（上、下册）[M].北京：中国建筑工业出版社，2003：365-424，677-693。
中国大百科全书出版社编辑部. 中国大百科全书：建筑·园林·城市规划（图文数据光盘）[DB/CD]. 北京：中国大百科全书出版社，2000，雅典卫城条目，帕提农神庙条目，陶友松撰稿。
中国大百科全书出版社编辑部. 中国大百科全书：美术（图文数据光盘）[DB/CD]. 北京：中国大百科全书出版社，2000，帕提农神庙条目，杨蔼琪撰稿。

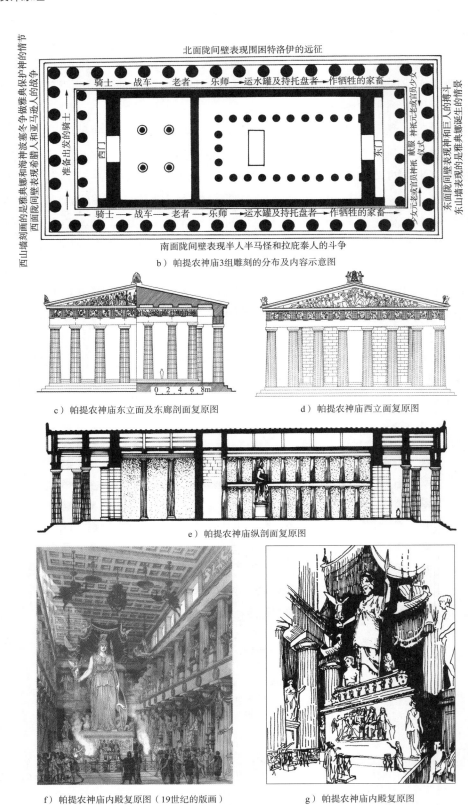

北面陇间壁表现围困特洛伊的远征

西山墙刻画的是雅典娜和海波塞冬争做雅典保护神的情节
西面陇间壁表现希腊人和亚马逊人的战争

东面陇间壁表现神和巨人的搏斗
东山墙表现的是雅典娜诞生的情景

骑士 → 战车 → 老者 → 乐师 → 运水罐及持托盘者 → 作牺牲的家畜

少女元老或官员和纸 截服 神祇元老或官员少女 仪式

西门 东门

骑士 → 战车 → 老者 → 乐师 → 运水罐及持托盘者 → 作牺牲的家畜

准备出发的骑士

南面陇间壁表现半人半马怪和拉庇泰人的斗争

b）帕提农神庙3组雕刻的分布及内容示意图

0 2 4 6 8m

c）帕提农神庙东立面及东廊剖面复原图

d）帕提农神庙西立面复原图

e）帕提农神庙纵剖面复原图

f）帕提农神庙内殿复原图（19世纪的版画）

g）帕提农神庙内殿复原图

图2-28　帕提农神庙（续）

## 2.2.5　古罗马时期

古罗马建筑在公元1~3世纪为极盛时期，达到西方古代建筑的高峰。古罗马建筑能够取得如此伟大的成就主要是凭借着高水平的券拱结构和促进这种结构发展的天然混凝土材料。券拱结构能够获得宽阔的室内空间，这对于室内设计产生了变革性的意义——从古希腊建筑关注外部空间与外部造型，转变到关注建筑内部和室内空间。而单从室内空间来看，古罗马建筑也完成了从以万神庙为代表的单一空间到以卡拉卡拉浴场为代表的多空间复杂组合的转变。卡拉卡拉浴场就是组合运用各种大小形状不同的十字拱、筒拱和穹窿顶组合其复杂的内部空间，并形成主次纵横的轴线和连贯丰富的室内空间序列，其内部空间艺术处理的重要性已经超过了外部体形。

古罗马建筑多是为现实的世俗生活服务的，很注重实用性和功能性。其建筑类型众多，除神庙这类宗教建筑外，还有皇宫、剧场、角斗场、竞技场、浴场、巴西利卡（Basilica）以及凯旋门、纪功柱和广场等公共建筑。居住建筑有内庭式住宅、内庭式与围柱式院相结合的住宅，还有4~5层的公寓式住宅。古罗马建筑设计这门技术科学已经相当发达，古罗马军事工程师维特鲁威写的《建筑十书》就是这门科学的总结，此书也是欧洲中世纪以前遗留下来的唯一的建筑学专著。

古罗马在继承了古希腊的三种柱式，并对之进行罗马化后，又增加了塔斯干柱式（Toscan Ordo）和组合柱式（Composite Ordo）这两种柱式。最有意义的是创造出柱式同拱券的组合，如券柱式和连续券，既作结构，又作装饰，是古罗马建筑艺术与技术上的一个成就。庞贝古城比较有特色的是室内装饰性的壁画和锦砖拼花地面。庞贝古城的4种风格壁画都极富装饰性，从其发展可以看到当时人们对于墙壁界面和室内空间的大胆探索和持续追求。古罗马的家具从古希腊家具的原型中继承并发展。宫殿和贵族府邸里的家具追求威严华丽之风，采用了大规模的细部装饰，材料上主要有木制、铜制和大理石制。

### 1. 罗马万神庙

万神庙（Pantheon）是集古罗马最具革新性的建筑材料、最高成就的建筑技术、最宏伟壮观的室内空间以及最华丽精致的内部装饰于一体的古罗马建筑珍品。在现代建筑结构出现以前，万神庙一直保持着世界上最大跨度的穹顶室内空间的世界纪录。万神庙也是第一座注重建筑的室内空间和内部装饰而胜过建筑的外部造型的古罗马建筑，是古罗马时期单一空间和集中式构图的神庙建筑代表作。

万神庙入口门廊的平面宽34m，深15.5m；有高14.18m的科林斯式柱16根，分三排，前排8根，中、后排各4根。柱身高12.5m，底径1.43m，用整块埃及灰色花岗石加工而成，柱身无槽。柱头和柱础用白色大理石。其山花和柱式比例均是罗马式的。山花和檐头的雕像，大门扇、柱廊的天花梁板都是铜做的，包着金箔。穹顶和柱廊原来覆盖一层镀金铜瓦，后来以铅瓦覆盖（图2-29a、b）。

万神庙的平面为圆形，墙体内沿圆周发8个大券，其中7个是壁龛，1个是大门。穹顶直径43.3m，高度也是43.3m。古罗马的建筑师采取了多种方法以解决穹顶的跨度及承重问题。万神庙的整个结构是用混凝土与不同石质的骨料混合来作为建筑材料的。作为骨料的石块，是逐层改变其重量的，底部的硬而重，顶部的软而轻。在底部的基础混合了大块沉重的玄武岩，在中部的墙混合了膝盖大小的石头，而顶部的穹顶则使用了浮石。穹顶上部混凝土的比重只有基础比重的2/3。墙体结构的厚度也是越往上越薄，以减轻穹顶的重量，基础底宽7.3m，墙和穹顶底部厚6m，穹顶顶部厚1.5m。穹顶正中开有直径8.92m的圆洞，相应地省去了建筑材料，因此也大大减小了穹顶的重量，它也是万神庙内部唯一的入光口。穹顶内表面有深深的凹格天花共5排，每排28个，也可以起到减轻穹顶重量的作用。墙体内的7个壁龛和1个大门也能起到减轻基础负担的作用。此外，墙里和穹顶里都有暗券承重（图2-29c~e）。

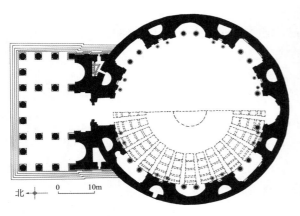

北　0　10m

a）罗马万神庙平面图

b）入口门廊内的大门近景

c）结构细部

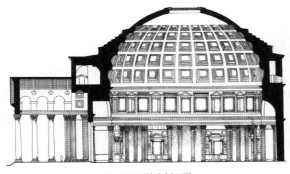

d）罗马万神庙剖面图

e）罗马万神庙内景

图2-29　罗马万神庙

万神庙的室内体现了完整单纯和庄严静穆的空间特征氛围。穹顶的直径和高度相等，都是43.3m，是一种单纯明确而又完整和谐的几何形状。万神庙的室内立面可以看作水平上3个连续循环的环状层次：底层环是由一系列科林斯式圆柱和壁柱进行竖向划分而形成向内凹进的壁龛、拱门和祭台。底层柱式的竖向划分不仅消减了水平方向上的沉重感，也形成了虚实相间的节奏感和前后凹进的层次感。中层环是交替的装饰镶板和假窗。其上便是逐渐升起的抹灰穹顶，其表面的凹格天花中心原来可能有镀金的铜质玫瑰花。凹格天花越向上越小，并最终将观者的视线引向正中巨大的圆洞天窗，从天窗中射入的光线更加渲染了万神庙内部宏伟的空间和华丽的装饰⊖。

### 2.卡拉卡拉浴场

古罗马的浴场并不仅仅只供洗浴之用，在浴场周围往往还有运动场、讲演厅、图书馆、俱乐部、交谊厅、商店、林园等其他社交及文娱活动的场所及附属房间，形成一个规模庞大的多功能建筑群。

图2-30　卡拉卡拉浴场复原图

卡拉卡拉浴场（Thermae of Caracalla，211~217）占地575m×363m。中央是可供1600人同时淋浴的浴场主体建筑，长216m，宽122m。浴场主要包括热水浴、温水浴和冷水浴三个部分，其中又以温水浴大厅为核心。温水浴大厅是由3个十字拱横向相接成的，面积55.8m×24.1m，高33m，并利用十字拱开很大的侧高窗采光。冷水浴是一个露天浴池，四周墙面上装有钩子，可能为拉帐篷之用。热水浴是一个上有穹窿的圆形大厅，穹窿直径35m，厅高49m。穹顶的底部开有一周圈窗子，以排出雾气。墙内设有热气管道以供暖。围绕浴场主体建筑周围的是讲演厅、图书馆、园林、竞走场以及能蓄水33000m³的蓄水池，最外一圈是商店（图2-30、图2-31）。

相较万神庙的内部单一空间，古罗马的浴场开创性地形成了室内多空间的复杂组合。卡拉卡拉浴场中主要的三个部分，热水浴、温水浴和冷水浴三个大厅，串联在中央主轴线上，最终以热水浴大厅的集中式单一空间作为结束。中央主轴线两侧的更衣室及其他功能空间组成横轴线和次要的纵轴线。主要的纵横轴线相交在四面开敞的温水浴大厅中。轴线上空间的大小、形状、高低、明暗、开合交替变化，连同不同的拱顶和穹顶所形成的空间形状和大小的变化，形成了连贯丰富的室内空间的序列⊖。

　　⊖　中国大百科全书出版社编辑部. 中国大百科全书：建筑·园林·城市规划（图文数据光盘）[DB/CD]. 北京：中国大百科全书出版社，2000，罗马万神庙条目，陈志华撰稿。
　　　　陈志华. 外国建筑史（19世纪末叶以前）[M]. 3版. 北京：中国建筑工业出版社，2004：78-81。
　　　　陈平. 外国建筑史：从远古至19世纪[M]. 南京：东南大学出版社，2006：130-132。
　　⊖　中国大百科全书出版社编辑部. 中国大百科全书：建筑·园林·城市规划（图文数据光盘）[DB/CD]. 北京：中国大百科全书出版社，2000，古罗马浴场条目，陈志华撰稿。
　　　　陈志华. 外国建筑史（19世纪末叶以前）[M]. 3版. 北京：中国建筑工业出版社，2004：81-83。
　　　　罗小未，蔡琬英. 外国建筑历史图说[M]. 上海：同济大学出版社，1986：52-53。

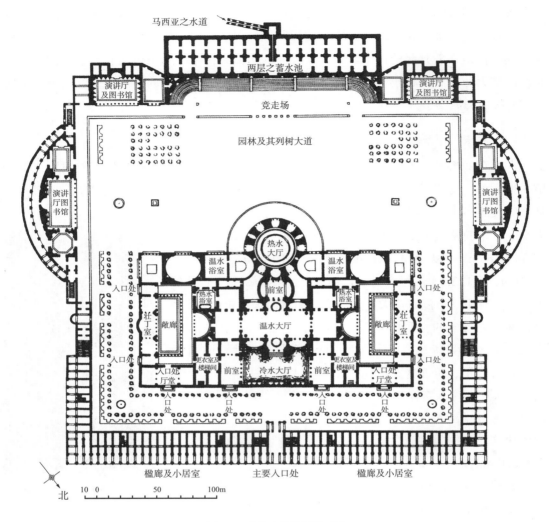

图2-31　卡拉卡拉浴场平面图

### 2.2.6　中世纪时期

中世纪是从公元476年西罗马帝国灭亡到公元1453年欧洲资本主义制度萌芽发端的近千年的漫长时期。以下主要介绍中世纪时期的早期基督教建筑、拜占庭建筑、意大利的罗马风建筑以及法国的哥特建筑。

#### 1. 早期基督教时期——三种教堂形制

这一时期主要的建筑活动是建造基督教堂。主要有巴西利卡式、集中式和十字式这三种形制，它们是西欧各地教堂建筑最初的蓝本。

"巴西利卡"（Basilica）是一种在古罗马时期用作法庭、交易会所及会场的大厅建筑形式。其平面一般为长方形，两端或一端设有"半圆形龛"（Apse）。大厅常被2排或4排柱子纵向分成3部分或5部分长条形空间，当中部分的空间宽而高，称为"中厅"

（Nave）；两侧部分的空间狭而低，称为"侧廊"（Aisle）。中厅比侧廊高很多，常利用高差在两侧开高窗。巴西利卡的室内空间很疏朗，因此被重视群众性礼拜活动的基督教会选中。礼拜活动要面向耶路撒冷的圣墓，所以教堂的圣坛面向东端。大门因而开在西面，前有内庭院。巴西利卡式教堂的典型实例是梵蒂冈的圣彼得老教堂（图2-32），15世纪被拆除后建造了现在的圣彼得大教堂。

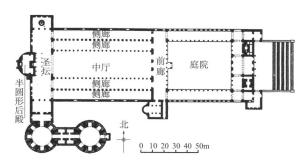

a）罗马圣彼得老教堂平面图

b）罗马圣彼得老教堂室内复原图

图2-32　罗马圣彼得老教堂

"集中式教堂"的平面为圆形或多边形，中间多覆以穹窿顶。罗马的圣科斯坦沙教堂原为君士坦丁的女儿之墓，1254年被改为教堂，属于集中式教堂形制。中央部分直径约为12.2m，穹窿由12对双柱所支承，周围是一圈筒形拱顶的回廊，室内墙面镶嵌彩色大理石（图2-33）。

"十字式教堂"的平面是十字形的，其布局可能与基督教对十字架的崇拜有关。在东罗马，十字式教堂的平面是向四面伸出相等臂长的正十字形式的教堂，称为"希腊十字式教堂"。而在西罗马，十字式教堂的竖臂比横臂伸出的长很多，大厅比圣坛和祭坛又长很多，因此称为"拉丁十字式教堂"。拉文纳的加拉·普拉西第亚墓是欧洲现存最早的十字式教堂。其内部前后进深约12m，左右宽约10m。平面十字交叉处上有穹窿，上覆盖四坡瓦顶；四翼的筒形拱顶外盖两坡瓦顶[⊙]（图2-34）。

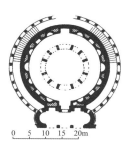

图2-33　罗马的圣科斯坦沙教堂平面图

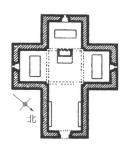

图2-34　拉文纳的加拉·普拉西第亚墓平面图

### 2. 拜占庭建筑——君士坦丁堡的圣索菲亚大教堂

君士坦丁堡的圣索菲亚大教堂（532~537年建），集中体现了拜占庭建筑的特点，其建筑师是来自小亚细亚的安泰米乌斯（Anthemius of Tralles）和伊西多尔（Isidore of Miletus）。教堂的布局属于以穹窿覆盖的巴西利卡式。教堂为长方形平面，内殿东西

---

○　李国豪.中国土木建筑百科辞典：建筑[M].北京：中国建筑工业出版社，1999：120，151，196，366。
罗小未，蔡琬英.外国建筑历史图说[M].上海：同济大学出版社，1986：100-101。

长77m，南北宽71.7m。正面入口有内、外两道门廊。大厅高大宽阔，中央大穹窿直径32.6m，其上有40个肋，穹顶下部有40个小天窗。穹顶离地54.8m，通过帆拱支承在4个7.6m宽的大柱墩上。其横推力由东西两个半穹顶及南北各两个大柱墩来平衡。得益于圣索菲亚大教堂在结构体系上取得的重大进步，教堂的室内才能达到既集中统一又曲折多变，既延展渗透而又复合多变的空间效果，引发了建筑与室内空间组合的重大进步（图2-35a）。

圣索菲亚大教堂的室内装饰富丽堂皇，色彩效果灿烂夺目。墙面和柱墩是用白、绿、黑、红等颜色的彩色大理石贴面。柱子多是深绿色的，也有少数是深红色的。柱头都是用白色大理石，并镶嵌着金箔。在柱头、柱础和柱身的交界线都有包金的铜箍，既是结构需要，又有装饰效果。穹顶和拱顶都是玻璃锦砖装饰，多是衬以金色底子，也有少数是蓝色底子。地面也用锦砖铺装。当光线射入教堂内部时，色彩斑驳的玻璃锦砖的镶嵌表面闪烁发光，伴随着悬空的铜烛台上的烛光和青烟，形成了虚实明暗不断变化的奇幻效果，这更增添了教堂神秘的宗教气息[一]（图2-35b）。

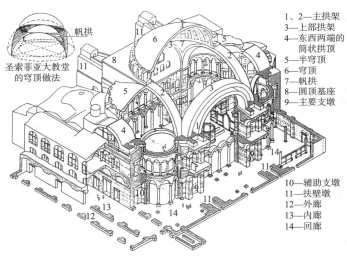

1、2—主拱架
3—上部拱架
4—东西两端的筒状拱顶
5—半穹顶
6—穹顶
7—帆拱
8—圆顶基座
9—主要支墩

10—辅助支墩
11—扶壁墩
12—外廊
13—内廊
14—回廊

a）君士坦丁堡的圣索菲亚大教堂剖视图　　b）君士坦丁堡的圣索菲亚大教堂内景

图2-35　君士坦丁堡的圣索菲亚大教堂

### 3. 罗马风建筑——意大利的比萨主教堂建筑群

"罗马风建筑"（Romanesque architecture）是10~12世纪欧洲基督教流行地区的一种建筑和建筑风格。此时所用的建筑材料多取自古罗马废墟，建筑技术上继承了古罗马的半圆形拱券结构，建筑形式上又略有古罗马的风格，故称为"罗马风建筑"，也译作"罗曼建筑""罗马式建筑""似罗马建筑"等。其主要建筑类型是教堂、修道院和城

○─　陈志华.外国建筑史（19世纪末叶以前）[M].3版.北京：中国建筑工业出版社，2004：94-96。

堡。罗马风建筑的主要特征是采用厚实的砖石墙、半圆形拱券、逐层退凹的门框装饰、比例肥矮的科林斯式柱头等，创造了肋骨交叉拱顶、束柱、扶壁，并开始使用彩色玻璃窗等，其结构和形式对后来的哥特建筑影响很大。

罗马风建筑的代表性作品是意大利的比萨主教堂建筑群，是由比萨主教堂（Pisa Cathedral，1063~1272）、洗礼堂（The Baptistery，1153~1265）和钟塔（The Campanile，1174~1271）组成（图2-36）。主教堂平面为拉丁十字形的巴西利卡式，全长95m。室内有4条侧廊、4排柱子。中厅用木屋架，侧廊用十字拱顶。平面十字相交处的椭圆形穹顶是较晚的作品。山墙式的正立面高约32m，入口上面有四层连续的空券廊作装饰，是意大利罗马风建筑的典型手法（图2-37）。

洗礼堂为圆形平面，直径39.4m。其中心的圆厅直径约18m，圆厅的周围由四墩与八柱隔出双层外环廊。立面分为3层，底层以半圆券相连的壁柱作装饰，上面两层以连续的空券廊作装饰，券廊上的哥特式三角形山花和尖形装饰是13世纪所加。屋顶本来是锥形的，后来改成穹窿形顶，总高54m。

钟塔即是著名的比萨斜塔，也为圆形平面，直径约16m，高55m，分为8层。各层均以连续券作装饰，底层在墙上做浮雕式的连续券，中间6层是空券廊，顶层的钟亭向内缩进。塔内设有螺旋形楼梯[一]。

图2-36　意大利的比萨主教堂建筑群外观

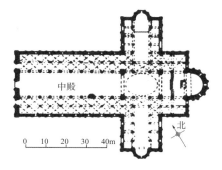

a）比萨主教堂平面图

b）比萨主教堂内景

图2-37　意大利的比萨主教堂

### 4. 哥特建筑——法国的巴黎圣母院

"哥特建筑"（Gothic architecture）是11世纪下半叶起源于法国，13~15世纪流行于欧洲的一种建筑风格。之所以用"哥特"这一术语，是因为15世纪的文艺复兴运动提倡

　　㊀　李国豪.中国土木建筑百科辞典：建筑[M].北京：中国建筑工业出版社，1999：224。
　　　　陈志华.外国建筑史（19世纪末叶以前）[M].3版.北京：中国建筑工业出版社，2004：120-122。

复兴古典文化，便将灭亡西罗马帝国并摧毁古典文化的"野蛮民族"哥特人建造的建筑称为"哥特建筑"，以贬斥它是"蛮族的"建筑。但其实哥特建筑的技术和艺术成就很高，在建筑史上占有重要地位。

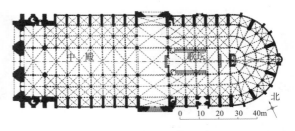

a）巴黎圣母院平面图

　　法国的巴黎圣母院（Notre Dame，1163~1250）是哥特建筑早期的成熟作品。教堂平面宽约47m，深约125m，可容纳近万人。它使用尖券、柱墩、肋架拱和飞扶壁组成石框架结构，代表着成熟的哥特式教堂的结构体系。教堂的正面即西立面的雕饰精美，底层3座尖拱形的大门，中间门上是《最后审判》浮雕，南北两门上为圣母子浮雕。底层上面是列王像廊，排列着28尊犹太和以色列国王的雕像。大门上面正中的玫瑰窗直径达13m，形如光环，是天国的象

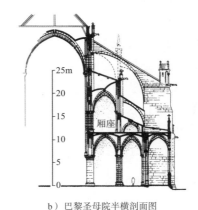

b）巴黎圣母院半横剖面图

图2-38　法国的巴黎圣母院

征；其两侧各有一对尖拱窗，前面立有亚当、夏娃的雕像。再上面是连拱廊屏饰，联系着两座高60m的塔楼。这个立面是法国哥特式教堂的典型形象，也是以后许多天主教堂的范本[一]（图2-38）。

## 2.2.7　文艺复兴时期

　　"文艺复兴建筑"是继哥特式建筑之后出现的一种建筑风格，其最明显的特征是摒弃中世纪时期的哥特式建筑风格，而在宗教和世俗建筑上重新采用古希腊罗马时期的柱式构图要素。文艺复兴建筑在15世纪产生于意大利，以后又传播到法国、英国、德国、西班牙等西欧其他国家，形成带有各自特点的各国文艺复兴建筑。一般认为，标志着意大利文艺复兴建筑史开端的，是由布鲁乃列斯基（Filippo Brunelleschi，1377~1446）设计的佛罗伦萨主教堂的穹顶。由伯拉孟特（Donato Bramante，1444~1514）设计的罗马的坦比哀多则标志着盛期文艺复兴建筑的开始，而罗马梵蒂冈的圣彼得主教堂则将盛期文艺复兴建筑推至最高峰。

　　○　中国大百科全书出版社编辑部. 中国大百科全书：美术（图文数据光盘）[DB/CD]. 北京：中国大百科全书出版社，2000，巴黎圣母院条目，陈志华撰稿。
　　　　中国大百科全书出版社编辑部. 中国大百科全书：建筑·园林·城市规划（图文数据光盘）[DB/CD]. 北京：中国大百科全书出版社，2000，巴黎圣母院条目，英若聪撰稿。

### 1. 佛罗伦萨的巴齐礼拜堂

由布鲁乃列斯基（Filippo Brunelleschi，1377~1446）设计的佛罗伦萨的巴齐礼拜堂（Pazzi Chapel，1429~1461）是早期文艺复兴时期的代表性建筑之一。巴齐礼拜堂主要由入口柱廊、大厅和圣坛三部分组成，平面上构图对称（图2-39a）。6根科林斯柱式将入口柱廊的正面划分为5开间。中央的一间稍宽，为5.3m。其上发一个大券，将柱廊分成两半。入口柱廊的进深也是5.3m，形成了入口柱廊中央一间的正方形平面形式，其上覆一帆拱式穹顶。大厅为18.2m×10.9m的长方形平面。正中的帆拱式穹顶直径10.9m，由12根骨架券组成。穹顶的顶点高20.8m。穹顶的左右两端各有一段高15.4m的筒形拱。大厅后面是平面为4.8m×4.8m的圣坛，其上覆盖一个帆拱式小穹顶。巴齐礼拜堂的室内墙面用浅的白色，而墙面的长条壁柱、转角的折叠壁柱、檐部和券面等都用较深的灰绿色，以突出疏朗的构架。室内空间以大厅的穹顶为中心，在横轴线上通过中央穹顶与其两端筒形拱在结构形式和高度上对比，在纵轴线向上通过三个大小、高低及装饰手法都各不相同的帆拱式穹顶的对比，形成既统一整体又变化丰富的室内空间（图2-39b）。巴齐礼拜堂大厅墙面上的圆形浮雕是卢卡·德拉·罗比亚（Luca della Robbia，1400~1482）的作品<sup>⊖</sup>。

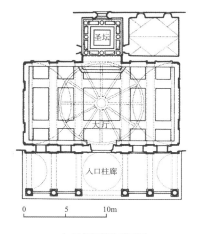

a）巴齐礼拜堂平面图

b）巴齐礼拜堂内景

图2-39 佛罗伦萨的巴齐礼拜堂

### 2. 罗马的法尔尼斯府邸内的卡拉奇画廊

罗马的法尔尼斯府邸（Palazzo Farnese，1520~1580）由小桑迦洛（Antonio da Sangallo，the Younger，1484~1546）设计，第三层的立面由米开朗琪罗（Michelangelo Buonarroti，1475~1564）设计，它是盛期文艺复兴时期府邸建筑的代表。法尔尼斯府邸内的卡拉奇画廊（Carracci Gallery）的天顶壁画（1597~1604）由安尼巴莱·卡拉奇（Annibale Carracci，1560~1609）所作。壁画整体布局设计成新颖的古典拱券结构，以巨人柱、半身柱和刻有各种花纹的檐边分割空间，四角透空显露蓝天。在此建筑结构的背景上安置大小10余幅壁画。有的直接画在墙面，并以建筑结构作其框边；有的为独立

⊖ 陈志华. 外国建筑史（19世纪末叶以前）[M]. 3版. 北京：中国建筑工业出版社，2004：135-136。

[美]约翰·派尔. 世界室内设计史[M]. 2版. 刘先觉，陈宇琳，等译. 北京：中国建筑工业出版社，2007：120。

的画屏，悬挂于建筑之上。这些壁画都是表现古典神话题材，具体情节直接来自于古罗马诗人奥维德的《变形记》。卡拉奇画廊天顶壁画所造成的透视幻觉而形成三维的建筑细部和雕塑，事实上是平滑粉刷表面上的逼真绘画，它体现了文艺复兴时期艺术家对透视法的掌握并在室内空间中大范围的界面中运用<sup>○</sup>（图2-40）。

图2-40　卡拉奇画廊的天顶壁画

### 2.2.8　巴洛克、古典主义与洛可可时期

17~18世纪的欧洲产生了两个强大的建筑潮流，巴洛克建筑与古典主义建筑。这两个建筑潮流互相冲突对立，在冲突对立中又互相渗透汲取（见表2-2）。

表2-2　巴洛克建筑与古典主义建筑的比较

| 比较点 | 巴洛克建筑 | 古典主义建筑 |
|---|---|---|
| 最初发生时期 | 意大利文艺复兴晚期 | |
| 演变来源 | 手法主义 | 学院派 |
| 宗师 | 米开朗琪罗 | 帕拉第奥 |
| 特点 | 希望突破和创新，而不惜矫揉造作 | 拘泥于古希腊和古罗马的典范，且醉心于制定规范 |
| 文化背景 | 天主教反宗教改革运动的文化 | 统一的民族国家的宫廷文化 |
| 服务对象 | 教皇和宫廷贵族 | 国王和宫廷贵族 |
| 发轫地 | 意大利罗马 | 法国 |
| 传播地 | 西班牙、奥地利和德意志南部等天主教国家 | 英国、尼德兰和德意志北部等新教国家 |
| 艺术题材 | 宗教性题材 | 世俗性和古代异教的题材 |
| 代表作 | 天主教堂 | 宫殿 |
| 冲突对立点 | 反理性，力求突破既有的规则 | 高昂理性，企图建立更严谨的规则 |
| | 强调动态和不安，追求个性，不免做作 | 强调平稳和沉静，追求客观性，不免教条化 |
| | 重视色彩，喜欢用对比色，认为色比形重要 | 重视构图和形体，认为形比色更有价值，喜用调和色 |
| | 追求绘画、雕刻和建筑的融合，消除它们的边界 | 绘画、雕刻和建筑三者独立完成，虽然追求它们的和谐，但建筑只是绘画和雕刻的框架 |
| | 表现空间和体积，不惜用虚假的手段 | 拘谨地写实 |

注：此表据陈志华. 外国古建筑二十讲：插图珍藏本[M]. 北京：生活·读书·新知三联书店，2002：135-136。

---

○　中国大百科全书出版社编辑部. 中国大百科全书：美术（图文数据光盘）[DB/CD]. 北京：中国大百科全书出版社，2000，卡拉奇兄弟条目，朱龙华撰稿。

## 1. 巴洛克建筑

"巴洛克建筑"（Baroque Architecture）是17~18世纪在意大利文艺复兴建筑的基础上发展起来的一种建筑风格。巴洛克（baroque）一词的原意是"畸形的珍珠"，稀奇古怪的意思，是18世纪古典主义者对17世纪意大利建筑的一种片面的偏见和不公正的讥讽。从16世纪末到17世纪初，罗马教皇为了抑制正在兴起的宗教改革运动，加强天主教对市民的思想统治，压迫新教，在罗马城中兴建了大量教堂。由维尼奥拉（Giacomo Barozzi da Vignola，1507~1573）设计的罗马的耶稣会教堂（Church of the Gesu，始建于1568年）是早期意大利巴洛克建筑的第一个代表作。

更为有特点是在17世纪30年代之后大量兴建的小型天主教教区小教堂。这些小教堂已经不是为实际的宗教仪式需要而建，而仅仅是一种纪念物甚至是一种城市装饰，以此来炫耀教会的胜利和富有。它们规模都不大，但形式独特，外形自由，追求动态，常用穿插的曲面和椭圆形空间，喜好用富丽的雕刻、强烈的装饰和鲜明的色彩，并善于制造神秘的宗教气氛。其代表作是由17世纪盛期巴洛克建筑最杰出的大师波洛米尼（Francesco Borromini，1599~1667）设计的罗马的四喷泉圣卡罗教堂（San Carlo alle Quattro Fontane，1638~1667）。教堂不大，其平面近似为椭圆形的橄榄状，其周围有一些深深的装饰着圆柱的壁龛和凹室，以致其空间形式相当复杂，凹凸分明并赋予动感。穹顶的内表面是装饰着相互联结在一起的六边形、八边形和十字形的几何形式的藻井形。这些几何形式单纯明确，组合又很巧妙。其平面是由两个等边三角形共用一边组成的一个菱形，两个等边三角形中内切的圆形分别与菱形相交，在此基础上而形成的椭圆形平面。这些都反映了波洛米尼对于几何学的热爱。从一个侧面也体现了巴洛克建筑极其富有想象力，并开拓了室内空间布局崭新观念的积极意义[○]（图2-41）。

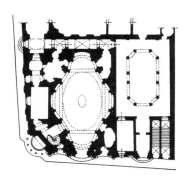

a）平面图　　　　　　　　　　b）内景　　　　　　　　　c）穹顶

图2-41　罗马的四喷泉圣卡罗教堂

---

○　陈志华.外国建筑史（19世纪末叶以前）[M].3版.北京：中国建筑工业出版社，2004：172-174，178。

### 2. 古典主义建筑

17世纪与巴洛克建筑同时并进的是"古典主义建筑"（Classical Architecture），是指运用"纯正"的古希腊、古罗马建筑和意大利文艺复兴建筑样式及古典柱式的建筑，主要是法国古典主义建筑，以及其他地区受它的影响的建筑。17世纪中叶法国成为欧洲最强大的中央集权王国，国王路易十四（Louis ⅩⅣ，1643~1715年在位）为了巩固君主专制，竭力标榜绝对君权，并鼓吹笛卡尔（Rene Descartes，1596~1650）的唯理主义哲学。法国文化艺术中的各个领域逐渐成为国王歌功颂德的工具。体现在建筑上，法国古典主义建筑的总体布局、建筑平面和立面造型强调的是轴线对称、主从关系、突出中心和规则的几何形体等，并提倡富于统一性与稳定感的"横三段"和"纵三段"（或纵五段）的构图手法⊖。

法国古典主义建筑的代表作是宫廷建筑，如巴黎卢浮宫的东立面（The Louvre，1667~1674）和凡尔赛宫（Palais de Versaliies，1661~1756）。巴黎卢浮宫的东立面便是采用"横三纵五"的立面构图，有主有从，有起有迄，是对立统一法则在建筑立面构图中的成功运用（图2-42）。与古典主义建筑理论所规定的排斥装饰相反，宫廷建筑的内部却充满了装饰，竭尽奢侈与豪华之能事，在室内空间和装饰上常有强烈的巴洛克特征。比较著名的是由于·阿·孟萨（Jules Hardouin-Mansart，1646~1708）设计的凡尔赛宫中的镜厅（Galerie des Glaces），其室内装修全部由夏尔·勒布伦（Charles Le Brun，1619~1690）负责（图2-43）。

图2-42　巴黎卢浮宫东立面

图2-43　凡尔赛宫中的镜厅

### 3. 洛可可风格

"洛可可风格"（Rococo style）产生于18世纪20年代的法国，它是由17世纪从意大利引进并在法国发展的巴洛克建筑的基础上演变而来的（见表2-3）。洛可可风格的形成还受到中国艺术西传的强烈影响，在庭园设计、室内装饰、丝织品、瓷器和漆器等方面

---

⊖ 罗小未，蔡琬英. 外国建筑历史图说[M]. 上海：同济大学出版社，1986：120。

尤为明显。洛可可风格发生在法王路易十五（Louis XV，1715~1774年在位）时代，它取代了古典主义，所反映的是路易十四时代绝对君权衰退后，行将没落的宫廷贵族（尤其是贵族夫人）的逸乐生活。

表2-3　洛可可与巴洛克和古典主义的比较

| 比较点 | 洛可可 | 巴洛克和古典主义 |
|---|---|---|
| 对比词 | 脂粉味、欢愉、亲切、舒适、雅致、优美、安逸、方便、自然、温馨、生活化、不对称、变化万千 | 阳刚气、崇高、夸张、尊贵、庄严、宏伟、排场、气派、程式、神秘、纪念性、对称轴线、统一稳定 |
| 手法语言 | 排斥一切建筑母题，用纤弱柔和的线脚、壁板和画框来划分墙面 | 惯用柱式构件 |
| 浮雕 | 用细巧的璎珞、卷草和很薄的浅浮雕，使它们的边缘不留痕迹地融进壁板的平面中，要避免造成硬性的光影变化 | 惯用有体积感的圆雕、高浮雕和壁龛，强调体积感、雕塑感和光影效果 |
| 绘画及其题材 | 小幅的情爱题材和享乐题材的绘画，或者用画着山林乡野风景与农村人物生活场景的壁纸 | 惯用寓意深刻的宗教题材或战史题材的大幅壁画 |
| 界面装修材料 | 墙面用花纸、纺织品、粉刷、漆白色的木板或本色木材打蜡、镶嵌大块的玻璃镜子；地面铺地板；窗前挂绸帘；壁炉用青花瓷砖贴面 | 用硬冷的大理石材料做墙面、地面和壁炉 |
| 色彩 | 喜欢用娇艳明快的色彩，如嫩绿、粉红、玫瑰红等鲜艳的浅色调，在线脚处大多是以金色作点缀 | 巴洛克建筑喜欢用对比色；古典主义建筑喜欢用调和色 |
| 装饰纹样 | 草叶、蚌壳、蔷薇、棕榈等植物纹样的自然形态 | 几何纹样的规则形体 |

注：此表据陈志华. 外国古建筑二十讲：插图珍藏本[M]. 北京：生活·读书·新知三联书店，2002：193-194。及陈志华. 外国建筑史（19世纪末叶以前）[M]. 3版. 北京：中国建筑工业出版社，2004：203。

洛可可风格主要表现在府邸的室内装饰上。最具代表性的作品是由博弗兰（Gabriel Germain Boffrand，1667~1754）设计的巴黎苏俾士府邸的公主沙龙（Hotel de Soubise，1735）。沙龙的平面形式较为简单，呈椭圆形，但室内装饰却十分复杂。墙面是白色的，使用了大量的镜面，并与灰蓝色的顶棚用曲面连接成一体，其间有纳托瓦（Charles-Joseph Natoire，1700~1777）的油画作品。窗户、门、镜子、油画和顶棚的周围都环绕着镀金的洛可可装饰细部，房间中央悬挂着一个巨大的水晶枝形花灯，透过镜子的多次折射呈现出闪烁迷离的柔媚气息⊖（图2-44）。

图2-44　巴黎苏俾士府邸的公主沙龙

⊖ [美]约翰·派尔. 世界室内设计史[M]. 2版. 刘先觉，陈宇琳等，译. 北京：中国建筑工业出版社，2007：172-173。

### 2.2.9 古典复兴、浪漫主义与折衷主义时期

讲课视频

18世纪下半叶到20世纪初期欧美建筑中先后出现了古典复兴、浪漫主义和折衷主义的建筑思潮，是该时期建筑的主要潮流，总称为"复古主义建筑思潮"。

#### 1. 古典复兴

"古典复兴建筑"（Classical Revival Architecture）也称为"新古典主义建筑"，18世纪60年代到19世纪流行于欧美一些国家，是采用古代希腊和古代罗马严谨形式的建筑。采用古典复兴建筑风格的主要是国会、法院、银行、交易所、博物馆、剧院等公共建筑和一些纪念性建筑。这种建筑风格对一般的住宅、教堂、学校等影响不大。

当时，人们受法国启蒙运动的思想影响，崇尚古代希腊和古代罗马文化。古希腊和古罗马遗址的考古发掘出土了大量的艺术珍品，并提供了许多关于古希腊和古罗马早期建筑的知识，为这种思想的实现提供了良好的条件。学者之间还产生了"希腊与罗马优劣之争"的激烈论战。反映在建筑上，古典复兴在欧美不同的国家和不同的建筑类型中有不同的倾向。

古典复兴的发端地法国以罗马复兴居多，代表作是由苏夫洛（Jacques-Germain Soufflot，1713~1780）设计的巴黎万神庙（巴黎圣日内维夫教堂，St.Genevieve，1757~1792）。

英国和德国则以希腊复兴为主。英国的希腊复兴式建筑代表作是由斯默克（Robert Smirke，1780~1867）设计的大英博物馆（Biritish Museum，1823~1846）。德国的希腊复兴式建筑代表作是辛克尔（Karl Friedrich Schinkel，1781~1841）设计的柏林新博物馆（Altes Museum，1823~1830，现名为柏林老博物馆）。

美国独立（1776）以前，建筑造型多采用英国的古典主义和帕拉第奥主义式样，称为"殖民地风格"（Colonial Style）。美国独立以后，美国资产阶级在摆脱殖民统治的同时，力图摆脱建筑上的殖民地风格，同时引进了法国的启蒙主义思想，由此在建筑中兴起了罗马复兴，代表作是华盛顿的美国国会大厦（United States Captiol，1792~1827）。19世纪上半叶的美国还兴建了大量希腊复兴式的建筑<sup>⊖</sup>。

#### 2. 浪漫主义

"浪漫主义建筑"（Romanticism Architecture）是18世纪下半叶到19世纪下半叶欧美一些国家在文学艺术中的浪漫主义思潮影响下流行的一种建筑风格。它强调个性，提倡自然主义，主张用中世纪的艺术风格与学院派的古典主义艺术相抗衡。这种思潮在建筑上表现为追求超尘脱俗的趣味和异国情调。

---

⊖ 李国豪.土木建筑工程词典[M].上海：上海辞书出版社，1991：119。
陈志华.外国建筑史（19世纪末叶以前）[M].3版.北京：中国建筑工业出版社，2004：272-275。

英国是浪漫主义的发源地。18世纪60年代到19世纪30年代是英国浪漫主义建筑发展的第一阶段，称为"先浪漫主义"。主要是在庄园府邸中模仿中世纪的城堡和哥特式的教堂，往往还有对东方情调的向往，其代表作是由詹姆斯·怀亚特（James Wyatt，1746~1813）设计的名为封蒂尔修道院（Fonthill Abbey，1796~1814）的府邸。19世纪30年代到70年代是英国浪漫主义建筑的极盛时期，由于追求中世纪的哥特式建筑风格，又称为"哥特复兴建筑"。典型实例是由巴里（Charles Barry，1795~1860）和普金（Augustus Welby Northmore Pugin，1812~1852）设计的伦敦议会大厦（House of Parliment，1836~1868）。

浪漫主义建筑主要限于教堂、大学、市政厅等中世纪就有的建筑类型。浪漫主义建筑在德国和美国曾一度流行，而在法国和意大利则不太流行⊖。

### 3. 折衷主义

"折衷主义建筑"（Eclectic Architecture）是19世纪上半叶至20世纪初在欧美一些国家流行的一种建筑风格。折衷主义建筑师模仿各个历史时代的建筑风格样式，甚至自由地组合、糅杂各种历史风格。他们不讲求固定的法式，只讲求比例均衡，注重纯形式美。

折衷主义建筑在19世纪中叶以法国最为典型，巴黎高等艺术学院是当时传播折衷主义艺术和建筑的中心；在19世纪末和20世纪初期，则以美国最为突出。总的来说，折衷主义建筑思潮依然是保守的，没有按照当时不断出现的新建筑材料和新建筑技术去创造与之相适应的新建筑形式。

折衷主义建筑的代表作有加尼耶（Jean-Louis Charles Garnier，1825~1898）设计的巴黎歌剧院（1861~1874）和亨特（Richard Morris Hunt，1827~1895）设计的美国芝加哥的哥伦比亚世界博览会的行政大楼（1893）⊖。

## 2.2.10　工艺美术运动时期

工业革命促使大量的工业化产品和工业化建筑不断涌现，设计先驱们面对工业化单调、刻板的设计面貌，试图从过去的文明中寻找设计的出路，或者企图从自然形态中找出新的设计选择，期望能够通过手工艺的方式与形式对工业化的设计进行改良。在19世纪末和20世纪初，"工艺美术运动"（The Arts & Crafts Movement）应运而生。工艺美术运动遵循约翰·拉斯金（John Ruskin，1819~1900）的理论，主张在设计上回溯到中世纪的传统，恢复手工艺行会传统，主张设计的真实、诚挚，形式与功能的统一，主张设计装饰上从自然形态吸取营养。他们的目的是"诚实的艺术"。他们的设计主要集中在建筑、室内设计、平面设计、产品设计、首饰设计以及书籍装帧设计、纺织品设计、墙纸设计和大量的家具设计上。他们反对工业化大生产的粗糙，主张手工艺传统。这个运动

---

⊖　李国豪. 土木建筑工程词典[M]. 上海：上海辞书出版社，1991：198。
⊖　李国豪. 土木建筑工程词典[M]. 上海：上海辞书出版社，1991：422。

大约开始于1864年前后，结束于20世纪初年。

工艺美术运动的代表人物是艺术家、诗人威廉·莫里斯（William Morris，1834~1896）。莫里斯于1859年结婚，并决定为自己造一座住宅，整个建筑用红砖砌成，这就是设计史上著名的"红屋"（Red House）。菲利普·韦伯（Philip Webb，1831~1915）为"红屋"设计了建筑平面，莫里斯和他的朋友们设计并制作了家具。"红屋"是工艺美术运动的代表作品（图2-45）。

a）"红屋"外观　　　　　　　　　　b）"红屋"二层起居室内景

图2-45　"红屋"

### 2.2.11　新艺术运动时期

"新艺术运动"（Art Nouveau）是19世纪末至20世纪初在西方产生和发展的一次影响面相当大的设计艺术运动。新艺术运动强调手工艺的重要性，排斥传统的装饰风格，借鉴自然界中以植物、动物形态为中心的装饰风格和图案。在装饰上突出表现曲线和有机形态，而装饰的构思基本来源于自然形态。新艺术运动从1895年左右的法国开始发端，之后成为一个影响广泛的国际设计运动，然后逐步被装饰艺术运动和现代主义设计运动所取代。新艺术运动为20世纪初的设计开创了一个新阶段，成为传统设计与现代设计之间的一个承上启下的重要阶段。

#### 1. 维克多·霍塔

维克多·霍塔（Victor Horta，1861~1947）的建筑设计不但代表了比利时"新艺术"运动的最高水平，而且也是世界"新艺术"运动建筑设计中最杰出的代表之一。霍塔在布鲁塞尔设计的塔塞旅馆（Hotel Tassel，1892~1893），是"新艺术"运动最杰出的设计之一。无论是建筑外观设计、立面装饰，还是室内设计中栏杆、墙纸、地板陶瓷镶嵌、灯具以及窗户的玻璃镶嵌设计等，曲线流畅，色彩协调，都具有高度统一的"新艺术"运动风格。霍塔在装饰上一方面保持了新艺术运动的基本风格，比如曲线为主的装饰特征，同时也在功能和装饰之间取得很好的平衡关系，比大部分法国新艺术风格设计师走极端的方式要更加稳健和完美（图2-46）。

### 2. 安东尼·高迪

新艺术运动在西班牙的南部和巴塞罗那地区中最具代表性的人物要属建筑家安东尼·高迪（Antonio Gaudi i Cornet，1852~1926）。高迪设计的巴特罗公寓（The Casa Batllo，1904~1906）进一步发展了他在居里公园（The Guell park，1900~1914）上的想象力，房屋的外型象征海洋和海生动物的细节，这个建筑也标志着他的个人风格的形成（图2-47a、b）。高迪设计的米拉公寓（The Casa Mila，1906~1910）完全采用有机形态，无论外表还是内部，包括家具在内，都尽量避免采用直线和平面。整个建筑好像一个融化的冰淇淋，采用混凝土模具成型，全力造成一个完全有机的形态，内部的家具、门窗、装饰部件也全部是吸取植物、动物形态构思的造型。米拉公寓是高迪最为著名的设计之一，同时也是新艺术运动的有机形态、曲线风格发展到最极端化的代表作品（图2-47c、d）。

图2-46 塔塞旅馆楼梯间

a）巴特罗公寓中的主厅

b）巴特罗公寓中的室内采光天井

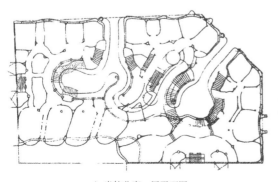

c）米拉公寓一层平面图

d）米拉公寓天井内部

图2-47 高迪作品

### 3. 查尔斯·麦金托什

新艺术运动在英国的代表人物是查尔斯·麦金托什（Charles Rennie Mackintosh，1868~1928）。麦金托什和他的合伙人组成的"格拉斯哥四人组"的探索，为20世纪的现代主义设计铺垫出一条大道。麦金托什设计的格拉斯哥艺术学院（Glasgow School of Art，第一期工程在1897~1899年间，第二期工程在1907~1909年间）是他设计风格特征的集中体现，其中包括了新艺术运动的风格，也包含了现代主义的特点，同时更具有他自己的特征，是20世纪初的经典设计之作（图2-48a）。麦金托什的室内设计基本采用直线和简单的几何造型，同时采用白色和黑色为基本色彩，细节稍许采用如花卉藤蔓形状等的自然图案，由此达到既有整体感、又有典雅的细节装饰的目的。他比较重要的室内设计项目还有著名的杨柳茶室（The Willow Tearooms，1903）（图2-48b）。麦金托什为这些室内项目设计的椅子、柜子、床等家具也都非常杰出。他为希尔住宅设计的梯状高靠背椅至今还在生产（图2-48c）。

a）格拉斯哥艺术学院图书馆内景　　　　　　　b）杨柳茶室内景　　　　　　　c）梯状高靠背椅

图2-48　麦金托什作品

## 2.2.12　装饰艺术运动时期

"装饰艺术运动"（Art Deco）主要在20世纪20~30年代由法国、英国及美国开展起来。装饰艺术运动几乎与现代主义设计运动同时发生，在室内设计形式与材料的使用上受到现代主义设计运动很大的影响，装饰是其主要的形式特征。但是装饰艺术运动的设计思想与现代主义设计运动截然不同，现代主义设计运动有民主主义和社会主义的背景，强调设计要为大多数人服务；而装饰艺术运动则是为少数人服务，服务对象是上层权贵。装饰艺术运动没有去排斥机器化大生产的成果，而是将代表时代发展的装饰性语汇与工业化的形式相结合。装饰艺术运动风格在形式上有一些明显的特征，如大量使用发射形、闪电形、曲折形、金字塔形及重叠箭头形等。色彩上常用如鲜红、鲜蓝、古

铜、金色、银色等原色和金属色。这些装
饰元素很多来自于古埃及和美洲的土著
文化。

　　装饰艺术运动在法国是以巴黎为中
心发展开来，法国的装饰艺术风格主要体
现在家具设计上，法国的装饰艺术家具是
将简练与装饰融为一体。美国的装饰艺术
运动主要集中于建筑设计及建筑相关的设
计领域，如室内设计、家具、壁画及家居
用品。其中重要设计有纽约帝国大厦、纽
约克莱斯勒大厦、纽约洛克菲勒中心大厦

图2-49　纽约洛克菲勒中心大厦入口大厅

（图2-49）。这些建筑室内大量地使用壁画、绚丽的色彩
和金碧辉煌的金属装饰。虽然美国的装饰艺术运动中大量
的设计还是为上层服务，但是电影院与百货大楼的设计已
经倾向于大众化的设计。

## 2.2.13　现代主义设计运动时期

　　现代主义设计运动主要发端于欧洲，俄国的构成主
义、荷兰的风格派以及德国的包豪斯形成欧洲现代主义设
计运动萌起的3个中心。

### 1. 俄国的构成主义

　　"俄国的构成主义设计运动"是在十月革命前后产生
的，运动持续到1925年左右。其探索的深度和范围不亚于

图2-50　莫斯科的Ogonyok杂志社
印刷车间大楼外观

荷兰的风格派与德国的包豪斯，他们之间也是相互影响与借鉴，如包豪斯的基础教育和
设计思想很大程度上受到俄国构成主义的影响，包豪斯聘请的教员中有一些也是构成主
义的成员。构成主义把结构当成建筑设计的起点，以此来作为建筑表现的中心。李西斯
基（EI Lissitzky，1890~1941）是俄国构成主义的重要人物，他是建筑师、画家、平面设
计师。李西斯基为莫斯科的Ogonyok杂志社设计的印刷车间大楼是他唯一建成的建筑设计
作品（图2-50）。

### 2. 荷兰的风格派

　　"荷兰风格派"（De Stijl）这一运动的名称来自《风格》杂志，它是1917~1928年间
荷兰的一些艺术家、设计师组织的一个松散的团体。其主要的组织者是西奥多·凡·杜
斯伯格（Theo Van Doesburg，1883~1931），他创办了《风格》杂志，很多风格派的成员
在这个杂志上发表作品。荷兰风格派运动的设计有一些明显的特征，如设计中没有传统

的纹样，都变成了简单的几何形单体元素，色彩上常用原色和中性色，纵横交错搭连，形成一种非对称的视觉效果。由杜斯伯格设计的法国斯特拉斯堡的奥贝特咖啡厅（Cafe Aubette，1926~1928），具有舞厅与电影院的功能，墙面的正中是一块荧幕，咖啡卡座沿两侧排列，中间是舞池，整个设计风格非常突出（图2-51）。

里特维尔德（Gerrit Rietveld，1888~1964）设计的施罗德住宅（Rietveld Schroder House，1924），运用直线、平板的纵横交叉，制造了一种非对称的动感形象（图2-52a）。住宅分上下两层，上层为起居空间，施罗德夫人与她的三个孩子住在一起，他们要求有各自独立的空间，但又要有开放交流空间，所以二层设计了一些推拉的移门，可根据使用开合。里特维尔德设计的"红蓝椅子"也是风格派的代表作品（图2-52b）。

图2-51　奥贝特咖啡厅

a）施罗德住宅外观

b）施罗德住宅内景

图2-52　里特维尔德作品

### 3. 现代主义设计的奠基人

（1）沃尔特·格罗皮乌斯

沃尔特·格罗皮乌斯（Walter Gropius，1883~1969）是现代主义建筑和设计思想、现代设计教育的奠基人。他于1911年设计了欧洲第一座玻璃幕墙建筑——法格斯工厂。1919~1928年创建了世界上第一所现代意义上的设计学校——"包豪斯"，并亲自设计了包豪斯在德国德绍的校舍。包豪斯校舍是一个综合性的建筑群，包括了教室、工作室、礼堂、工场、办公室、宿舍、体育馆等设施。整体采用非对称结构，完全用预制件拼装，工场部分用的是大面积的玻璃幕墙。室内通风由专门的机械装置统一控制，灯具、家具、门把手均统一设计，可以看到标准化的工业痕迹（图2-53）。

a）包豪斯校舍外观

b）包豪斯校舍楼梯间

c）包豪斯工场内景

图2-53　包豪斯校舍

（2）密斯·凡·德·罗

密斯·凡·德·罗（Ludwig Mies van der Rohe，1886~1969）于1929年设计了西班牙巴塞罗那世界博览会德国馆（Barcelona Pavilion），这件作品体现了其设计思想的里程碑，也奠定了他的大师地位。展馆分为室外与室内两个部分，整个屋顶为钢筋混凝土的薄形平顶，用8根镀铬的十字形钢柱来支撑。室内空间空敞，用石材和玻璃分隔空间，主要依靠空间的围合与材质的对比来进行表现，而并没有多余的装饰。密斯还为德国馆设计了著名的"巴塞罗那椅"（图2-54）。

a）巴塞罗那世界博览会德国馆外观

b）巴塞罗那世界博览会德国馆内景

图2-54　巴塞罗那世界博览会德国馆

（3）勒·柯布西耶

勒·柯布西耶（Le Corbusier，1887~1965）在他的第一本论文集《走向新建筑》中提出了自己的机械美学观点和理论体系，主张在设计上要否定传统的装饰，认为房屋是"居住的机器"。他在1929~1931年期间设计了著名的萨伏伊别墅（Villa Savoye）。该建筑坐落于巴黎郊外，整个别墅是白色的，底层架空，通过旋转楼梯与坡道联系上下层空间，大面积开窗，屋顶有屋顶花园。室内采用了自由的大空间，没有墙的完全闭合分隔，从室内可以眺望外面的自然风光（图2-55）。

a）萨伏伊别墅一层的旋转楼梯和玻璃墙　　　　　　b）萨伏伊别墅二层的屋顶花园和起居室

图2-55　萨伏伊别墅

（4）弗兰克·赖特

弗兰克·赖特（Frank Lloyd Wright，1867~1959）的一生设计了300多座建筑，其设计生涯长达70年。漫长的设计生涯使他经历了美国的工艺美术运动新艺术运动、装饰艺术运动以及现代主义设计运动等多个历史时期。赖特的作品具有非常突出的个人风格，这些风格来自于他对于设计的不断探索。赖特提出了"有机建筑理论"（Organic Architecture），他强调设计与自然形式之间的内在关联，以及建筑设计与周围环境的协调性。

由赖特设计的"流水别墅"被视为美国20世纪30年代现代主义建筑的杰作。它位于美国宾夕法尼亚州西部匹兹堡东郊一个叫"熊跑溪"的地方，在溪流边建成。建筑分为3层，屋内面积380m²。底层可以与溪流接触，建筑层层迭出，有宽大的挑台升出于溪流之上。室内的地面除了厨房与卫生间是平整的以外，其他房间地面都采用凹凸不平的天然石块及石板来获得一种粗犷的自然肌理效果。起居室空间开敞，窗户连续排列而没有间隔，像宽银幕电影一样将外部自然景观尽收眼底。起居室室内的照明使用了当时刚刚上市的日光灯，并设计了暗灯槽的间接照明，光线十分柔和（图2-56）。

a）流水别墅起居室内景　　　　　　　　　　b）流水别墅起居室内景

图2-56　流水别墅

（5）阿尔瓦·阿尔托

阿尔瓦·阿尔托（Alvar Aalto，1898~1976）是芬兰也是现代设计史上举足轻重的设计大师。在他的设计中强调有机的设计形态与功能主义相结合，擅长采用当地的自然材料、加工技术来设计建筑、室内及家具。阿尔托对木材的使用有独到之处，他的设计具有强烈的人情味和民主色彩。他在1938~1939年间设计了玛丽亚别墅（Villa Mairea），在室内设计中，使用有机的形态，大量的木材作为装饰与装修材料，天花用木条拼接，具有良好的吸声效果（图2-57）。阿尔托于1939年设计了纽约世界博览会芬兰馆，展区使用竖向紧密排列的木条组成的多层墙面，整体结构呈波浪形，具有强烈的动感，结构与材料本身就形成了装饰的效果（图2-58）。

图2-57　玛丽亚别墅起居室内景

图2-58　纽约世界博览会芬兰馆

## 2.2.14　现代主义之后的设计

二战后的"国际主义风格"在世界各国广为传播，然而由于其设计强调一致性、无装饰而缺乏人情味。20世纪60年代一些设计家采取历史的、折衷的、装饰的方式来改变这种状况，"后现代主义设计"得以产生并蓬勃发展，并于20世纪90年代成为主流。后现代主义设计是针对现代主义和国际主义单调垄断而进行的大规模调整，之后还产生了解构主义、高技派和新现代主义等。

### 1. 国际主义风格

包豪斯关闭后，很多教员与学生来到了美国，将欧洲的现代设计教育体系移植并贯彻到美国的大学教育中去，并培养了很多出色的设计人员。现代主义设计在美国得到了蓬勃的发展，并一度成为其设计的主流风格。依靠美国强大的国际影响力，这种风格传播到世界上很多其他国家，形成了一种"国际主义风格"（International style）。

密斯于1954~1958年间设计的西格拉姆大厦（Seagram Building）被誉为国际主义风格的里程碑作品。这个建筑是密斯"少就是多"（Less is more）设计理念的完整体现。大厦有39层高，外部钢结构镀上了黑色的青铜，造价高昂。室内没有多余装饰，但材料搭

配及施工工艺的精确程度都具有相当水准
（图2-59）。密斯于1946~1952年间设计的
范斯沃斯住宅（Farnsworth House），被视
为国际主义风格在住宅设计上的体现。在
这个设计中空间几乎全是敞开的，底层架
空，四面通透，简单到无以复加。

图2-59　西格拉姆大厦办公空间

2. 后现代主义设计

罗伯特·文丘里（Robert Venturi，
1925~2018）是在建筑设计上最早提出"后
现代主义"（Post-Modernism）设计理念的
设计家。他针对密斯的"少就是多"提出
了"少则厌烦"（Less is a bore）的观点，
并运用历史因素和通俗文化来丰富设计的
装饰性。

文丘里于1969年设计的"母亲住宅"
（Vanna Venturi House）是他为其母亲设计
的私人住宅，整个建筑为坡屋顶，从主立

图2-60　文丘里"母亲住宅"建筑外观

面上看是对称的构图。但为了内部功能上的考虑，在细节上并不对称，窗户的大小均不一
样。整个住宅的规模不大，但功能齐全。一层为起居室、餐厅、厨房以及母亲的卧室、文
丘里的卧室；二层是文丘里的工作室。一些如破山花、弦月窗等古典的设计元素运用到了
设计当中。楼梯与壁炉结合在一起，为了给烟囱预留出空间，楼梯设计的宽度不一样宽。
给人的印象是既封闭又开放，既大有小，充满着复杂性与矛盾性，是具有完整后现代主义
设计特征的最早建筑（图2-60）。

著名的后现代主义设计家还有菲利普·约翰逊（Phillip Johnson，1906~2005）、詹
姆斯·斯特林（James Stirling，1926~1992）以及迈克尔·格雷夫斯（Michael Graves，
1934~2015）等。

3. 解构主义

解构主义（Deconstructivism）设计实际上是对现代主义和国际主义设计标准和原则
的否定和批判，同时也反对后现代主义设计的历史因素、装饰与通俗文化。它的设计特
征可以总结为："无绝对权威，个人的、非中心的；恒变的、没有预定设计的；没有次
序，没有固定形态，流动的、自然表现的；没有正确与否的二元对抗标准，随心所欲；
多元的、非统一化的，破碎的、凌乱的。"○

---

　　○　王受之. 世界现代建筑史[M]. 2版. 北京：中国建筑工业出版社，2012：413。

弗兰克·盖里（Frank Owen Gehry，1929~ ）是最早设计解构主义建筑的设计家。盖里于1978年设计的位于美国加州圣莫尼卡的自宅是在旧建筑的基础上扩建而成，主要使用瓦楞铁板、铁丝网、木夹板等廉价的建筑材料来建造。建筑的结构材料直接暴露出来，不加修饰，像是还没有完工的样子。厨房、餐厅是后来扩建的，地面是废弃的沥青路面。为了获得良好的采光，还设计了大面积用木条和玻璃制成的天窗（图2-61）。

图2-61　盖里自宅建筑外观

著名的解构主义设计家还有彼得·艾森曼（Peter Eisenman，1932~ ）、丹尼尔·里伯斯金德（Daniel Libeskind，1946~ ）以及扎哈·哈迪德（Zaha Hadid，1950~2016）等。

图2-62　巴黎蓬皮杜国家艺术文化中心外观

### 4. 高技派

"高技派"（High Tech）从字面上理解，是指在设计上强调当代的技术特色，将功能、结构和形式等同起来，强调工业技术特色，突出技术细节。英国的查理德·罗杰斯（Richard George Rogers，1933~2021）和意大利的伦佐·皮亚诺（Renzo Piano，1937~ ）设计的法国巴黎蓬皮杜国家艺术文化中心是高技派的重要作品。蓬皮杜国家艺术文化中心长166m，宽60m，高6层，总面积98300m$^2$。建筑内部包括有现代艺术博物馆、图书馆和工业美术设计中心。整座建筑采用钢结构，结构都暴露在外面，室内也是将各种结构与设备管道直接暴露。室内的隔墙很少，而且大多数都是可以活动的。两位设计师将这个建筑设计成一个动态的机器，安装了先进的建筑设备，采用预制件来建造，目的是要打破文化和体制上的传统限制，能够最大程度地吸引大众来到这里进行参观活动（图2-62）。

### 5. 新现代主义

现代主义设计在20世纪60年代开始虽然受到后现代主义与解构主义等设计思潮的挑战，但是一些设计家仍然坚持用现代主义设计的传统与基本语汇来进行设计，并根据时代的需求对现代主义重新研究和发展，给现代主义加入了新的形式和象征意义。经历了20世纪70~90年代后现代主义设计产生、发展、衰退的这一过程，坚持着自己的设计立场，发展成为对现代主义进行纯粹化和净化的"新现代主义"（Neo-Modernism）。新现代主义在21世纪初成为一个主流的设计方向，其特征依然是功能主义、减少主义与理性主义。其代表人物有贝聿铭（Ieoh Ming Pei，1917~2019）、保罗·鲁道夫（Paul Rudolph，1918~1997）、西萨·佩里（Cesar Pelli，1926~2019）以及著名的"纽约五人组"（The New York Five）等。

贝聿铭设计的美国华盛顿国家美术馆东馆是新现代主义设计的杰出作品。东馆是针对原先已经有的老馆而建，老馆是20世纪30年代设计的折衷主义建筑。新馆的设计与老馆截然不同，它是由棱柱体和三角形体块组合在一起。虽然造型简单，但决不枯燥无味，反而富有生气与灵动。贝聿铭在空间设计上运用了多点透视，不同于古典建筑空间的一点透视，这种做法处理得非常精到。材质的选择也非常讲究，为了和老馆产生历史的联系，采用同一个石矿出产的石材，保证了材质的相同。新馆与老馆的高度也基本相同（图2-63）。

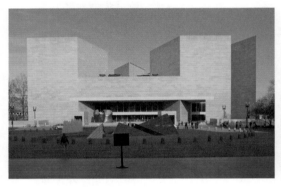 

a）美国华盛顿国家美术馆东馆外观 　　　　　　　　b）美国华盛顿国家美术馆东馆内景

图2-63　美国华盛顿国家美术馆东馆

## 2.3　室内设计史的原理论

讲课视频

### 2.3.1　设立与中心原理○

在室内设计原理的研究中，空间的限定是其中的主要课题。空间的限定是指在原空间中限定出另一个空间，是室内设计常用的手法，非常重要○。"设立"是进行室内空间限定的一种具体处理方法——通过把限定元素设置于原空间中，使得限定元素周围形成一个环形的核心空间，限定元素本身则成为吸引人们视线的焦点和人们日常生活的中心。

---

○　注：原文《中国古代室内空间限定原理之设立与中心研究》发表于《福建工程学院学报》2014年第4期。
○　陈易.室内设计原理 [M].北京：中国建筑工业出版社，2006：75。

中国古代室内设计有着悠久的历史，并创造了辉煌的成就，在世界室内设计史上占有着举世瞩目的地位。纵观中国古代室内设计的发展与演变，通过"设立"进而形成室内空间的"中心"的限定方法贯穿着其整个过程，针对中国古代室内空间中以火塘、筵席、床榻及桌椅这四种进行设立与中心的方式，进行梳理、归纳与分析，探讨其成因、特点、影响及其演进的过程，寻找中国古代室内空间的限定原理，以求对当下室内设计有所启示。

### 1. 原始社会时期：以火塘为中心

"火"的出现对原始社会先民的生活产生了巨大的影响。原始先民从对火的发现、借用到控制，成为人类进化的重要工具，并影响到房屋的起源及其发展。这一过程正如古罗马建筑师维特鲁威在其巨著《建筑十书》中所言："由于火的发现在人们之间开始发生了集合、聚议及共同生活，后来人们就和其他动物不同……后来，看到别人的搭棚，按照自己的想法添加了新的东西，就建造出天天改善形式的棚屋。"[一]用火问题的解决，对于中国居住建筑发展史而言，也是具有里程碑的意义[二]。

在房屋的室内空间，火不仅可以供原始先民炊煮食物、御寒取暖，使得室内干燥去湿，而且可以驱走黑暗、驱除野兽。"火塘"则是原始先民对火的控制和利用体现在室内空间中的具体设计实物载体。考古发现仰韶文化时期住房的平面布局均是以下凹的圆形火

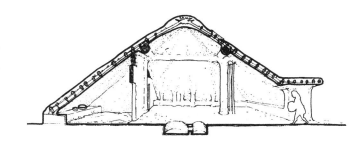

图2-64　陕西西安半坡F1遗址复原剖视图（杨鸿勋复原）

塘为中心[三]。如陕西西安半坡F1遗址，是一座较为特殊的建筑，考古学上称之为"大房子"（即聚落中心的建筑），其平面布局即是以在室内中央地面上挖掘出来的浅土坑所形成的简单的"凹坑型火塘"为中心（图2-64）。原始先民在室内围绕着火塘周围生活，烧烤食物、取暖寝卧、制作工具，成为日常生活的中心。

如果从更广阔的范围来看，不难发现在西方的爱琴文化时期，古希腊克里特岛上克诺索斯的米诺斯王宫（图2-65）以及伯罗奔尼撒半岛迈锡尼卫城宫殿遗址中的"美加仑厅"（Megaron）（图2-66）也是以室内中央的圆形火塘（Hearth）为中心。

⊖ [古罗马] 维特鲁威. 建筑十书[M]. 高履泰，译. 北京：知识产权出版社，2004：33。

⊜ 据杨昌鸣先生的研究，早期人类在居住空间中对火的使用大概主要是在火塘上进行。从在地面上挖掘出来的浅土坑所形成的简单的"凹坑型火塘"作为火塘的前身，到用木箱盛土，置于楼板上，用作火事，形成"具有构筑意义的火塘"，这一过程对人类从地面居住转换到离地居住起到了重要作用。详见杨昌鸣. 东方建筑研究（下册）[M]. 天津：天津大学出版社，1992：45。

⊝ 杨鸿勋. 杨鸿勋建筑考古学论文集[M]. 北京：清华大学出版社，2008：45。

图2-65 米诺斯王宫内某房间的复原透视图

图2-66 美加仑厅的复原透视图

杨昌鸣先生的研究则进一步指出："应当明确在早期建筑平面布局中具有决定意义的组织要素正是火塘。随着社会的发展和居住建筑的进步，人类的用火方式也出现了一些变化。从早期的火坑或火塘派生出火台、炉灶、暖炕等多种形式。"<sup>○</sup>现今中国北方的暖炕、南方的炉灶、分布在西南少数民族及部分游牧民族中的火塘，以及欧洲的壁炉，可以说是"以火塘为中心"的方式在居住空间中的功能性延续，因为火塘本身是室内空间的供暖中心。这一点正如日本建筑学家香山寿夫所言："炕炉、被炉、火盆、壁炉等都具有确立空间中心的巨大力量。这是因为温暖的炉火、燃烧的火焰能够将人心维系在一起，并因此具有确定空间中心的巨大力量。除此之外，冉冉升起的炊烟，可以说也具有表示垂直轴线的力量。"<sup>○</sup>从以设立的方法进行室内空间限定的角度来看，火塘这一限定元素设立于地面之上，即是与室内空间六个界面中的底界面产生联系，突出空间的纵向垂直性。

尽管由火塘派生出来的火台、炉灶、暖炕以及炕炉、被炉、火盆、壁炉等多种形式可以替代火塘的炊事、取暖、照明等物质功能，但是并不能取代火塘的地位。这是因为火塘除了以上物质方面的功能外，更具有多种精神方面的文化寓意，以至于最终形成了以火塘为中心的一种相对独立的"火塘文化"现象，并延续至今<sup>○</sup>。火塘文化体现在室内空间中一个重要特征就是人们围坐在火塘四周时，其座次、方位与朝向体现着人们在家庭和社会中的地位和尊卑关系<sup>⑭</sup>。

2.席地而坐时期：以筵席为中心

室内空间的限定方式与人们的生活方式密切相关。中国古代人民在早期是席地而居

○ 杨昌鸣. 东方建筑研究（下册）[M]. 天津：天津大学出版社，1992：45，54。

○ [日]香山寿夫. 建筑意匠十二讲[M]. 宁晶，译. 北京：中国建筑工业出版社，2006：31。

○ 杨福泉，郑晓云. 火塘文化录[M]. 昆明：云南人民出版社，1991：29。

⑭ 据杨福泉先生和郑晓云先生的研究，中国西南地区使用火塘的各个少数民族中，由于不同民族社会文化的差异，对火塘方位的占有各不相同。详见杨福泉，郑晓云. 火塘文化录[M]. 昆明：云南人民出版社，1991：54-57。

的生活方式。人们席地而坐，席地而居，可以说当时人们日常生活的一切活动都是在席上进行的，并且由此产生了一整套的生活习惯、风俗礼仪及等级制度，也影响到人们的衣履式样、建筑格局以及室内空间的尺度体系。古人这种席居的生活方式称为"筵席制度"。筵席在室内铺设的次序为"下筵上席"——大而粗的席铺垫在下，称为"筵"；精而小巧的铺设于上，称为"席"。若铺设不止两层，则其中最下面一层称作"筵"，其余称"席"。

席的物理功能是避虫防潮。原始社会先民居于洞穴时在地面上铺设天然的草叶羽皮即是人工编织席的前身。作为室内家具的席既是坐具，也是卧具。《礼记·内则第十二》中记载："凡内外，鸡初鸣，咸盥漱，衣服，敛枕簟，洒扫室堂及庭，布席，各从其事。"[○]说明筵席作为室内家具陈设具有临时性和不固定性的特点——作为卧具席使用的簟和枕在清晨起床之后要收藏起来，室内外打扫干净之后，再布设坐具席。下文仅就座具席展开讨论。

《周礼·春官宗伯第三·司几筵》中记载了这样一段文字：

"司几筵掌五几、五席之名物，辨其用与其位。凡大朝觐、大飨、射，凡封国、命诸侯，王位设黼依，依前南乡设莞筵纷纯，加缫席画纯，加次席黼纯，左右玉几。祀先王昨席亦如之。诸侯祭祀席，蒲筵缋纯，加莞席纷纯，右雕几；昨席莞筵纷纯，加缫席画纯。筵国宾于牖前，亦如之，左彤几。甸役，则设熊席，右漆几。凡丧事，设苇席，右素几，其柏席用萑黼纯，诸侯则纷纯，每敦一几。凡吉事变几，凶事仍几。"[○]

可以对这段文字做梳理并分类，见表2-4。

通过梳理可以归纳出关于西周时期筵席制度及其在室内空间限定中的几个特点：

1）西周时期有专门掌管五几、五席名称种类的"司几筵"来辨别它们的用途（辨其用）和所当布设的位置（与其位），并根据其材质与做工优劣及其在室内应用的特点来规定王室贵族在不同的用途和场合、不同的身份和地位大小下所应规范使用的不同级别的几和席及其标准的布设方式。布席设几都是随用而设、临时性的。"凡吉事变几"说明几的陈设具有动态性。席本身有着便于舒卷和收藏的特性，如前述《礼记·内则第十二》所载的"敛枕、簟"。

2）"五几五席"的分类。"五几"是指玉几、雕几、彤几、漆几和素几；"五席"是指莞席、缫席、次席、蒲席和熊席。"五几五席"分类的精细化和具体化，反映的是在西周时期礼乐制度之下，人们在用席设席上严格的等级规范制度。几和席都是上层社会的享用之物，贫穷的人和下层士卒一般是没有的。几和席也不是普通的家具，更具有礼器的属性。古代与席配套使用的家具还有镇、凭几和隐囊等，也可以反映出上述观点。

---

○ [清]孙希旦.礼记集解[M].沈啸寰，王星贤，点校.北京：中华书局，1989：731。

○ 杨天宇.周礼译注[M].上海：上海古籍出版社，2004：303-305，668。

表2-4　《周礼·春官宗伯第三·司几筵》中的席、几、屏的布设规范

| 布设的场合 | 布设的方式 | 布设的家具 | | | 布设的平面示意图 |
|---|---|---|---|---|---|
| | | 席类 | 几类 | 屏类 | |
| 大朝觐、大飨礼、大射礼 | 在王位设置黼依，黼依的前边面向南布设有黑丝带镶边的莞席（即莞草编的席），莞席上加放边缘画有云气图案的缫席（用一种名为蒲蒻的较细弱的蒲草编的席，上有五彩图案，也称藻席），缫席上再加绣有黑白花纹镶边的次席（即竹席），席左右两端设玉几 | 莞席 缫席 次席 | 玉几（即饰有玉的几，天子专用之物） | 黼依（即古代帝王座后的屏风） | |
| 封建国家、策命诸侯 | | | | | |
| 为王祭祀先王和接受酢酒所布的席 | | | | | |
| 诸侯祭祀宗庙 | 为神布设边缘绘有花纹的蒲席，蒲席上加用黑色丝带镶边的莞席，席右端设雕几 | 蒲席 莞席 | 雕几（即雕琢有花纹的几） | — | |
| 为诸侯受酢酒 | 设带有黑色镶边的莞席，莞席上加放边缘绘有花纹的缫席 | 莞席 缫席 | 彤几（即漆成红色的几） | — | |
| 在王的宗庙里为国宾在室窗前布席 | 为国宾中的孤卿大夫设席，要在席的左端设彤几 | | | | |
| 王发徒役田猎，在立表处举行貉祭 | 设熊席（即以熊皮为席），席的右端设漆几 | 熊席 | 漆几（即黑漆之几） | — | |
| 丧奠 | 设莞席，席的右端设素几；奠祭时放置黍稷的席是边缘绘有黑白两色花纹的萑席（即以莞、萑两种芦类植物编织的席），诸侯设奠放黍稷的席就用黑色丝边带镶边，每只敦放在一张几上 | 莞席 萑席 | 素几（即无漆饰的几） | — | |
| 吉礼 | 随着仪节的进行要变换几 | — | 变换几 | — | — |
| 凶礼 | 沿用一几 | — | 沿用一几 | — | — |

3）在席的布设方式上，"以多为贵"的布席思想。如在大朝觐、大飨礼、大射礼等大型国家活动中为天子设席三重，诸侯祭祀宗庙设席两重，即是以设席数量的多少来体现坐者身份地位的尊卑贵贱。从人跪坐于席上的舒适度来说，席的层数越多就越厚，跪坐其上就更加柔软舒适，避免地面潮湿和阴冷的效果也越好。

4）根据对"五几五席"的分类，来限定不同种类的几和席在空间中设立的位置。如在大朝觐、大飨礼、大射礼等大型国家活动中，在室内空间的中心位置（王位）设置黼依，黼依的前边面向南地面布席。席子自下而上按照莞席、缫席、次席的顺序铺设。各层席均以织物镶边为缘饰，自下而上逐层精美，上层席面适体舒服。席的左右两端设玉几。通过席、几、屏这三类家具进行组合式的设立，对空间的水平、进深及垂直三个方

向产生关照，最终形成一个中轴对称
的礼仪空间。

从席、几、屏这三类家具对室
内空间限定度的影响强弱来看，起主
导作用的是席。通过布席后所覆盖的
地面领域，界定出"席上席下"这样
一个特定的礼仪空间。古人在进行会
客宴饮等活动过程中，如果有长者或
尊者进来，或离席经过自己的面前的
时候，为表示对对方的尊敬和自己的
谦卑，须离开座席而伏于地上，称为

图2-67　湖北江陵沙冢1号墓出土的竹席

"避席礼"。这种交往的礼节延续至今，只不过由古代跪坐时的离席伏地转变为今天垂
足坐时的起身而站。通过设席所形成的"席上席下"这样一个被礼制化的空间和领域，
以满足长幼、尊卑等礼制的需要。同时对室内空间进行了动与静的区分，对空间秩序起
到了组织的作用。对室内空间的形态而言，布席又使得室内地面呈现出丰富而又细致的
效果（图2-67）。

几和筵还是计量室内空间长度的基本单位。《周礼·冬官考工记第六·匠人》中记
载："室中度以几，堂上度以筵，宫中度以寻，野度以步，涂度以轨。"[一]可见几和筵这
两类家具与室内空间尺寸的度量还有着紧密的联系。至今日本还保留着席地而居的生活
方式，并以榻榻米作为室内空间的基本面积模数单位。几和筵作为室内空间尺寸的度量
及模数单位，即是通过设立几、筵的手法与室内空间的限定形成了直接的联系。

3. 低座家具时期：以床榻为中心

席是我国古代历史最长、最古老的坐卧具，席地而居则是我国古代延续时间最长的
起居方式。唐代以后，随着桌、椅、凳这些新式的高足高座型家具的逐渐普及，人们的
起居方式逐渐由席地而坐转变为以垂足而坐为主。在此之前，矮足矮座型的床榻则取代
了筵席，而又延续了其席地而坐的起居方式。这一阶段是矮足矮座型家具向高足高座型
家具演变，以及席地而坐向垂足而坐的起居方式转变的过渡期。筵席逐渐成为床榻的附
属物，室内日常生活的中心也随之由筵席转变为床榻。

床是继席之后出现的卧具，同时也是坐具，在概念和实际使用上均沿袭了席的特
征。陕西西安半坡遗址考古发现的新石器时期穴居房子里的土台，即是床的雏形。土
台后来发展成为北方的火炕和南方的木床[二]。战国时期的河南信阳长台关1号楚墓出土的

　　　㊀　杨天宇.周礼译注 [M].上海：上海古籍出版社，2004：303-305，668。
　　　㊁　尹文.中国床榻艺术史[M].南京：东南大学出版社，2010：5。

漆木大床和湖北荆门包山2号楚墓出土的竹木折叠床是现今发现最早也是最完整的床的实物。河南信阳长台关1号楚墓出土的漆木大床全长225cm，宽136cm，通高42.5cm，床足高17cm[一]，湖北荆门包山2号楚墓出土的竹木折叠床全长220.8cm，宽135.6cm，通高38.4cm，床足高17.2cm[二]（图2-68），从尺寸数据可知两者均是矮足矮座型的卧具床。

图2-68 湖北荆门包山2号楚墓出土的竹木折叠床

战国时期，随着社会和经济的发展，仅靠设席的变化（如前述《周礼·春官宗伯第三·司几筵》中的几、席、屏的布设规范）已经不能满足上层贵族追求享受的需要。因为席所用的竹、草、芦苇等材料的廉价性决定了其自身的局限性，总是不能更好地显示出统治阶级的高贵。而处于上升阶段的几、案等家具，其形体逐渐向高、宽、大方面发展，与处于地面的低矮的席越来越不相称。床虽然可在其上坐息，但它毕竟还是睡觉的主要用具，不适合摆在高雅的礼仪、宴饮、会客等场合，而且形体过大不便移动。在这种条件下便产生了比床小、比席高，又有别于几、案的一类新型家具——榻[三]。榻是由床分化出来的坐具。《释名·释床帐》谓："人所坐卧曰床。床，装也，所以自装载也。长狭而卑曰榻，言其榻然近地也。"[四]"长狭而卑"说明榻相比较床而言坐面更窄，高度更矮。

床榻的出现使得人们的坐卧起居方式在筵席的基础上向前大大地迈进了一步——通过改变坐卧具的高度，更加脱离了其与地面的直接接触，不仅可以更好地避免地面的潮湿和阴冷，而且可以减少虫害并加强通风，同时礼仪性也更加增强。因此是对席地而坐（卧）生活方式的很大改善。

从以设立的方法进行室内空间限定的角度来说，床榻在室内日常使用较多，不像筵席那样随用而设，其设立的位置相对固定。在汉画像中可以看到很多床榻的形象，这类床榻通常绘于画面的显要位置，其周围还往往设以帷帐、屏风和几案等，形成了当时日常生活的中心。帷帐、屏风及几案与床榻的组合陈设，是导致"以床榻为中心"的室内陈设形成的主要因素[五]。

[一] 河南省文物研究所. 信阳楚墓[M]. 北京：文物出版社，1986：42。
[二] 吴顺青，徐梦林，王红星. 荆门包山2号墓部分遗物的清理与复原[J]. 文物，1988（05）：15-24。
[三] 李宗山. 中国家具史图说[M]. 武汉：湖北美术出版社，2001：158。
[四] [东汉]刘熙. 释名[M]. 北京：中华书局，1985：93-95。
[五] 翟睿. 中国秦汉时期室内空间营造研究[D]. 北京：中国艺术研究院，2009：104。

（1）帷帐与床榻的组合

《释名·释床帐》谓："帐，张也，张施于床上也。"[一]可知在汉代，帷帐与床榻的组合已是常态，其图像资料在辽宁辽阳三道壕汉墓壁画中可以看到（图2-69）。从室内空间的限定角度来看，即是通过

图2-69　辽宁辽阳三道壕汉墓壁画中帷帐与床榻的组合陈设

帷帐与床榻这两者的组合，来形成顶界面与底界面的呼应关系，进而在空间的垂直方向上加强中心感。

（2）屏风、几案与床榻的组合

秦汉以前，屏风（黼依）几乎是帝王的专用品。这一点在前述文献《周礼·春官宗伯第三·司几筵》中仅提及"王位设黼依"可以说明。黼依设于王位之后，成为帝王进行活动时的背景，突出帝王的尊贵地位，是王权的象征（图2-70）。

秦汉以后，屏风不仅仅局限于帝王专用，使用范围逐渐扩大。《释名·释床帐》谓："扆，倚也，在后所依倚也。屏风，言可以屏障风也。"[一]可知在古人的观念中，屏风的最基本功能就是依倚、挡风。伴随着床榻逐渐成为人们日常生活的主要坐卧具，屏风的组合对象也由筵席转移到床榻。屏风的形式也由"一"字形的座屏发展到"∟"字形（图2-71）和"∏"字形（图2-72）的围屏。围屏形成的是2~3个侧界面的组合形式，其围合感和限定度比座屏单一的侧界面更强。再加上床榻前设几案，形成屏风、几案与床榻这三者的组合陈设后，更加突出了"以床榻为中心"的向心性和中心感。

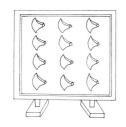

图2-70　（清）黄以周《礼书通故》中的黼依

图2-71　辽宁辽阳三道壕汉墓壁画中床榻与"∟"字形围屏及几案的组合陈设

图2-72　河南密县打虎亭汉墓壁画中床榻与"∏"字形围屏及几案的组合陈设

魏晋南北朝时期，随着少数民族入主中原所带来的胡人生活方式以及佛教传入所带来的佛国家具的影响，出现了椅、凳这一新的家具门类。起居方式逐渐由席地而坐向垂足而坐转变，传统的床榻也由矮足矮座向高足高座发展，坐卧面也加宽加大。

---

○○　[东汉]刘熙.释名[M].北京：中华书局，1985：93-95。

东晋顾恺之《女史箴图》（宋摹本）中所绘的大型卧床中，床前设有供凳床之用的长榻，主体人物已经是沿着床边垂足于而坐，可知床的足座已经比较高。床的四周设

图2-73 （东晋）顾恺之《女史箴图》（宋摹本）中的大型卧床

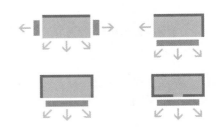

图2-74 不同形制的屏风、几案与床榻组合所形成的空间围合意向

有由12扇大小相同的屏板围合而成的围屏，且床前的屏板可以自由开合，形成"口"字形的围屏，并设有床帐（图2-73）。较之前述秦汉时期"∏"字形的围屏的围合度更高，具有极强的私密性和领域感（图2-74）。

从考古发掘的实物来看，陕西西安北周安伽墓出土的围屏石榻，长228cm，宽103cm，坐面高49cm，通高117cm<sup>⊖</sup>（图2-75）；而陕西西安北周康业墓出土的围屏石榻，则长238cm，宽108cm，坐面高54~56cm，通高138cm<sup>⊜</sup>（图2-76）。从尺寸数据可以说明此时大型榻的形体趋于高大、宽敞，与床的形制已十分接近，坐面的高度也完全适应垂足而坐的要求。

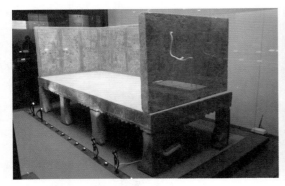

图2-75 陕西西安北周安伽墓出土的围屏石榻

图2-76 陕西西安北周康业墓出土的围屏石榻

### 4. 高座家具时期：以桌椅为中心

魏晋南北朝时期，随着大量的胡人及僧侣移居汉地，胡床（马扎）、绳床（禅床）、筌蹄（墩）等这些高足高座的"胡式坐具"及"佛国坐具"随之在汉地传播，并逐渐被汉人所接受并喜爱。这种传播和影响一直延续到晚唐五代时期。

从五代顾闳中《韩熙载夜宴图》（宋摹本）中，可以看到此时的床榻延续了前一期高足高座式床榻的典型特征，不同的是床榻前已不再陈设几案，而是同新式的高足式桌

---

⊖ 陕西省考古研究所. 西安北郊北周安伽墓发掘简报[J]. 考古与文物，2000（06）：28-35。
⊜ 西安市文物保护考古所. 西安北周康业墓发掘简报[J]. 文物，2008（06）：14-35。

子进行组合陈设，并出现了高座的墩（图2-77）。在这个渐进的传播和影响过程中，传统与外来的并存与交融已经十分突出。

图2-77　（五代）顾闳中《韩熙载夜宴图》（宋摹本）中的床榻与桌椅的组合陈设

两宋时期已经基本完成了由席地而坐向以垂足而坐的变革，高足高座型家具已经成为主流，各种新型家具也大量出现，这一现象在宋画中均可反映。

明清时期，由于以桌椅为中心的家具组合逐渐取代了以床榻为中心的统治地位，床作为专用卧具退居到内室，其形制也逐渐由开敞走向封闭。而以桌椅进行设立与中心的方式，在北京故宫太和殿中的皇帝宝座中发挥到了极致，主要是通过将皇帝宝座设置在殿内当心间有7层台阶之高的地台上，并与宝座背后的屏风、宝座前两侧宝象、甪端、仙鹤和香亭四对陈设、宝座上方的藻井等一起配合，突出皇帝宝座中心的核心领域（图2-19e）。

以桌椅为中心的家具组合一直延续至今，而又随着时代的发展，表现为在居住空间中以"沙发和茶几"为中心的模式。

5. 核心观念：以人为中心

纵观中国古代室内设计发展的历史，从原始社会时期的以"火塘"为中心，经席地而坐时期的以"筵席"为中心，至低座家具时期的以"床榻"为中心，到高座家具时期的以"桌椅"为中心，通过"设立"进而形成室内空间的"中心"的限定方法贯穿着其整个过程。

无独有偶，挪威建筑理论家诺伯格·舒尔兹在其巨著《存在·空间·建筑》中，将存在空间的最底层阶段，归纳为"家具和用品阶段"——"火炉、桌子、床"，并指出"这个阶段的诸要素是作为住房中的焦点而起作用。"[○]由此看来，中西方在室内空间的"设立与中心"方面竟如此相似——都使用着相同的家具和用品进行设立，都有着创造空间中心的需求。因此，毋宁说，隐藏在其后的核心观念是人类将"自身本体"作为中心来感受并营造空间，即以空间的内在主体——"人"为中心。因为"从直觉中，人们意识到，外在的空间，无论是线状的、平面的，还是立体的，都是从体验该空间的人的自身出发的。人其实是居于任一空间图式的中心地位。没有人的参与，就无从谈起前后、左右与上下等的空间方位。甚至，东、南、西、北、天、地等纯客观性的空间方

○　[挪威]诺伯格·舒尔兹.存在·空间·建筑[M].尹培桐，译.北京：中国建筑工业出版社，1990：47-48。

位，也需要人的参与，才会得到真实而具体的体验。因此，人是作为空间中的主体，进入到空间图式中去的。……而这个人本体所在的方位，在空间图式中，是以'中'为代表的，中心的概念，也就应运而生。"<sup>⊖</sup>

此外，就中国古代室内设计中设立与中心这一方式的成因来看，中国传统的意识与观念是其中的重要影响因素。"设定'中心'一直是中国人的一种非常重要的政治、文化和社会的意识与观念，'中

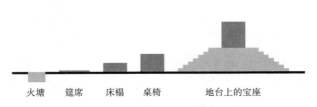

图2-78　坐卧具高度不断升高并得以强化的意向

国'之名本身也源于这样的认识。"<sup>⊜</sup>从"古之王者，择天下之中而立国，择国之中而立宫，择宫之中而立庙"<sup>⊜</sup>，到"室内空间的中心"，渗透到中国古人对待城市、建筑以及室内空间营造活动的方方面面，无不体现出强烈的礼仪和等级秩序。正如前文所述，火塘本身就是尊贵而神圣的，人们围坐在其周围的座次、方位与朝向无不体现着人们在家庭和社会中的地位与尊卑关系；筵席和床榻在早期均是上层社会的专享之物，具有礼器的属性；而从佛国传入的高足类椅子也具有表征坐者地位的象征性，早期也是作为佛、菩萨和僧侣的专用之物。因此，中国古代室内空间中的火塘、筵席、床榻及桌椅这些限定元素的演进，一方面是作为一种物化的礼仪而存在，另一方面，从物理功能方面来看，为了避免地面的潮湿阴冷、遮风避寒是其主要原因。其最主要表现就是在这个演进过程中，坐卧具的高度在不断地升高，空间中心的垂直性在逐渐强化（图2-78），坐卧具的造型及其与其他家具的组合陈设方式也在逐渐演化。

### 2.3.2　分隔与围合原理<sup>⊕</sup>

缪朴先生在《传统的本质——中国传统建筑的十三个特点》一文中，谈到中国传统建筑的第一个首要特点，便是"分隔"。<sup>⊕</sup>这个特点在中国古代的室内设计中也是很突出的。"假如，我们把室内设计理解为'室内装饰'，或者说是建筑构件的美学上的表面处理，中国建筑比其他的建筑并没有十分特殊的成功的地方。但是，关于房屋内部空间的组织和分割上，中国建筑的确是积累了其他建筑体系所不及的无比丰富的创作经验。"<sup>⊗</sup>

分隔与围合是室内设计中最基本的空间限定方法。在这里，可以把分隔的限定方

　　⊖　王贵祥.东西方的建筑空间：传统中国与中世纪西方建筑的文化阐释[M].天津：百花文艺出版社，2006：29。
　　⊜　翟学伟.中国社会心理学评论·第二辑[M].北京：社会科学文献出版社，2006：232。
　　⊜　张双棣，张万彬，殷国光，等.吕氏春秋译注[M].长春：吉林文史出版社，1987：580。
　　⊕　注：原文《基于设计史的中国古代室内空间限定原理研究——分隔与围合》发表于《南京艺术学院学报（美术与设计版）》2014年第1期。
　　⊕　缪朴.传统的本质（上）——中国传统建筑的十三个特点[J].建筑师，1989（36）：60-62。
　　⊗　李允鉌.华夏意匠：中国古典建筑设计原理分析[M].天津：天津大学出版社，2005：295-298。

法定义为分隔元素的最终表现形式为单个分隔物的一类，由单个分隔物所形成的"面"划分原空间，使得原空间一分为二。围合的限定方法则可以理解为其最终表现形式为由多个分隔物的组合形式，由多个分隔物在原空间中围合所形成的"体"来限定出另一空间。中国古代常用的室内分隔与围合元素有隔墙、帷帐、屏风及木隔断等。下文从这四个方面对中国古代室内空间的限定原理进行梳理和分析，以求对当下的室内设计有所启示。

### 1. 隔墙

以隔墙来进行室内空间的分隔与围合是室内空间限定原理中最基本也是最初级的方式，其特点是室内功能的绝对分区。

（1）隔墙的分隔

考古发现以隔墙分隔来进行室内空间限定的方式在中国原始社会时期的先民住宅中就已经出现。在陕西西安半坡F3遗址复原中，圆形建筑门内两侧不做平行设置的2道隔墙背后，即形成了门前的1个"缓冲空间"及其两侧的2个"隐奥空间"（Secret Space，即现代室内设计中所称的"私密空间"）。这2道隔墙的设置，不仅使得原本开敞、单一的室内空间进行了空间的划分与分隔，更重要的是它形成了空间的公共性与私密性的区分，带来了空间功能的细分——"这个隐奥空间实际上初步地具备了卧室的功能。"[一]这种以门内两侧设2道隔墙来分隔室内空间的方式在陕西西安半坡F6和F22遗址（图2-1）复原中也可以看到，F6和F22遗址的火塘北部还设有防火拦护坎墙，其功能当是烧煮食物时防止灼烤衣着的拦护设备。

（2）隔墙的围合

陕西西安半坡F1遗址是最早使用多个隔墙围合来限定室内空间的实例。F1遗址是母系氏族公社聚落中心的"大房子"，即聚落中部体量最大的建筑。F1遗址通过多个围墙的围合，使得室内空间划分为前部1个大空间，后部3个小空间的格局。前部大空间为聚会或举行仪式的场所，后部3个小空间为卧室——即形成了3开间的"前堂后内"式的平面布局形式（图2-79）。

值得注意的是，建筑学家侯幼彬先生在《中国建筑美学》中曾对"一堂二内"的两种平面布局形式——双开间的"前堂后内"式（图2-80）与三开间的"一明两暗"式（图2-81）进行了阐释，分析了三开间的"一明两暗"式平面布局的一系列长处及双开间的"前堂后内"

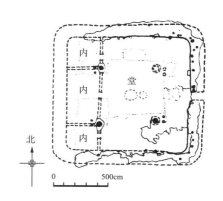

图2-79　陕西西安半坡F1遗址平面图

⊖　杨鸿勋. 杨鸿勋建筑考古学论文集（增订版）[M]. 北京：清华大学出版社，2008：43。

式平面布局的许多局限性，并提出三开间的"一明两暗"式为木构架建筑的"基本型"[一]。F1遗址三开间的"前堂后内"平面布局形式异于前述两类，也说明了以多个隔墙围合室内空间所呈现出的平面布局形式的多样性。这种以多个隔墙来围合空间的方式在河南郑州大河村F1~F4遗址中也可以看到，已经较为普遍。

（3）隔墙分隔与围合的讨论

从单个隔墙的分隔，到多个隔墙组合的围合，室内空间的限定方式表现为由单一至丰富。而隐藏其后的本质意义则在于通过隔墙限定所形成的室内功能空间的细分。前述F22遗址中门前的"缓冲空间"演化为F1遗址中的"堂"，"隐奥空间"则演化为"内"——原始住宅中空间性质的公共性与私密性，空间特征的开放性与封闭性即以形成（图2-82）。

室内空间功能的细分还可以通过对空间部位称谓的专用化和所指空间位置的具体化得以体现。《尔雅·释宫第五》谓："西南隅谓之奥，西北隅谓之屋漏，东北隅谓之宧，东南隅谓之窔。"[二]不难看出其与F22遗址空间格局的历史渊源。

从隔墙的材料上看，大体上以陕西西安半坡遗址为代表的北方地区隔墙是土木混合的木骨泥墙；而以浙江余姚河姆渡遗址为代表的南方地区隔墙则是由竹、苇、草、藤编织的席。

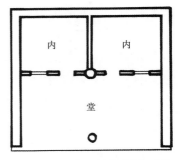

图2-80 双开间"前堂后内"式的"一堂二内"平面布局形式

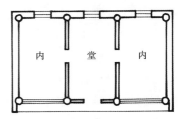

图2-81 三开间"一明两暗"式的"一堂二内"平面布局形式

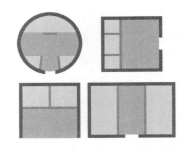

图2-82 隔墙分隔与围合的空间意向

2. 帷帐

以纺织品的分隔和围合来限定并装饰室内空间的手法在中国古代室内设计中不仅历史悠久，而且对后世的影响也颇为深远。

（1）帷帐的渊源

西汉的刘向在《说苑·反质》中引用墨子的话："纣为鹿台、糟丘、酒池、肉林，宫墙文画，雕琢刻镂，锦绣被堂，金玉珍玮。"[三]说明早在商代纣王时期，就已经有将"锦绣覆盖厅堂"这种以织物进行软装饰室内空间的做法了。《周礼·天官冢宰第一》

---

[一] 侯幼彬. 中国建筑美学[M]. 哈尔滨：黑龙江科学技术出版社，1997：17-21。

[二] 胡奇光，方环海. 尔雅译注[M]. 上海：上海古籍出版社，1999：204-205。

[三] （西汉）刘向. 说苑全译[M]. 王锳，王天海，译注. 贵阳：贵州人民出版社，1992：877。

中记载："幕人掌帷、幕、幄、帟、绶之事……掌次掌王次之法，以待张事。"[一]可知周王室专门设有"幕人"及"掌次"。"幕人"负责这些材料的供应，"掌次"负责这些材料的张搭与布置，对帷、幕、幄、帟、绶有着严格的管理和使用制度。

（2）帷帐系统的组成要素

概括说来，帷帐系统的组成要素有帷、幕、幄、帟、帐五种。

"在旁曰帷，在上曰幕。"[二]大体上"帷"张在四周，像土壁、院墙；"幕"张在帷上，像屋舍；帷幕相结合就如同今天的帐篷。

"四合象宫室曰幄，王所居之帷也。"[三]"幄"是用织物模仿宫殿建筑样式所构筑的空间，是王所居之帷，设于帷幕之内。

"帟，平帐也。绶，组绶，所以系帷也。"[四]"帟"张在幄幕之内，盖在王座之上，以遮蔽灰尘，故又名"承尘"。"绶"是用来绑扎连系帷、幕、幄、帟的丝带。

《释名·释床帐》谓："帐，张也，张施于床上也。小帐曰斗，形如覆斗也。"[五]狭义的帐为附属于床的床帐，广义的帐则是有顶的幄和幕的通称。

（3）帷帐系统分隔与围合的层次性

概括说来，通过帷帐系统各组成要素的分隔和围合来限定空间的方式，有三个层次。[六]

1）第一层次：帷和幕的组合。帷和幕的组合是第一层次的围合区域，即是通过织物的侧界面与顶界面的组合来限定出一个较大层次的空间。这一层次的围合和覆盖对使用的区域及规模进行了限定，其位置相对接近室外空间，建立了空间的内外关系。这种在室外临时张帷设幕的形象在甘肃酒泉敦煌莫高窟第33窟南壁盛唐弥勒经变嫁娶图中有表现（图2-83）。

2）第二层次：幄和帟的组合。幄和帟的组合设于帷和幕之内，又限定出一个独立的第二层次的围合区域。幄本身就是用织物围合成的一个独立的空间。幄设于帷内，即是在"帷"这个大空间内设"幄"这个小空间，形成"屋中屋"式的"母子空间"，强调了空间的领域感和私密性。幄的形象见于安徽马鞍山三国吴朱然墓出土的彩绘漆案上（图2-84）。

帟是在幄内顶部张设的织物，盖在王座之上，又名"承尘"。帟的形象较少见，目前可以指认的一例，见于河北安平逯家庄东汉墓壁画[七]（图2-85）。帟除了有遮蔽灰尘的功能之外，通过顶部张设织物与底部设置王座形成垂直空间上的对位和呼应关系，构成"虚拟空间"，空间的领域感和私密性进一步加强。

[一] 杨天宇.周礼译注[M].上海：上海古籍出版社，2004：91，303。

[二][三][四] （清）阮元校刻.十三经注疏[M].北京：中华书局：1980：676。

[五] （东汉）刘熙.释名[M].北京：中华书局，1985：94-95。

[六] 赵琳.魏晋南北朝室内环境艺术研究[D].南京：东南大学，2002：50。

[七] 扬之水.古诗文名物新证[M].北京：紫禁城出版社，2004：283-284，314。

图2-83　甘肃酒泉敦煌莫高窟第33窟南　图2-84　安徽马鞍山三国吴朱然墓出土的　图2-85　河北安平逯家庄东汉墓
壁盛唐弥勒经变嫁娶图中的帷的形象　　宫闱宴乐图漆案上的幄的形象　　　　壁画中的帝的形象

3）第三层次：帐。帐张施于坐卧家具之上，是最接近于人体的设置，其限定的空间层次最小也最近。通过帐的设置，在室内空间中进一步限定出一个局部的空间范围，私密性更强，是第三层次的围合区域。在帷、幄、帐三者中，帷的形体最大，幄比帐又略大一些。幄的等级最高，一般是皇家专用之物。帐的等级比幄略低，其适用的范围比幄更加广泛，如有床帐（图2-73）、坐帐、佛帐、寝帐、厨帐、厕帐等多种方式。

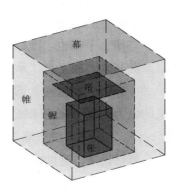

图2-86　帷帐系统的三个层次

通过帷、幄、帐三个层次由外而内的逐层限定，层层围合，由开敞到私密，空间的封闭性和安全感逐渐加强，越是靠近中心的位置，其私密性和等级性越强，装饰也越华丽（图2-86）。从材质上来说，帷、幕都是用布做的；而幄、帝都是用缯做的，质感更加柔和细密，更加适宜亲体小环境中人的感官，连同织物上缤纷绚丽的色彩和细致的图案纹样，更加丰富了室内空间的装饰性。

（4）帷帐的影响

以帷帐的分隔和围合作为室内空间的限定方式并装饰室内空间的手法是汉唐时期的室内空间的基本做法，称为"帐幔装修"。秦汉时期帷帐在室内的普遍应用，基本确立中国传统室内空间组织形态。[一]唐代以后，随着桌、椅、凳这些新式的高足高座型家具的逐渐普及，人们的起居方式逐渐由席地而坐转变为以垂足而坐为主，帷帐逐渐退化。宋以后装修材料和做法虽由小木取代了织物，但帐幔传统和精神的影响仍在。[二]

3. 屏风

屏风对室内空间的限定特点是隔而不断。通过屏风本身的不同形制，对室内空间进行分隔与围合的限定。而其分隔与围合所限定出的二次空间又不破坏原空间的完整性，仍然是原空间的一部分，表现出室内空间分隔与联系、局部与整体的辩证关系。

[一]　翟睿.中国秦汉时期室内空间营造研究[D].北京：中国艺术研究院，2009：74。
[二]　张十庆.从帐幔装修到小木装修——古代室内装饰演化的一条线索[J].室内设计与装修，2001（6）：70-71。

（1）屏风的渊源

《释名·释床帐》谓："扆，倚也，在后所依倚也。屏风，言可以屏障风也。"[一]可知在古人的观念中，屏风的最基本功能就是依倚、挡风。屏风的设置有室内和室外的区别，而又以室外设屏的历史较早，考古发现陕西岐山凤雏村西周宗庙建筑遗址中就有了室外屏的设置。关于室内设屏，《周礼·春官宗伯第三·司几筵》记载"王位设黼依"。[二]"黼依"（图2-70）亦作"黼扆"、"斧扆"、"斧依"，是指古代帝王座后的屏风，用绛（大红）色的帛制成，上面绣有黑白两色的斧形图案。[三]

（2）不同形制的屏风及其分隔与围合

屏风的形制可以分为"一"字形、"∟"字形、"∏"字形及"口"字形四种。这四种形制所呈现出的分隔度与围合度由弱渐强。

1）"一"字形的座屏分隔。从造型上看，黼依属于座屏。秦汉以前，黼依几乎是帝王的专用品。从室内空间的限定角度来说，设立黼依形成的是"一"字形的单一侧界面分隔，限定度较弱。

2）"∟"字形和"∏"字形的围屏围合。秦汉以后，屏风不仅仅局限于帝王专用，使用范围逐渐扩大。伴随着床榻逐渐成为人们日常生活的主要坐卧具，屏风的组合对象也由筵席转移到床榻。屏风的形式也由"一"字形的座屏发展到"∟"字形（图2-71）和"∏"字形（图2-72）的围屏。围屏形成的是2~3个侧界面的组合围合形式，其围合感和限定度比座屏单一的侧界面分隔更强。围屏与床榻及几案等家具进行组合陈设后，私密性和领域感更强。

"∏"字形围屏的实物见于广州西汉南越王墓出土的漆画折叠屏风（图2-87）。张开后的屏风总宽达到5m，高度1.8m左右（不包括顶饰）。[四]从屏风的高度及其正中间的屏板可以左右开门，可以推测此屏风的设置方式不是与床榻进行榫合，而是直接落地。屏风脱离床榻成为独立的空间围合构件，对后世的影响极大。

3）"口"字形的围屏围合。东晋顾恺之《女史箴图》（宋摹本）中所绘大型卧床的四周设有由12扇大小相同的屏板围合而成的"口"字形围屏，且床前的屏板可以自由开合

图2-87　广州西汉南越王墓出土的漆画折叠屏风

（图2-73）。从围屏的平面形态来看，"口"字形比前述秦汉时期"∟"字形和"∏"字形的围合度更高，封闭性更强。从围屏的立面形态来看，前述秦汉时期"∟"字形和

○[一]（东汉）刘熙.释名[M].北京：中华书局，1985：94-95。
○[二]杨天宇.周礼译注[M].上海：上海古籍出版社，2004：91，303。
○[三]辞海编辑委员会.辞海[M].上海：上海辞书出版社，2000：5843。
○[四]李宗山.中国家具史图说[M].武汉：湖北美术出版社，2001：167。

"Ⅱ"字形围屏多是2~3扇横向的长方形屏板的组合。而《女史箴图》中的屏板已增多至12扇，且屏板的造型也已由横向长方形改为竖向的长方形。通过屏板数量的增多和高度的升高，空间纵向的围合感和封闭感也越发强烈。

《女史箴图》中所表现这类可折叠、可开合的屏风在文献中也有描写。《邺中记》记载："石虎作金银钮屈膝屏风，衣以白缣，画义士、仙人、禽兽之像。赞皆三十二言。高施则八尺，下施四尺或施六尺，随意所欲也。"可知石虎屏风与前述广州西汉南越王墓出土的漆画折叠屏风及《女史箴图》中围屏的折叠、开合方式又有所不同，是在空间纵向上伸展，高度在竖向上变化。

（3）屏风的影响

除帷帐外，屏风也是中国古代室内空间分隔与围合的一种历史悠久并且影响深远的元素。屏风作为室内空间分隔与围合的元素，在早期席地而坐时期呈现为低矮型家具的形态，并出现多种形制，进而使得室内空间的分隔与围合呈现出多种方式（图2-88）。唐代以后，随着高足高座型家具的逐渐普及，屏风的高度不断增高，对室内空间所起的限定作用增强。到了宋代，《营造法式》中则记载有"照壁屏风骨"的做法，说明屏风的影响犹在，并由家具发展成为一种分隔室内空间之用的木隔断。明清时期，除了作为高型家具的屏风不断发展之外，还出现了小插屏及挂屏这类小巧精致的屏风，成为专供人们欣赏的陈设品。

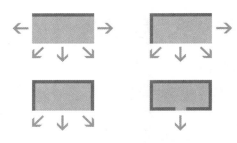

图2-88　屏风分隔与围合的空间意向

4. 木隔断

《南史·梁本纪下·简文帝萧纲》载："帝自幽絷之后，贼乃撤内外侍卫，使突骑围守，墙垣悉有枳棘。无复纸，乃书壁及板鄣为文。"可知南朝梁时，已经有使用木隔断作为室内空间分隔的做法。

（1）宋代《营造法式》所载的木隔断

室内空间的分隔，在宋代称之为"截间"，即将"开间"分截开来之意。此后，又将所有的分隔形式和设施，统称为"隔断"，并沿用至今。宋代木装修达到了空前的发达与繁荣。北宋时期官修的建筑典籍《营造法式》的诸作制度共13卷，小木作制度多达6卷42种，篇幅将近总量的一半，可见小木作内容的丰富以及所占地位的重要。

《营造法式》所载的木隔断主要有截间板帐、照壁屏风骨、隔截横钤立旌、板壁及截间格子5种。此外，还有照壁板、障日板、障水板及栱眼壁板，是面积较小的隔板。

　　㊀　（晋）陆翙. 邺都佚志辑校注[M]. 许作民，辑校注. 郑州：中州古籍出版社，1996：23。

　　㊁　（唐）李延寿. 南史[M]. 北京：中华书局，1975：234.

　　㊂　翟睿. 中国秦汉时期室内空间营造研究[D]. 北京：中国艺术研究院，2009：74。

1）截间板帐。"截间板帐"即是木板隔断，形成如板壁的效果。一般只用于室内，立于前后柱之间，用以分隔左右两间的空间。○

《营造法式》中对截间板帐以上空缺的部分如何处理并未做说明（图2-89）。关于这一点，潘谷西先生认为："从使用角度考虑，可能还需用'横钤立旌'之类加以分隔，再以编竹造填之。如此则下部板壁犹如今天的护墙板，而上部则为抹灰墙面，可以充分收到分隔空间的效果"。○由此看来，截间板帐虽然上、下部分所使用的材料不同，但形成的是如隔墙一般的绝对分隔。

2）照壁屏风骨。"照壁屏风骨"是安装在室内当心间靠后部左右两内柱之间固定照壁屏风的骨架。从"骨"字可以看出，照壁屏风骨与截间板帐用木板的做法不同，而是先用条桱（即"棂子"）做成"四直大方格眼"的"骨"，然后在上面裱糊纸或覆以织物。

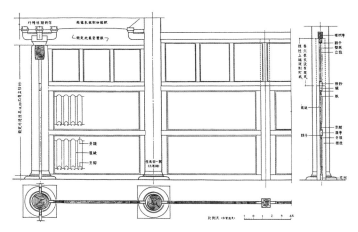

图2-89　《梁思成全集·第七卷》中所绘的截间板帐

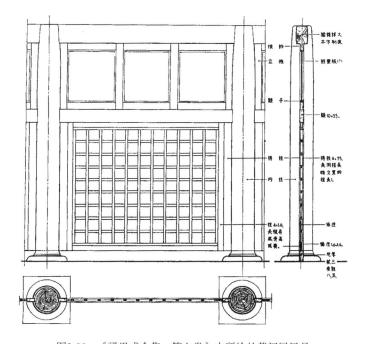

图2-90　《梁思成全集·第七卷》中所绘的截间屏风骨

《营造法式》所载照壁屏风骨有两种：一种是固定的"截间屏风骨"（图2-90）；另一种是可以开启的"四扇屏风骨"（图2-91），类似于明清的"屏门"。

从室内空间的限定角度来说，照壁屏风骨设于主座之后，作为背衬屏障。

3）隔截横钤立旌。"隔截横钤立旌"是用横、直方木构成框架，再填以抹灰墙或木板用以分隔室内空间。

○○　潘谷西，何建中．《营造法式》解读[M]．南京：东南大学出版社，2005：120，122。

　　"凡隔截所用横钤、立旌，施之于照壁、门、窗或墙之上；及中缝截间者亦用之，或不用额、栿、槫柱。"[一]说明隔截横钤立旌主要用于3个部位：一是用于室内的照壁；二是用于门窗及墙的上部；三是用于截间。

　　4）板壁。"板壁"的做法和"格子门"（即明清所称的"隔扇"）相同。按格子门的样式做边框，但在安格子的位置用木板代替格子，用以分隔室内空间。

　　北宋张择端《清明上河图》中描绘有城内一座高两层的酒楼，其二层的房间内便有用作分隔室内空间所用的板壁的形象（图2-92），其做法与《营造法式》所载的板壁做法相同（图2-93）。

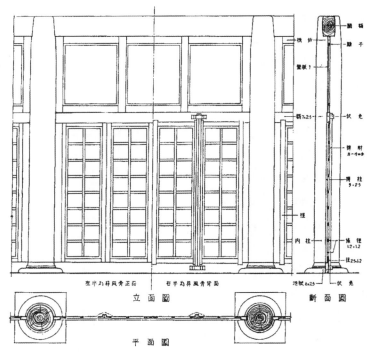

图2-91　《梁思成全集·第七卷》中所绘的四扇屏风骨

图2-92　（北宋）张择端《清明上河图》中的板壁

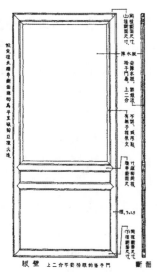

图2-93　《梁思成全集·第七卷》中所绘的板壁

　　[一]　梁思成. 梁思成全集·第七卷[M]. 北京：中国建筑工业出版社，2001：182。

5）截间格子。"截间格子"是在室内用格子替代板帐作分间的隔断物。根据不同的大木构架类型，《营造法式》中将其分为"殿内截间格子"（图2-94）和"堂阁内截间格子"两种。前者高大，用料厚重；后者低矮，用料轻巧。上述两种做法都是固定的，即不可移动的。<sup>○</sup>堂阁内截间格子中有格子门两扇可开启沟通者，称为"截间开门格子"（图2-95）。

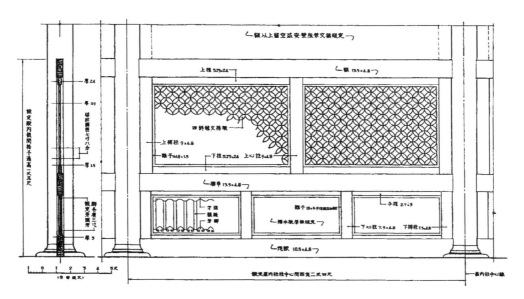

图2-94 《梁思成全集·第七卷》中所绘的殿内截间格子

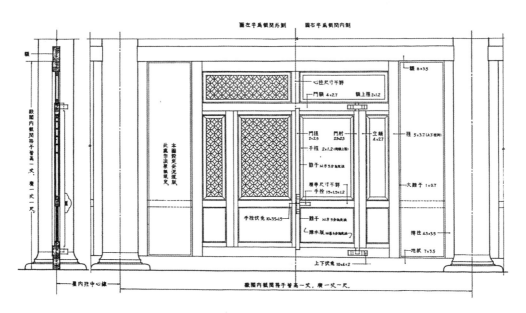

图2-95 《梁思成全集·第七卷》中所绘的截间开门格子

○ 潘谷西，何建中.《营造法式》解读[M]. 南京：东南大学出版社，2005：120，122。

（2）宋画中所见的木隔断

有两幅宋画中表现木隔断的形象，值得商榷。

一是在《草堂客话图》（图2-96）中，扬之水先生认为："堂之一侧装截间格子，以分出另外一处空间。"[一]而若是将此处的木隔断称为截间格子，却与《营造法式》所载的做法又明显不同。赵慧先生则认为："此处似乎为落地明照式的门扇。"[二]从做法上看，更似《营造法式》所载的"四扇屏风骨"。

二是在《层楼春眺图》（图2-97）中，清晰可见一、二层室内中绘有山水画的隔断装置。从做法上看，似乎为"隔截横铃立旌"或"照壁屏风骨"，但其安放的位置却与《营造法式》所载又明显不同。

以上两幅宋画中所表现的木隔断形象与《营造法式》中所载的官式建筑做法不同，民间的做法似乎更为灵活。

 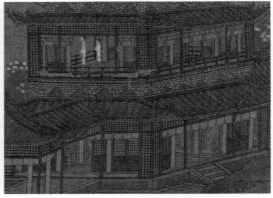

图2-96 （宋）何筌《草堂客话图》（局部）中的木隔断　图2-97 （宋）佚名《层楼春眺图》（局部）中的木隔断

（3）明清时期的木隔断

明清时期的木隔断在宋代的基础上又有许多新的发展，十分丰富，并且极具特色。概括起来可以分为罩、博古架与书架、碧纱橱及太师壁这4种类型（图2-98）。

1）罩。关于罩的渊源，刘致平先生在《中国建筑类型及结构》中谈道："罩是拢罩的意思，也可能是帐字变来的，古代室内多用帷帐。后来用小木作仿帷帐遗意来作隔断，所以落地罩有写作落地帐的。"[三]李允鉌先生认为："在历史上，相信'罩'是随着帷帐而兴起的，开始时应该是为了适应帷帐的张挂而造出一些辅助装置，其后就是用以'模仿'帷帐的装饰效果进而有代替帷帐之意。"[四]

罩可以分为落地罩、几腿罩、栏杆罩、花罩及炕罩等。

[一] 扬之水. 古诗文名物新证[M]. 北京：紫禁城出版社，2004：283-284，314。

[二] 赵慧. 宋代室内意匠研究[D]. 北京：中央美术学院，2009：80。

[三] 刘致平. 中国建筑类型及结构[M]. 3版. 北京：中国建筑工业出版社，2000：80。

[四] 李允鉌. 华夏意匠：中国古典建筑设计原理分析[M]. 天津：天津大学出版社，2005：295-298。

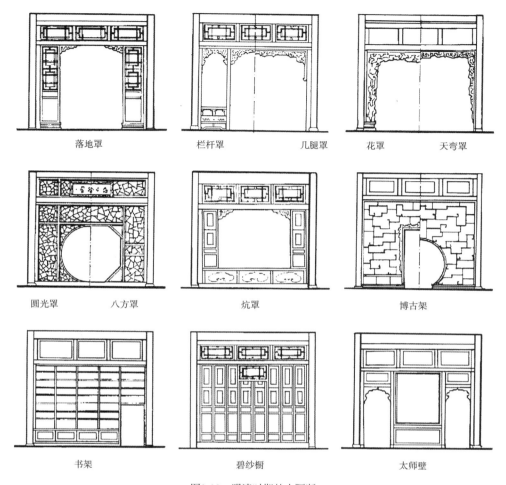

落地罩　　　　栏杆罩　　　　几腿罩　　　　花罩　　　　天弯罩

圆光罩　　　　八方罩　　　　炕罩　　　　博古架

书架　　　　碧纱橱　　　　太师壁

图2-98　明清时期的木隔断

　　"落地罩"也称"落地帐"，其做法是在开间（或进深）的左右柱上各立隔扇一道，隔扇上部设有横披，横披与隔扇转角的地方装饰有花牙子。落地罩直接落地，与地界面和顶界面均直接接触，形成类似"门框"的限定效果。

　　"几腿罩"也称"鸡腿罩"，在四川也称"天弯罩"。其做法是在开间左右两侧设抱框，上部为横披，横披与抱框转角处做花牙子。几腿罩因其立面形似茶几而得名，是罩中造型最为简洁的一种。几腿罩不落地，与地界面没有接触，而是通过与顶界面结合以降低空间高度的方式对空间的领域进行限定。

　　"栏杆罩"的做法是将开间（或进深）分成3段，用立柱2根做间隔，中间较宽的一段供人通行，左右2段下部做成栏杆。罩的顶上常用几腿罩。栏杆罩比落地罩的通透性更强一些，限定度更弱一些，而比单用几腿罩的限定度要更强一些。

　　"花罩"是几腿罩落地的做法，其形式有如两边拉开来了的帐幔。依据罩中间的洞口形状又有各自的名称，如圆形洞口称为"圆光罩"，八角形洞口称为"八方罩"等。花罩的雕刻尤为精致富丽，极富装饰性。

"炕罩"也称为"床罩",是将落地罩的形式置于北方民居的火炕炕沿木上,其上可挂帐幔。

2)博古架与书架。"博古架"也称"多宝格""百宝架",是陈设古玩和工艺品的格式框架,多用硬木做成拐子纹样,有时也在边缘处加有花牙子,精美华丽。"书架"是很整齐划一的架子,陈设书籍,书架外挂设蓝缎罩帘,简朴雅致。

博古架和书架都具有家具和隔断的双重功能。大宅和宫廷中往往将博古架与书架整间布置,形成隔断。在其中间或是一旁开有如圆形、方形、瓶形等多种形式的门洞,以便通行。

3)碧纱橱。作室内分间用的隔扇式的木隔断在清代称为"碧纱橱"。由于其格心常糊以绿纱,固有"碧纱"之美称。此外,也有格心糊以字画,或在纱的双面刺绣,在各个部位嵌玉、嵌螺钿、嵌景泰蓝、拼竹纹等,十分华丽精美。

碧纱橱通常设置在室内进深方向的柱间,满装6~12扇不等,也有在室内开间方向装4扇的,要视建筑开间、进深的大小而定,而仅中间的两扇可以开启。

4)太师壁。"太师壁"是在宋《营造法式》所载的"照壁屏风骨"的基础上发展而来的,设于厅堂明间后檐的金柱之间。其做法是中间用木棂条或板壁悬挂字画,左右两侧靠墙处开留出门洞,通往后面的隔间。太师壁前设条案及八仙桌和太师椅。

(4)明清时期木隔断分隔与围合的讨论

明清时期的木隔断在宋代小木作成熟的基础上发展并丰富。特别是"罩"这种形式,作为一种轻微的半隔断,空间上并没有阻隔,而又形成了视觉上不同区域的划分。从室内空间的限定度上来看,明清时期木隔断比秦汉以来的帷帐及屏风的高度更高,大多与室内的顶界面直接接触,限定度更高。较原始社会时期的实体隔墙而言,明清时期的木隔断又是通透的。而明清时期室内分隔与围合的观念,又都无不具有帷帐及屏风的遗意。

5. 结语

纵观中国古代室内空间分隔与围合的限定方式,从原始社会时期的隔墙,经秦汉以来的帷帐与屏风,至宋到明清的木隔断,具有很强的整体性和连贯性。"我们不难看出所有的中国建筑中的室内分隔方式都是沿着'帷帐'及'屏风'的观念,或者说是其遗意而发展的。"⊖从建筑材料上来看,原始社会时期土木混合结构的建筑,产生了与之对应的木骨泥墙作为室内隔墙;而成熟时期的全木结构建筑,则产生了与大木作对应的小木作木隔断。而正是由于将帷帐和屏风作为这两种材料之间的过渡或者转换,才产生了这么多丰富的室内空间分隔与围合的限定方式。

究其原因,一是在于帷帐和屏风本身所具有的极强的灵活性和伸缩性;二是在于

---

⊖ 李允鉌. 华夏意匠:中国古典建筑设计原理分析[M]. 天津:天津大学出版社,2005:295-298。

中国古代的建筑平面是建筑设计与结构设计结合而产生的一种"标准化和规格化了的平面";室内设计与结构设计无关,与建筑设计又互相独立处理,这样就为在这一标准化和规格化的建筑平面中进行室内空间的分隔与围合提供了丰富多样的可能性。

## 本章小结与思考

室内设计的历史源远流长,本章概述了中国与西方室内设计的历史发展。在漫长的设计发展历程中,世界各国各民族人民共同创造了辉煌灿烂的室内设计文明成果,形成了各国丰富多样的室内设计文化特色。中华优秀传统室内设计文化是中华民族在5000多年文明发展过程中积累下来的珍贵财富,其设计的理念、智慧、气度及神韵,积淀了中华民族和中国人民对中国空间、中国环境与中国生活最深沉的精神向往与美学追求。中国传统的建筑、室内、园林、家具及瓷器等曾一度影响西方,并在17~18世纪的欧洲兴起了"中国风"的流行风尚。传承与弘扬中华优秀传统室内设计文化,我们要熟悉中国传统室内设计的发展演化,掌握其历史渊源、发展脉络与基本走向,并从中分析归纳出中国传统室内设计的基本原理与方式方法,本章就此阐述了中国传统室内设计历史发展中的设立与中心原理、分隔与围合原理。

我们还应从中国室内设计发展历史中的经典案例作品中获取灵感并汲取养分,从中提炼精选经典性的设计元素与标志性的文化符号,把中华优秀传统室内设计文化的有益思想、艺术价值与时代特点和要求相结合,运用室内设计的空间造型语言进行与我们这个时代相协调的当代设计表达,彰显中华优秀传统室内设计文化的精神内涵和审美风范,推动中华优秀传统室内设计文化在现代化进程中实现创造性转化和创新性发展。

## 课后练习

一、简释

筵席制度 金釭 藻井 覆斗形天花 斗四 平棊 平闇 彻上明造

五几五席 古希腊三种柱式 巴西利卡 集中式教堂 十字式教堂

二、抄绘

图2-1 图2-4 图2-5 图2-8 图2-10 图2-11 图2-12 图2-17c、d

图2-19c、d 图2-23d~g 图2-24 图2-25 图2-27 图2-28 图2-29

图2-32 图2-33 图2-34 图2-37 图2-38 图2-41a 图2-47c

图2-89 图2-90 图2-91 图2-93 图2-94 图2-95 图2-98

三、体验

参观2~3个你所在城市的古代和近现代历史建筑的室内空间,进行现场空间体验,拍摄照片并收集相关资料。

四、观影

观看1~2部外国室内设计相关的电影纪录片。

五、简答

1.简述帷帐系统的三个层次。

2.简述两宋与明清时期木隔断的主要类型。

3.简要对巴洛克建筑与古典主义建筑进行比较。

4.简要对洛可可建筑与巴洛克和古典主义建筑进行比较。

# 第3章
# 室内空间的设计

## 3.1 室内空间的形成与分类

### 3.1.1 室内空间的形成

人类通过建筑的方式，在荒蛮的自然环境中创造了适合于人类自身生存所需的人为环境。围护建筑的楼板、墙体、屋顶等界面要素将建筑划分为室内空间与室外空间。可以说，建筑的内外空间是一个界面的两个方面，有无顶界面则是区分室内与室外空间的关键因素。相较而言，建筑设计多关注的是由建筑的楼地层、外墙、屋盖等外界面围合而形成的建筑外部实体空间形象；室内设计则多聚焦于由建筑内部的地面、内墙面、顶棚等内界面所限定而成的内部虚体空间环境。老子《道德经》中"三十辐，共一毂，当其无，有车之用。埏埴以为器，当其无，有器之用。凿户牖以为室，当其无，有室之用。故有之以为利，无之以为用。"便生动形象地阐述了这种建筑界面实体与内部空间虚体的辩证关系。毫无疑问，人们建造房子以求使用的，就是其室内空间。

人们常常把生活的"空间"比作为纳物的"容器"。由建筑界面围合而形成的各种不同形态与类型的室内空间，就如同一个个造型各异的巨大"容器"，容纳人们生活于其中，满足人们不同的使用功能与审美精神的需求。这就好比芬兰设计大师阿尔瓦·阿尔托设计的一系列玻璃器皿，造型大小高低错落，玻璃的色彩与通透度也形式多样。这些玻璃器皿的功能也各不相同，高长的可用作花瓶、低矮的可当作烟灰缸、低平的可以装水果、宽大的可以养金鱼。在以芬兰湖泊为设计概念的玻璃器皿中，注入金鱼生存所必需的水，波浪曲线的玻璃壁面便限定出了容纳金鱼游动所需要的水体积空间，金鱼就如同生活在自然蜿蜒的湖泊中一样，达到了使用与情感的完美结合（图3-1）。

图3-1 阿尔瓦·阿尔托设计的玻璃器皿

　　人类生活的室内空间也如金鱼生活的玻璃容器，只是我们的室内生活主要是在由建筑物所构筑的室内空间进行，尽管我们在移动生活中也会在诸如汽车、火车、轮船、飞机等交通工具的内部空间进行，不过本书探讨的对象还是大量普遍存在的建筑室内空间。从设计操作与规程上来说，室内空间都是由建成的建筑所提供，室内设计与施工也都是在建筑设计与建造完成的基础上进行，室内设计也必须严格遵守各类现行的国家建筑设计标准与规范。建筑设计是室内设计的上位专业，因此在探讨室内空间的相关问题及概念时，必然会沿用并优化其所依托的建筑设计的对应阐释。

　　有必要厘清与"室内空间"一词密切联系的"房间""空间""功能"与"区域"等术语所表达的不同语境。从建筑与室内设计史中不难发现，中外建筑都经历了由简单功能的单一房间向功能复杂的多房间组合的演变，与之伴随的室内空间也由单一空间向多空间组合而发展。"房间"作为组成建筑最基本的单位，也是室内设计的最基本单元。我们所绘制的室内设计施工图就是逐一将项目中每一个房间的6个界面表达清晰。最常见的房间就是由六面体组成的长方体盒子空间，其室内的6个界面便是1个地面、4个立面和1个顶棚，由此围合而形成一个相对封闭的"室内空间"。随着人们在室内空间中从事活动内容的多样性需求以及对房间使用与环境品质要求的不断提高，不同的房间与室内空间往往被赋予不同的使用功能，同一个房间或室内空间也往往会从空间上或时间上划分为多个使用或功能区域。比如，每个人都有自己的卧室，这就是一间属于自己使用的"房间"，这个房间是个人的"私人空间"，主要有休息睡眠、学习阅读和收纳衣物的"功能"，这些功能通过床、写字台、衣柜等家具，实现卧室房间中睡眠区、学习区与储藏区等不同"区域"的划分与使用。

### 3.1.2　室内空间的分类

　　室内空间从不同的角度有多种分类的方式。从室内空间的形成过程来看，可分为固定空间与可变空间；从室内空间的开敞程度来看，可分为开敞空间与封闭空间；从室内空间的动态性来看，可分为动态空间与静态空间；从室内空间的私密程度来看，可分为私密空间与共享空间；此外还有母子空间、流动空间、交错空间、结构空间、心理空间、迷幻空间等多种空间类型[○]。随着建筑科技水平与设计创新能力的不断发展，未来也还会孕育出更多样的室内空间类型。不过，从使用功能的角度，对室内空间的性质定性及单个房间的功能组成来进行分类，在设计中具有首要作用。

#### 1. 从使用功能的性质定性来分类

　　室内空间与室外空间的最大区别就在于其空间的相对封闭性。这种封闭性在给人类提供庇护所的同时也带来了安全隐患，因此建筑与室内空间的防火防灾与消防疏散等事

---

　　○　李朝阳. 室内空间设计[M]. 4版. 北京：中国建筑工业出版社，2021：6-23。

关人们生命安危的安全问题便首当其冲。我国的建设工程都要由公安机关消防机构依法进行消防设计审查。室内设计的消防审查工作首先便是"审查装修工程的使用功能是否与通过审批的建筑功能相一致。装修工程的使用功能如果与原设计不一致，则要判断是否引起整栋建筑的性质变化，是否需要重新申报土建调整。"[○]因此，在对室内空间进行分类时，首先就要对其使用功能的性质定性进行分类，这种分类对应其上位的建筑功能的分类。需要注意的是，这里所说的"使用功能"和"建筑功能"特指建筑设计时对建筑使用功能类别的性质定性，也就是对应其室内空间的性质定性；要区别于上一节所讨论的建筑室内空间中具体而多样的功能性的"功能"，其语境指向的是室内空间的功能完备而带来人们在室内活动中使用上的便捷高效。

按照建筑学的分类方法，根据建筑物的使用性质，一般将建筑物分为生产性建筑和民用建筑。生产性建筑包括工业建筑和农业建筑。工业建筑是指以工业性生产为主要使用功能的建筑，如厂房、车间。农业建筑是指以农业性生产为主

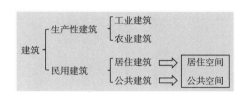

图3-2　室内空间划分的两个大类

要使用功能的建筑，如粮仓、牲畜饲养场。民用建筑是指供人们居住和进行各种公共活动的建筑的总称，由居住建筑和公共建筑组成。其中居住建筑是供人们居住使用的场所，公共建筑是供人们进行各种公共活动的场所。很明显的，我们所从事的室内设计工作，主要还是在与人类的生活与活动关联的居住建筑和公共建筑这类民用建筑中进行，因此对应可将室内空间划分为居住空间与公共空间这两个大类（图3-2）。

居住空间对应居住建筑所划分的住宅建筑与非住宅建筑两个类型，可将居住空间细分为3个子类，即是如住宅、公寓、别墅等住宅建筑类的以家庭为单元的住宅空间；如公寓、宿舍等非住宅建筑类的有集中管理、提供居住条件的宿舍空间；以及如养老院、老年公寓等非住宅建筑类的老年人全日照料的民政养老空间。

公共空间对应公共建筑中所包含的类型，可划分为教育类空间、办公科研类空间、商业服务类空间、公众活动类空间、交通类空间、医疗类空间、社会民生服务类空间以及综合类空间等8个类型（见表3-1）。

教育类空间是指提供基础、技能及素质教育的教学空间，包括学龄前儿童教育空间、中小学教育空间、中等专业教育空间、高等院校教育空间以及特殊人员教育空间等5个子类。

办公科研类空间是指供机关、团体和企事业单位办理行政事务及从事商谈、接洽、处理、服务性交易等业务活动的空间，包括政务办公空间、一般办公空间、金融办公空间、司法办公空间、外事办公空间以及科研实验空间等6个子类。

---

○　中华人民共和国应急管理部. 建设工程消防设计审查规则：XF 1290—2016 [S]. 北京：应急管理出版社，2021：16。

表3-1　室内空间的性质定性分类

| 建筑类别 | | | 建筑类别示例 | 室内空间类型 | 对应的建筑设计标准与规范示例 |
|---|---|---|---|---|---|
| 居住建筑 | 住宅类 | 住宅建筑 | 住宅、公寓、别墅等 | 住宅空间 | 《住宅建筑规范》（GB 50368—2005）<br>《住宅设计规范》（GB 50096—2011）<br>《住宅室内装饰装修设计规范》（JGJ 367—2015） |
| | 非住宅类 | 宿舍类建筑 | 学生宿舍、职工宿舍、专家公寓、长租公寓等 | 宿舍空间 | 《宿舍建筑设计规范》（JGJ 36—2016）<br>《公寓建筑设计标准》（T/CECS 768—2020）<br>《宿舍、旅馆建筑项目规范》（GB 55025—2022） |
| | | 民政建筑 | 老年养护院、养老院、敬老院、护养院、老人院、医养建筑、老年公寓等 | 民政养老空间 | 《老年养护院标准设计样图》（13J817）<br>《健康养老建筑技术规程》（T/CECS 1110—2022） |
| 公共建筑 | 教育类 | 教育建筑 | 托儿所、幼儿园等 | 学龄前儿童教育空间 | 《托儿所、幼儿园建筑设计规范》（JGJ 39—2016）<br>《幼儿园标准设计样图》（19J823） |
| | | | 中学、小学等 | 中小学教育空间 | 《中小学校设计规范》（GB 50099—2011）<br>《中小学校教室健康照明设计规范》<br>（T/CIES 030—2020）<br>《农村中小学校标准设计样图》（10J932） |
| | | | 中等专业学校、技工学校、职业学校等 | 中等专业教育空间 | 《中等职业学校建设标准》<br>（建标192—2018） |
| | | | 大学、学院、专科学校、研究生院、电视大学、党校、干部学校、军事院校等 | 高等院校教育空间 | 《普通高等学校建筑面积指标》（建标191—2018）<br>《高等职业学校建设标准》（建标197—2019） |
| | | | 聋、哑、盲人学校、工读学校等 | 特殊人员教育空间 | 《特殊教育学校建设标准》（建标156—2011）<br>《特殊教育学校建筑设计标准》（JGJ 76—2019） |
| | 办公科研类 | 办公、业务建筑 | 党政机关、社会团体、事业单位等的办公机构 | 政务办公空间 | 《党政机关办公用房建设标准》（建标169—2014）<br>《绿色办公建筑评价标准》（GB/T 50908—2013） |
| | | | 普通办公楼、商务办公楼、总部办公楼等 | 一般办公空间 | 《办公建筑设计标准》（JGJ/T 67—2019）<br>《办公建筑室内环境技术规程》<br>（T/CECS 1077—2022）<br>《办公建筑节能技术规程》（T/CECS 1078—2022） |
| | | | 银行、金融、证券办公、银行营业厅、储蓄所、证券交易中心等 | 金融办公空间 | 《银行安全防范要求》（GA 38—2021）<br>《金融建筑电气设计规范》（JGJ 284—2012） |
| | | | 公安局、派出所、法院、检察院等 | 司法办公空间 | 《全国司法行政视频会议系统建设管理规范》<br>（SF/T 0010—2017）<br>《公安图像控制中心技术规范》（GA/T 1793—2021）<br>《公安视频会议室技术规范》（GA/T 1794—2021）<br>《人民检察院办案用房和专业技术用房建设标准》<br>（建标137—2010）<br>《人民法院法庭建设标准》（建标138—2010） |
| | | | 驻外外交机构、大使馆、领事馆、国际机构、海关等 | 外事办公空间 | 《海关信息系统机房建设规范》（HS/T 36—2018） |

（续）

| 建筑类别 | | | 室内空间类型 | 对应的建筑设计标准与规范示例 |
|---|---|---|---|---|
| 公共建筑 | 办公科研类 | 科学实验建筑 | 科研实验空间 | 《实验室功能设计、建设和改造工作指南》（ISBN：9787506651417）《科研建筑设计标准》（JGJ 91—2019） |
| | 商业服务类 | 商业建筑 | 售卖空间 | 《商店建筑设计规范》（JGJ 48—2014）《商店建筑电气设计规范》（JGJ 392—2016）《绿色商店建筑评价标准》（GB/T 51100—2015）《购物中心建设及管理技术规范》（SB/T 10599—2011）《百货店购物环境设施要求》（SB/T 10831—2012）《百货店配套服务设施配置规范》（SB/T 11054—2013）《超市购物环境》（GB/T 23650—2009）《建材及装饰材料经营场馆建筑设计标准》（JGJ/T 452—2018） |
| | | | 休闲空间 | 《游乐园（场）服务质量》（GB/T 16767—2010）《美容美发行业经营管理技术规范》（SB/T 10437—2007）《体育场所等级的划分 第2部分：健身房星级的划分及评定》（GB/T 18266.2—2022） |
| | | | 维修服务空间 | 《服装干洗业职业卫生管理规范》（GBZ/T 195—2007）《家用电子电器维修业服务经营规范》（GB/T 28841—2012）《机动车维修服务规范》（JT/T 816—2021） |
| | | | 邮政、快递、电信空间 | 《邮政储蓄骨干网点改造工程设计及验收暂行规定》（YZ/Z 0049—2004）《省级以下邮政管理业务用房建设标准》（建标183—2017）《快递营业场所设计基本要求》（YZ/T 0137—2015）《电信业务实体营业厅服务等级划分和评定》（T/CCSA 248—2019） |
| | | | 培训空间 | 《少儿语言培训服务规范》（GB/T 36741—2018） |
| | | | 保健空间 | 《保健服务通用要求》（GB/T 30443—2013） |
| | | 饮食建筑 | 餐饮空间 | 《饮食建筑设计标准》（JGJ 64—2017） |
| | | 旅馆建筑 | 临时住宿休憩空间 | 《旅馆建筑设计规范》（JGJ 62—2014）《旅游饭店星级的划分与评定》（GB/T 14308—2010）《文化主题旅游饭店基本要求与评价》（LB/T 064—2017） |
| | 公众活动类 | 文化建筑 | 文化活动空间 | 《图书馆建筑设计规范》（JGJ 38—2015）《博物馆建筑设计规范》（JGJ 66—2015）《档案馆建筑设计规范》（JGJ 25—2010）《文化建筑设计规范》（JGJ/T 41—2014）《镇（乡）村文化中心建筑设计规范》（JGJ 156—2008）《多功能小型文化服务综合体设计指南》（T/CETA 003—2022） |

注：建筑类别示例列内容：
- 科学实验建筑：实验楼、科研楼等
- 商业建筑（售卖空间）：购物中心、百货公司、有顶商业街、菜市场、超级市场、家居建材、汽车销售、商业零售、店铺等
- 商业建筑（休闲空间）：室内儿童乐园、夜总会、美容、美发、养生、洗浴、卡拉OK厅、按摩中心、健身房、溜冰场等
- 商业建筑（维修服务空间）：干洗店、洗车站房、修理店（修车、电器等）等
- 商业建筑（邮政、快递、电信空间）：邮政、快递营业场所、电信局等
- 商业建筑（培训空间）：各类培训机构（幼儿、学生、老年）
- 商业建筑（保健空间）：体检中心、牙科诊所
- 饮食建筑：餐馆、饮食店、食堂、酒吧、茶馆等
- 旅馆建筑：酒店、宾馆、招待所、度假村、民宿（少于15间或套）等
- 文化建筑：公共图书馆、博物馆、档案馆、科技馆、纪念馆、美术馆、综合文化活动中心、文化馆、青少年宫、儿童活动中心、老年活动中心等

（续）

| 建筑类别 | | | 建筑类别示例 | 室内空间类型 | 对应的建筑设计标准与规范示例 |
|---|---|---|---|---|---|
| 公共建筑 | 公众活动类 | 文化建筑 | 礼堂、会堂、会议中心、展览馆等 | 会议展览空间 | 《展览建筑设计规范》（JGJ 218—2010）《会议中心运营服务规范》（SB/T 10851—2012）《会议电视会场系统工程设计规范》（GB 50635—2010） |
| | | | 剧院、电视剧场、电影院、音乐厅、戏院、演艺场馆等 | 观演空间 | 《剧场建筑设计规范》（JGJ 57—2016）《电影院建筑设计规范》（JGJ 58—2008）《电影院星级的划分与评定》（GB/T 21048—2007） |
| | | | 文物建筑、历史建筑、传统风貌建筑、名人故居等 | 文保空间 | 《文物建筑防火设计规范》（DB11/1706—2019） |
| | | 文旅建筑 | 主题公园、游乐场、水族馆、冰雪建筑、游客服务中心等 | 游乐空间 | 《游乐园（场）服务质量》（GB/T 16767—2010） |
| | | 园林建筑 | 亭、台、楼、榭、动物园、植物园建筑等 | 游憩空间 | 《动物园设计规范》（CJJ 267—2017）《植物园设计标准》（CJJ/T 300—2019） |
| | | 广电制播建筑 | 演播厅、摄影、录音、录像棚等 | 广电空间 | 《广播电影电视建筑设计防火标准》（GY 5067—2017）《电视演播室场景设施设计标准》（GY/T 5094—2022） |
| | | 体育建筑 | 各类体育场馆、游泳场馆、各类球场、训练馆等 | 竞技体育空间 | 《体育建筑设计规范》（JGJ 31—2003） |
| | | | 健身房、风雨操场、各类体育设施等 | 大众健身空间 | 《全民健身活动中心分类配置要求》（GB/T 34281—2017） |
| | | 宗教建筑 | 佛教寺院、道观、清真寺、教堂等 | 宗教空间 | 《岭南禅宗寺院建筑设计标准》（T/CECS 1330—2023） |
| | 交通类 | 交通建筑 | 铁路客货运站、公路长途客运站、港口客运码头、交通枢纽、地铁（轻轨）站、航站楼等 | 交通场站空间 | 《交通客运站建筑设计规范》（JGJ/T 60—2012）《综合客运枢纽设计规范》（JT/T 1453—2023） |
| | | | 停车库（场）、公共汽（电）车首末站、保养场、出租汽车场站等 | 交通场库空间 | 《车库建筑设计规范》（JGJ 100—2015）《城市道路公共交通站、场、厂工程设计规范》（CJJ/T 15—2011） |
| | | | 交通指挥中心、交通监控中心、航管楼、交通应急救援、交通调度站等 | 交通管理空间 | 《公安交通指挥系统建设技术规范》（GA/T 445—2010） |
| | 医疗类 | 医疗建筑 | 综合医院、专科医院、社区卫生服务中心等 | 医疗空间 | 《综合医院建筑设计规范》（GB 51039—2014）《绿色医院建筑评价标准》（GB/T 51153—2015）《中医医院建筑设计规范》（T/ACSC 02—2022）《乡镇卫生院建筑标准设计样图》（10J929） |
| | | | 疗养院、康复中心等 | 康养空间 | 《疗养院建筑设计标准》（JGJ/T 40—2019） |
| | | | 卫生防疫站、专科防治所、检验中心、动物检疫站等 | 卫生防疫空间 | 《动物检疫隔离场建设标准》（NY/T 3919—2021） |

（续）

| 建筑类别 | | | 建筑类别示例 | 室内空间类型 | 对应的建筑设计标准与规范示例 |
|---|---|---|---|---|---|
| 公共建筑 | 医疗类 | 医疗建筑 | 传染病医院、精神病医院等 | 特殊医疗空间 | 《传染病医院建筑设计规范》（GB 50849—2014）《精神专科医院建筑设计规范》（GB 51058—2014） |
| | | | 急救中心、血库等 | 其他医疗卫生空间 | 《急救中心建筑设计规范》（GB/T 50939—2013） |
| | 社会民生服务类 | 服务建筑 | 城市政务中心、城市游客中心、城市市民中心、社区服务站、街道办事处、房管所、村委会等 | 城市服务空间 | 《政务服务中心运行规范 第1部分：基本要求》（GB/T 32169.1—2015）《旅游景区游客中心设置与服务规范》（GB/T 31383—2015）《城市社区服务站建设标准》（建标167—2014） |
| | | | 消防站、应急中心、城市避难所等 | 救援空间 | 《城市消防站设计规范》（GB 51054—2014）《防灾避难场所设计规范（2021年版）》（GB 51143—2015）《城市社区应急避难场所建设标准》（建标180—2017） |
| | | 民政建筑 | 殡仪馆、火葬场、骨灰存放处、公墓、烈士陵园建筑等 | 殡葬空间 | 《殡仪馆建筑设计规范》（JGJ 124—1999）《公墓和骨灰寄存建筑设计规范》（JGJ/T 397—2016） |
| | | | 儿童福利院、孤儿院、残疾人福利院、残疾人福利中心、救助站、戒毒所等 | 救助空间 | 《儿童福利院标准设计样图》（14J818）《残疾人社会福利机构基本规范》（MZ 009—2001）《综合社会福利院建设标准》（建标179—2016）《救助管理站服务》（GB/T 28223—2011）《流浪未成年人救助保护机构服务》（GB/T 28224—2011）《流浪未成年人救助保护中心建设标准》（建标111—2008） |
| | | | 老年日间照料中心、托老所、日托站、老年服务中心、社区养老驿站（中心）、老年人活动设施等 | 老年人活动空间 | 《社区老年人日间照料中心建设标准》（建标143—2010）《社区老年人日间照料中心设施设备配置》（GB/T 33169—2016）《老年人照料设施建筑设计标准》（JGJ 450—2018）《老年人设施室内装饰装修技术规程》（T/CBDA 38—2020）《老年养护院标准设计样图》（13J817）《社区老年人日间照料中心标准设计样图》（14J819） |
| | | 监管建筑 | 监狱、看守所、劳改场所和安全保卫设施等 | 监管空间 | 《监狱建筑设计标准》（JGJ 446—2018）《看守所建筑设计规范》（JGJ 127—2000） |
| | 综合类 | 综合建筑 | 两种及以上功能的场所、类别综合体 | 综合空间 | 《商业综合体运营管理与评价规范》（DB33/T 2523—2022） |

注：1. 本表参自——中华人民共和国住房和城乡建设部. 民用建筑通用规范：GB 55031—2022[S]. 北京：中国建筑工业出版社，2022：34-37。

2. 本表中相关的标准、规范、规程、样图等要以国家现行有效的为依据。

商业服务类空间是指供人们进行商业活动、娱乐、休憩、餐饮、消费、日常服务的空间，包括售卖空间、休闲空间、维修服务空间、邮政、快递、电信空间、培训空间、保健空间、餐饮空间以及临时住宿休憩空间等8个子类。

公众活动类空间是指供休闲、运动、参观、观演、集会、社交、宗教信徒聚会的空间，包括文化活动空间、会议展览空间、观演空间、文保空间、游乐空间、游憩空间、广电空间、竞技体育空间、大众健身空间以及宗教空间等10个子类。

交通类空间是指提供旅客等候和运输、交通工具停放、交通管理的空间，包括交通场站空间、交通场库空间以及交通管理空间等3个子类。

医疗类空间是指对疾病进行诊断、治疗与护理，承担公共卫生的预防与保健，从事医学教学与科学研究的空间，包括医疗空间、康养空间、卫生防疫空间、特殊医疗空间以及其他医疗卫生空间等5个子类。

社会民生服务类空间是指社会民生服务的空间，包括城市服务空间、救援空间、殡葬空间、救助空间、老年人活动空间以及监管空间等6个子类。

综合类空间是指不同业态共处一个建筑或综合体中的空间，如城市商业综合体空间。

室内空间性质定性分类的目的与作用，一是具有室内空间名称规范命名的"正名"意义，要求设计者在进行室内设计时，必须要首先查找并学习对应的建筑设计标准、规范、规程、样图以及图集等作为设计依据，设计者可以在中国建筑标准设计网⊖、工业标准咨询网（工标网）⊖等网站中查询现行有效的相关标准规范。二是室内空间性质定性的分类，还可以体现出不同类型室内空间氛围特点之间的区别与联系，以便设计者在设计之初建立起对室内空间氛围意向宏观整体的定位与控制。

### 2. 从室内空间的功能组成来分类

如上节所述，对室内空间的性质定性是进行室内设计首要的前提工作，接下来就是如何根据室内空间的使用需求来安排布置并组织协调室内空间的问题。不过，建筑与室内空间的类型众多，不同类型室内空间的使用功能和空间氛围也各不相同，组成室内空间的房间数量和规模大小也各有所异，那么如何从各种错综复杂的建筑室内空间中梳理归类从而理清头绪呢？从整体上来说，可以从建筑与室内空间使用功能组成的角度，对应建筑设计将空间划分为使用功能空间和交通联系空间的方法，从室内设计的角度，将室内空间或单个房间划分为使用功能区域和主次流线通道。

首先，从建筑平面的功能组成来分析，各种不同类型的建筑，总的来说都可以归纳为是由使用功能空间和交通联系空间这两大部分所组成（图3-3）。使用功能空间是指满足主要使用功能和辅助使用功能的两种空间。主要使用功能空间是指

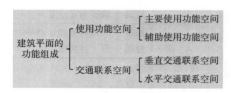

图3-3　建筑平面的功能组成

---

⊖ http://www.chinabuilding.com.cn/

⊖ http://www.csres.com/

在建筑中起主导作用并决定建筑物性质定性的空间。辅助使用功能空间则是配合与辅助建筑主要使用功能空间良好运作的那部分空间，在使用上是服务性与附属性的空间。

界定主要使用功能空间与辅助使用功能空间的归属，就是空间的主从关系问题。比如教学楼中的普通教室和专用教室就是主要使用功能空间，所有教室的总面积占据整个教学楼的大部分主体，由此决定了整座建筑作为教学楼的功能性质定性。教师休息室、开水间、卫生间则属于辅助使用功能空间，尽管它们占据面积相对较小，但却是辅助教学与学习活动必不可少的空间内容，对于主要使用功能运作的好坏具有制约性，因此也不可忽视。

交通联系空间可分为垂直交通联系空间与水平交通联系空间。垂直交通联系空间如连接建筑中竖向各楼层的楼梯、坡道、电梯与自动扶梯等。水平交通联系空间如建筑各楼层平面中的走道和通道等；此外，各类公共建筑中具有大量人流集散作用的"厅"，也属于水平交通联系空间。不过这里所说的"厅"不同于住宅空间中的"客厅"以及宾馆酒店中的"宴会厅""多功能厅"。这类门厅、过厅与广厅等性质的"厅"具有交通联系中枢的作用，如教学楼出入口的门厅、宾馆酒店中的大堂、火车站的大厅，其空间开敞空旷，室内一般较少布置家具，以利于大量人流通行畅通无阻。

与建筑物50~100年持久性较长的设计使用年限不同，室内设计所提供的使用与服务属于消费类产品，室内空间的整体或局部往往10年左右就会改动与更新。大量的室内设计项目往往是在旧建筑物中进行，这就要求室内设计师同样按照以上建筑设计中使用与交通的空间划分方法，在不改变建筑物功能性质和建筑结构的前提下，对室内空间的平面布局进行适合人们新需求的重新调整。不同于建筑设计，由于室内设计对室内空间中人体工程学及家具尺寸的控制具有更加微观的关注，因此室内设计在进行空间划分时可以更加细致紧凑并提高空间的利用率与调整室内空间的适宜尺度关系。

由此，从室内设计的角度，可以将室内空间或单个房间划分为使用功能区域和主次流线通道（图3-4）。我们知道，人们在室内空间中进行的各种生活与活动行为，都必须依托于与之配套适合的家具与设备才能辅佐完成。如果室内空间中没有这部分内容，即便是室内空间与界面造型设计得再如何完美，也还是一个无法供人们使用的空壳，这也是室内家具与设备在室内设计中的重要性所在，况且不同的室内家具与设备的布置方式更会影响并控制室内交通流线模式（图3-5）。因此，在确定单个房间使用人数的基础上，其使用功能区域的面积组成，实际上就是由家具与设备本身的静态尺寸、人们使用家具与设备时的动态尺寸以及视觉和心理距离的调节尺寸这三者的尺寸之和来计算求得。比如，在教室中上课学习，从家具上就必须配备老师授课用的讲台以及学生听课用的课桌椅，由此构成家具本身的静态尺寸

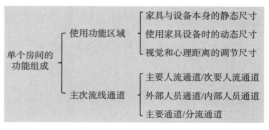

图3-4　单个房间的功能组成

面积。每排课桌椅之间都会留有足够的空间距离以方便学生进出就座，这就是使用家具时的动态尺寸。为防止最前排的课桌椅距离黑板与投影仪太近而影响学生视力及视觉效果，最前排的课桌椅到黑板的水平距离一般不宜小于2.20m，这便是对视觉和心理距离的调节尺寸。

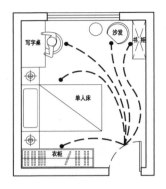 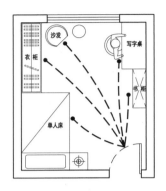 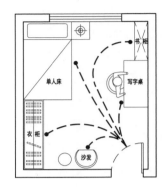

图3-5　家具布置将控制交通流线模式

将单个房间的总面积减去上述使用功能区域的面积，剩下的就是主次流线通道的面积。不同于建筑设计中场地与建筑的交通流线分配要考虑人流、车流及物流等多种类型，进入建筑的室内空间特别是单个房间之后，其交通流线主要还是不同类型与性质的人流通行线路及分流路线。如在公共空间中大量人数的顾客与服务对象等外部人员就属于主要人流，而相对少量提供工作和服务的内部人员就属于次要人流。

单股人流的宽度和人流股数决定了主次人流通道的宽度尺寸。建筑设计中楼梯、门及走道等安全疏散部位净宽度的计算，一般取单股人流的宽度为550mm＋（0~150）mm来确定，并不应少于2股人流的宽度，其中（0~150）mm是人流在行进中人体的摆幅。这部分安全疏散部位的尺寸，应保持原本符合消防规范的建筑设计而不变。

而在室内设计中，通常按照每股人流宽度600mm来确定，即是由人在行走时站立体位的肩宽400mm加上行进中人体的摆幅两侧各增加100mm来计算得出。当2人相向通行相遇时，1人侧身让行的宽度按照300mm计算，则至少要有900mm的通道宽度才能通行。300mm也是室内设计的空间模数，因此，结合人流股数，室内空间或单个房间中主次流线通道的宽度尺寸便可计算出来，即1股人流单人通道的最小宽度为600mm，合宜宽度为900mm；2股人流双人通道的最小宽度为1200mm，合宜宽度为1500mm；3股人流的室内公共通道的最小宽度为1500~1800mm，合宜宽度为1800~2400mm，以此类推。

此外，在室内设计中必须考虑老年人和残障人士的无障碍通道设计。根据行动不便的人特别是乘轮椅者通行的行为特点，要求室内走道的宽度不应小于1200mm，在人流较多或较集中的大型公共建筑的室内走道宽度不宜小于1800mm；而且要设置轮椅回转空间，以方便乘轮椅者旋转以改变方向，其回转直径不应小于1500mm。

讲课视频

## 3.2　室内空间的关系与组织

　　室内设计的一个重要特征就是其始终依托于建成建筑物所提供的实体结构框架和相关环境条件的基础上进行。充分理解原建筑设计对各种功能分类（Sorting）、分群（Grouping）及分区（Zoning）的设计意图，并按照新的使用功能需求及其之间的关系进行分析和协调，进而对建筑平面进行二次分隔与室内空间的二次划分，便成为室内设计的首要工作。因此有学者提出："室内设计更像是将整体细分成独立空间的过程，而不是将各个独立空间累加再形成整体的过程。"⊖在这个过程中，就涉及对室内空间的功能分区、空间之间的邻接关系、室内空间的组织方式以及室内空间的序列组织等问题的处理。

### 3.2.1　功能分区与邻接关系

#### 1. 室内空间的功能分区

　　室内空间的功能分区（Functional zoning）就是根据人们在使用空间时的行为活动特点及不同空间的结构技术特性等多种因素，将各种不同的行为活动和功能空间进行分类、分群与分区的归类处理并组织协调，使各部分空间形成相对独立并相互联系的整体。在城市规划、建筑设计、风景园林以及室内设计等所有与空间有关的设计类型中，都会涉及功能分区的议题，只不过其关注的关系要素与尺度大小有所区别。分类、分群、分区就是对各种功能从整体到局部、从宏观到微观的分析与综合过程。例如在宾馆酒店建筑中，建筑底层面积较大层高较高的裙楼中布置大堂、餐饮、康乐及会议等公共功能空间，建筑高层部分的塔楼作为各种类型的客房来使用，就是对建筑整体的功能分区。塔楼中不同楼层的客房由低至高又进一步地划分为普通客房层、行政客房层及豪华套房层等不同分区。每个豪华套房又由卧室、会客厅、餐厅、书房及卫生间等多个功能房间组合而成。单个房间的室内又通过家具与设备的布置进而划分为更为微观的亲体区域，以满足住客各种具体的使用需求。如此地从大到小、由粗至细地进行功能分区，就组成了宾馆酒店建筑与室内空间的功能有机整体。

　　动静分区是室内设计功能分区中最常见的议题，即是处理好人们在空间使用过程中交流与独处、公开与隐蔽、热闹与安静等的行为需求，进而相应形成空间的公共性与私密性、开敞性与封闭性之间的对应关系，涉及空间的水平平面和垂直竖向两个相度的协调。当代高层住宅建筑中的套型设计已经较为成熟并且精细化，室内设计一般延续原建筑设计中套型的功能分区，仅做少量局部或微观尺寸的调整。在功能较为复杂的公共空间室内设计中，功能分区就要综合考虑多种因素。很明显的，随着社会的不断发展和人民生活水平的不断提高，人们对室内空间物质功能和精神功能的需求必然也会呈现日益

　　⊖ [美] 罗伯托.J.伦格尔. 室内空间布局与尺度设计[M]. 李嫣，译. 武汉：华中科技大学出版社，2017：10。

多样与复杂交错的趋势，因此在进行室内空间功能分区的过程中，对相关因素的考虑也应该更加周全。爱德华.T.怀特在《建筑语汇》中列举了功能分区应考虑的16个因素可供参考（见表3-2）。

表3-2　功能分区应考虑的相关因素

| 序号 | 考虑因素 | 考虑因素的内容示例 |
|---|---|---|
| 1 | 空间邻接的需求 | 各个建筑物、部门、空间与活动之间是否有空间邻接的相对需求 |
| 2 | 相似功能的组群 | 将同一性质的功能空间进行组群处理。例如将田径场、足球场、棒球场等同属运动空间的内容组群成一个运动场地；将餐厅、面包店、饮品店等同属餐饮空间的内容组群成一个美食广场 |
| 3 | 与部门、目标及组织的关联关系 | 例如医院中各类门诊科室与病房科室、管理部门与服务部门之间的空间关联关系 |
| 4 | 时间序列的考虑 | 例如在博物馆和展览馆中，按照展览的布展顺序和展线布局的时间进行功能分区 |
| 5 | 对各种环境要素的需求 | 例如不同空间对室内顶棚高度和形式的需求；对家具种类、特殊电子设备、水电设备、暖通空调、采光照明、洁污分离等的需求；对人的视野的需求、安全性的需求、视觉及听觉私密性的需求、私密性等级的需求等 |
| 6 | 空间所产生的各种不同影响 | 例如空间在使用过程中会产生噪声、振动、气味、热量、烟雾、辐射线、化学物质、垃圾、发生污染等 |
| 7 | 与建筑物的相对邻近距离 | 例如建筑物周边的街道广场、入口、停车场等外部空间以及建筑物配套的辅助使用功能空间等与建筑物之间的场地距离关系 |
| 8 | 与建筑主要功能活动的空间关联关系 | 例如妇产医院围绕产房与育婴室展开功能布局；机场航站楼围绕乘客出发前和抵达后办理各种相关手续等布置相关功能设施 |
| 9 | 不同使用者对空间特性的影响 | 例如在设计中应考虑残障人士、老年人及儿童等特殊人群的不同特点；公共空间应考虑中各类顾客、服务及管理人员的不同使用需求 |
| 10 | 空间使用人数对空间容量的需求 | 例如在剧场建筑中，前厅、舞台、观众厅、包厢及后台等不同功能空间中使用人数的数量不同，相应就需要不同的空间容量 |
| 11 | 人或机械设备的参与程度的影响 | 例如在科研实验空间、维修服务空间中考虑机械设备较多的空间中 |
| 12 | 紧急或危机情况的程度影响 | 例如医院中的急诊室一般都布置在一层；机场的塔台管制室设置在塔台的顶部 |
| 13 | 各类活动的相对速度影响 | 例如商业综合体中步行楼梯、自动扶梯、普通电梯以及高速电梯所提供的不同通行速度带来的影响 |
| 14 | 活动发生频率高低的影响 | 例如在图书馆中书库使用频率较低，阅览室以及检索和出纳空间使用频率较高 |
| 15 | 活动持续时间长短的影响 | 例如在办公室中进行工作办公的持续时间会较长，而与来访客人进行洽谈交流持续的时间则较短 |
| 16 | 对空间预期的扩展与改变的影响 | 即各类建筑空间在设计时考虑水平或垂直方向扩展增建的可能性所带来的影响 |

注：本表参自——[美]爱德华.T.怀特. 建筑语汇[M]. 林敏哲，林明毅，译. 大连：大连理工大学出版社，2001：33-60。

### 2. 室内空间的邻接关系

室内空间的邻接关系（Adjacency relation）是指根据不同的人们在室内空间中进行并完成各种不同活动所需要的空间、房间或区域之间对紧邻或隔离的需求程度强弱进行分类分析并组织协调的过程。基于功能上的密切联系而将相互关联的空间划分成组，使其互相邻接，便形成了空间的亲缘关系；反之若是功能之间需要相互隔离，则形成一种疏远关系。表3-3列举了各功能之间产生紧邻或者隔离需求情况的一些原因。

表3-3　各功能之间产生紧邻或者隔离需求情况的一些原因

| 邻接关系需求 | 需求情况的原因示例 |
| --- | --- |
| 紧邻需求 | 人们需要经常地、方便地在空间之间来回往返 |
| | 需要将材料从一间屋子搬运到另一间 |
| | 来自不同空间的人们需要互相进行交谈 |
| | 某空间中的人可能需要监督另一个空间 |
| | 将某个特定功能设置在一系列空间中的特定位置（开端、中间、结尾）才有意义，例如博物馆中礼品店需要被安排在展览空间的最后面 |
| | …… |
| 隔离需求 | 其他房间很吵闹，但是某房间需要安静 |
| | 其他房间通常很脏（凌乱），但是某房间需要保持干净（整齐） |
| | 某房间里的人需要高度集中注意力以完成工作，但是其他房间里通常有很多活动 |
| | …… |

注：本表参自——[美]罗伯托.J.伦格尔. 室内空间布局与尺度设计[M]. 李嫣，译. 武汉：华中科技大学出版社，2017：74。

空间的邻接关系分析是进行室内设计功能分区中首要考虑的议题，其关注点在于空间、房间、区域互相之间的相容或相斥、亲密或疏远的紧密层级关系。在紧邻和隔离这两级之间，必然还存在着这两级中间相互联系并渗透的多个层次。爱德华.T.怀特将紧邻需求的强弱等级分为七个层次，分别是：①至关重要的紧邻（Critical）；②有必要但不重要的紧邻（Necessary）；③期望或适宜紧邻（Desirable）；④自然的或中性的紧邻需求（Netural）；⑤不期望或不适宜紧邻（Undesirable）；⑥有必要但不重要的隔离（Necessary separation）；⑦至关重要的隔离（Critical separation）。

通过空间邻接关系的层级分析，便可以采用相应的以下六种两两空间之间的关系组合方式，分别是：①紧邻；②包含；③穿插；④连接；⑤靠近；⑥远离（见表3-4）。此外，空间邻接关系还应考虑各楼层间竖向垂直的功能对位关系，并使之与平面关系相互协调。例如卫生间、盥洗室及浴室等有水房间，就不应布置在餐厅、厨房、配电室、消防控制室及机房等有严格卫生与安全要求房间的直接上层。

表3-4　邻接关系需求的强弱等级所对应的空间关系组合方式

| 邻接关系需求的强弱等级 | 空间关系组合方式 | 空间关系组合方式图示 |
|---|---|---|
| 至关重要的紧邻 | 紧邻 | 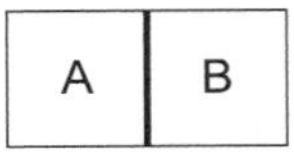 |
| 至关重要的紧邻；<br>有必要但不重要的紧邻 | 包含 | 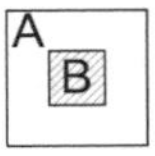 |
| 有必要但不重要的紧邻；<br>期望或适宜紧邻 | 穿插 | 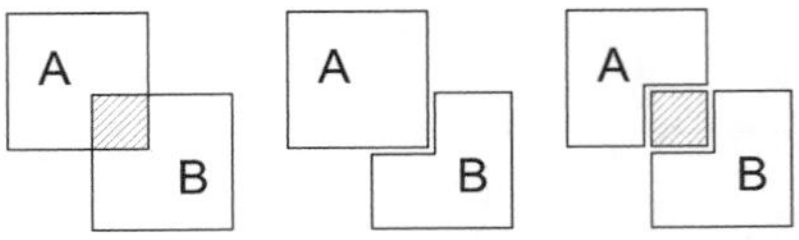 |
| 自然的或中性的紧邻需求；<br>不期望或不适宜紧邻； | 连接 | 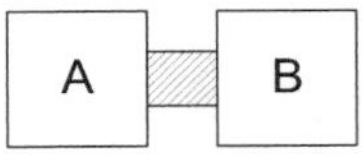 |
| 不期望或不适宜紧邻；<br>有必要但不重要的隔离 | 靠近 | 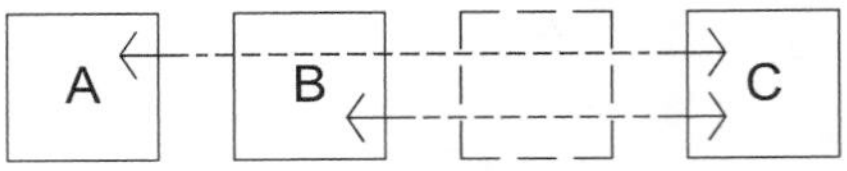 |
| 至关重要的隔离 | 远离 | 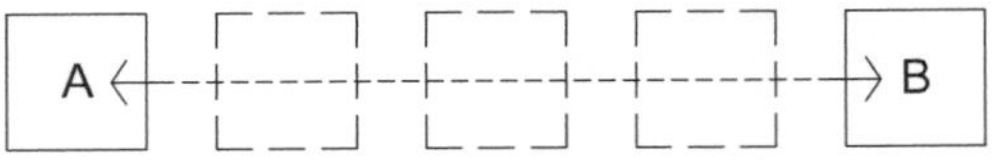 |

## 3.2.2　室内空间的组织方式

室内的空间设计主要靠对空间的组织来实现，空间组织主要表现于空间的分隔与组合。[一]室内空间的组织方式主要涉及三个方面的内容：一是上节所述两个空间之间所呈现的六种关系组合方式；二是缩小并聚焦到单个的空间、房间或区域，单一空间的微观分隔方式具体有哪些；三是在这两者完成的基础上，又可以通过哪些具体的手法将这些多个的单一空间合理地组合起来，形成一个建筑室内空间的整体。

### 1. 单个空间的分隔方式

单个空间或房间有大有小，其空间的面积、容量、形态都有不同程度的差异，而人们在其中进行的各种生活与活动的行为与需求，却是复杂多样而又有机关联的。因此，在室内设计中通常会对单个大空间或大房间进行二次划分，分隔或限定为多个小房间或是小空间；单个小空间或小房间又会进一步二次划分为多个微观的功能区域或是亲体小环境。这一次次对空间的划分与分隔，实际上就是对室内空间的限定与再限定。

通常把被分隔或被限定前的空间称之为原空间，把用于分隔或限定空间的构件等物质手段称之为分隔元素或限定元素。事实上，室内空间的分隔除了完全隔绝的绝对分隔

---

　　〇　郑曙旸.室内设计·思维与方法[M].2版.北京：中国建筑工业出版社，2014：71。

以外，还有局部隔绝较弱的相对分隔、具有象征与暗示意义的意向分隔以及灵活可变的活动分隔等多种类型。不过，这里为了避免将"分隔"二字仅从字面意思上单一地理解成完全的隔绝，不妨简单地加以区分，把对大空间或大房间的空间二次划分定义为"分隔"，对小空间或小房间的区域二次划分定义为"限定"。需要注意的是，这里对分隔与限定所进行的区分，仅仅只是针对原空间的尺度大小不同而做出的名词使用范围指向上的界定。实际上，分隔元素和限定元素往往都是共通或交叉存在的，并不是完全不同的元素（见表3-5）。分隔空间必然要综合地运用多种不同的限定元素和限定方法，通过对空间进行限定后也必然会形成不同强弱程度的分隔效果。

表3-5　室内空间的分隔方式及分隔元素示例

| 序号 | 室内空间的分隔方式 | 分隔元素示例 |
| --- | --- | --- |
| 1 | 绝对分隔 | 承重墙、防火墙、各类到顶的墙体与轻质隔墙等 |
| 2 | 相对分隔 | 不到顶的墙体与轻质隔墙；高长的家具、屏风、木隔断等 |
| 3 | 意向分隔 | 低矮的家具、屏风、木隔断；帷幔；造型、色彩、材料、照明的变化等 |
| 4 | 活动分隔 | 帷幔；活动隔断；可移动的家具等 |

室内空间限定方法主要有设立与中心、分隔与围合、凸起与下凹、覆盖与悬架以及造型要素的变化等。其中，设立与中心、分隔与围合偏向于在水平方向进行空间限定；凸起与下凹、覆盖与悬架偏向于从垂直方向进行空间限定；造型要素的变化主要是通过形状、色彩、质感、光线等

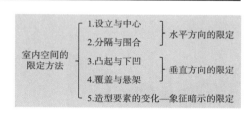

图3-6　室内空间的限定方法

造型要素的变化，所带给人们在空间的心理感知与体验上所具有象征及暗示意义的空间限定（图3-6）。需要说明的是，以上的分类概念只是为了便于进行理论性的区分表述而言，但是在实际的设计中，往往是多种限定方法综合交叉来使用的，同时一定要结合具体设计项目的场地条件、设计概念、功能与美学需求等多种因素来权衡考虑，绝不可以生搬硬套。

（1）设立与中心

设立与中心就是通过"设立"进而形成室内空间的"中心"的限定方法。通过把限定元素设置于原空间中，使得限定元素周围形成一个新的环状的核心空间，限定元素本身则成为吸引人们视线的焦点和人们日常生活的中心。中国古代室内空间的发展就贯穿着以火塘、筵席、床榻及桌椅这4种要素进行设立与中心的限定方式。现代室内设计中的家具、雕塑、陈设、绿化、山石水体等都可以作为设立的限定元素，它们既可以是单向的，也可以是多向的；既可以是同一类的物体，也可以是不同种类的组合。

广州白天鹅宾馆大堂中间设立着寓意吉祥如意的镇馆之宝"玉雕双龙头船"，其斜向的陈列方式不仅具有更加立体的展示效果，同时其单向的设立方式也为住客指明继续

往前行进的方向（图3-7）。广州海航威斯汀酒店的大堂是通过设立一组具有多向性特征的圆环形沙发组合的形式，并配合地面铺设圆形区域地毯以及与之呼应的顶棚吊顶与吊灯造型，共同限定出酒店大堂休息区的空间中心地位（图3-8）。在酒店大堂侧面的电梯厅中，通过设立与空间整体风格配合的美式八角形矮桌，形成电梯厅的视觉中心。桌上陈列的鲜花具有指向电梯门的方向性意味，酒店产品宣传册提供给等候电梯的客人取用（图3-9）。

　　有些室内空间的中心位置会出现一些如独立的柱子等不可拆除的建筑结构构件，因此也可以化不利为有利、因势利导地将其处理成"设立"的形式。如在广州酒家文昌总店入口门厅中，将独立柱连接顶棚造型、点光源以及地面拼花形式的处理后，形成一支绽放花朵造型的空间趣味中心，更有"花城"的地域暗示作用（图3-10）。福州朱紫坊游客中心则是将圆形旋转楼梯与历史文创产品展架相结合，形成一个巨大的球体设立在空间的中心位置，中心周围内聚向心的环形座椅布局是设计师赋予人们在公共空间中进行交流与互动的希望（图3-11）。

图3-7　广州白天鹅宾馆大堂　　图3-8　广州海航威斯汀酒店大堂　　图3-9　广州海航威斯汀酒店电梯厅

图3-10　广州酒家文昌总店入口门厅　　　　图3-11　福州朱紫坊游客中心

（2）分隔与围合

分隔是由单个或多个方向具有"面"意义的限定要素来划分原空间，使得原空间一分为二的限定方法。围合的最终表现形式为由多个分隔物的组合形式，由多个分隔物在原空间中围合所形成的"体"来限定出另一空间。由此可见，分隔与围合的区分并不是那么的明确，往往是相互作用而融合存在的。将原空间进行分隔后，被分隔之后的空间自然就具有围合感，同样将空间围合起来也就具有与外部分隔的作用。中国古代常用的室内分隔与围合的限定元素有隔墙、帷帐、屏风及木隔断等。在现代室内设计中，隔墙、隔断、布帘、家具、绿化等是常用的分隔限定元素，只不过在具体使用中，由于这些限定元素在高低、质感、虚实、疏密等方面的程度不同，其所形成的分隔与围合的限定度也各有差异，相应的空间感觉也不尽相同。

广州花园酒店茗香苑茶水吧是从酒店开敞的大堂空间中分隔出来的一片区域。在设计上综合运用美人靠、木灯柱与花池作为分隔要素，同时将地面略微抬高，共同围合限定出大堂中的茶水吧区域，由此较好地处理了茶水吧与大堂之间既分隔又联系的功能需求。这些分隔要素进一步地在茶水吧的区域内部中进行再次分隔，在开敞空间中以寻求围合出可归属不同客人占有的私密空间范围，形成不同客人们饮茶交流的极具领域感的亲体小环境。球形灯柱点光源和底部地面抬高部位的暗藏灯带，通过地面高明度大理石所呈现的灯光反射效果，配合统一的中式木作质感与传统美人靠的造型，整体也营造出有如在江南水乡的茶馆中临水品茗的空间氛围（图3-12、图3-13）。

图3-12　广州花园酒店茗香苑茶水吧　　　　图3-13　广州花园酒店茗香苑茶水吧俯视

广州大剧院室内以各种高低错落及不同倾斜度的矮墙与玻璃造型作为限定要素进行空间的分隔与围合处理，体现出设计师关于"圆润双砾"被珠江水侵蚀形成的"褶线"形态的设计概念延续（图3-14）。在一些如移动度假屋、集装箱民宿等小面积空间中，常利用较为单薄且不占空间的布帘进行简易而灵活的空间分隔（图3-15）。

（3）凸起与下凹

凸起就是将室内地面局部抬高，抬高后凸起形成的地面空间范围高出周围的地面，

图3-14　广州大剧院局部内景　　　　　　图3-15　福州鼎礼家居有限公司的移动度假屋

便形成一种凸起的空间限定方式。凸起一方面具有强调与突出的展示功能，另一方面也有限制人们活动的意味。最常见的凸起如教室的讲台、剧场的舞台等。下凹与凸起正好相反，是将室内地面局部降低，形成低于周围的下凹形式的地面空间范围。下凹可以营造一种静谧的空间气氛，也具有限制人们活动的功能。设计中要考虑凸起和下凹的限制性对原空间平面的灵活性与可变性带来的影响。

尽管凸起是在地面的高度上做加法，不过也要考虑凸起完成后距离顶棚的垂直高度尺寸与空间的视觉心理感受。相比之下，下凹则受到的限制较多，除非原建筑设计中就存在着下凹室内地面的土建结构基础，否则通常情况下是将下凹周围的地面抬高进而反衬限定出下凹部分来。此外，凸起和下凹都涉及地面高差的变化，在设计中要特别注意相关安全问题及无障碍设计的考虑（图3-16~图3-22）。

现代商业空间中常常在临街临窗的一侧做局部凸起抬高处理，以利于商业展示效果（图3-16）。福州东百中心A馆中庭室内将楼梯台阶、大阶梯式休息平台以及植物花池等要素进行综合组织，通过层层抬高形成在高敞中庭内凸起效果明显的视觉中心与休闲空间（图3-17）。广州建国酒店大堂咖啡吧通过凸起的限定方式，使得咖啡吧与大堂保持空间与视觉上的联系而又不失各自的空间功能特性，凸起的部位正好适合玻璃发光地面的构造要求，也很好地营造了咖啡吧安静舒缓的氛围（图3-19）。广州东方宾馆的大堂休息区通过地面凸起的处理，使得人们可以在休息交流的同时一览窗外的园林式中庭美景，同时注意踏步外边缘安全警示及凸出阳角部位的斜角处理方式（图3-20）。凸起也常常以非固定可拆卸的活动方式来灵活处理，例如酒店的宴会厅及多功能厅中的舞台（图3-21）。

福州朱紫坊兰园的室内入口中轴处，通过局部轻微下凹的限定方式，将德化白瓷的破碎瓷片自然地满堆其中，暗示了该空间作为德化白瓷与传统文化交流空间的属性（图3-18）。广东省博物馆的中央大厅采取下凹的方式并结合内嵌入地面的文物展陈方式，共同限定出大厅区域。俯视的观看视角一反常规的博物馆展陈方式，丰富了观看的趣味性，也使参观者体验到"出土文物"的临场感（图3-22）。

图3-16 福州孟视觉摄影机构内景

图3-17 福州东百中心A馆中庭

图3-18 福州朱紫坊兰园内景

图3-19 广州建国酒店大堂咖啡吧

图3-20 广州东方宾馆大堂休息区

图3-21 广州海航威斯汀酒店宴会厅

图3-22 广东省博物馆中央大厅

（4）覆盖与悬架

覆盖是通过对室内的上部空间及顶界面进行二次处理，进而使得空间上部形成的覆盖物对整个空间具有较强的笼罩感与控制力的限定方法。覆盖感的形成与覆盖物的面积、比例、尺度等造型要素有很大的关系，覆盖物应综合形成"面"的整体形态。覆盖的限定方法因是与顶界面发生联系，故一般适合于在高大的室内空间中使用，在低矮空间中则容易产生压抑感。覆盖通常可以通过对空间顶界面进行吊顶处理或悬吊空间主题装饰物或灯具等来实现，也因此具有表达设计概念和表现空间氛围的优势。

悬架是在原空间中局部增设一层或多层空间的限定方法。如建筑中的夹层和通廊，其底面一般由吊杆悬吊、构件悬挑或由梁柱架起。悬架的限定方法可以丰富室内空间在垂直方向上的层次感，不过其存在主要依赖于原建筑设计所提供的建筑结构基础。

广州花园酒店的入口序厅，是将代表中国传统木建筑特征的梁枋、斗栱、旋子彩画结合暗藏光源进行现代室内空间造型语言的转化表达，其综合形成的大尺度天花造型配合鲜艳夺目的彩画色调以及序厅本身相对低矮的空间高度，使得整个天花造型具有极强的覆盖力，同时也对其后大堂空间到来的引导具有欲扬先抑的铺垫作用（图3-23）。大堂则延续了序厅里所采用的中国传统木建筑特征语言和覆盖的手法，将中国传统室内空间天花处理中的藻井与井口天花相结合，四周的井口天花依据大堂的巨大空间相应做扩大比例处理，中心则突出造型层次细腻的金龙戏珠藻井，如此一来通过天花吊顶的覆盖方式就控制了大堂空间的传统中式风格基调（图3-24）。

现代商业空间室内中也常常不做吊顶处理，将原建筑的顶棚、梁、空调风管等直接露明，并结合局部降低的覆盖手法来软化过硬的建筑顶部，形成一定的空间趣味或文化主题的表达。福州安泰楼酒家用餐区的空间顶部，通过悬吊福州传统的油纸扇及竹编工艺制品等代表福州特色的文化元素，以彰显百年老店的悠久历史（图3-25）。

图3-23　广州花园酒店入口序厅　　　　图3-24　广州花园酒店大堂　　图3-25　福州安泰楼酒家内景

广州白天鹅宾馆中庭的观景台即是采用悬架的形式，使得伸进中庭内部的观景台可以让游客近距离地欣赏到"故乡水"主题园林美景。富有动势的八边形平面与垂直方向上的错层位置，结合悬架形式四周出挑的轻盈感，与室内园林景观形成了有机的融合，也成为空间中的人流聚集场（图3-26）。在广东省博物馆中央大厅，凌空相对悬吊的2个玻璃观众休息平台，连同连接它们之间的架空天桥，共同飞架于中央大厅上空，也是典型的悬架形式（图3-27）。

图3-26 广州白天鹅宾馆中庭

图3-27 广州省博物馆中央大厅

（5）造型要素的变化

通过造型要素的变化来限定空间，主要是依靠室内空间中各界面的形状、色彩、质感及光线（形、色、质、光）这四种要素的变化，由此带给人们在室内空间的心理感知与空间体验上所具有象征性与暗示性意义的空间限定手法。这种空间限定方式比上文所说的四种方式更为抽象隐性且灵活多变，十分适合于室内空间中亲体小环境或小区域的二次限定。

广州中国大酒店丽廊餐厅的地面材料铺装设计中，通过大块的棕色仿古地砖与小块的彩色马赛克两种不同材质的对比运用，限定出就餐区与走道这两个不同区域（图3-28）。在厦门市博物馆"文物话清廉"特展中，设计师通过运用投射灯在地面投射出蓝色水面的律动光影区域，配合古雅的声音效果及小船、荷花、小桥与月洞门等布景，在开敞展区的一隅限定出"采莲弄藕"的互动体验区（图3-29）。

图3-28 广州中国大酒店丽廊餐厅内景

图3-29 厦门市博物馆"文物话清廉"展区一隅

通过对以上五种室内空间限定方法的分析不难发现，每种限定方法有其各自的优势劣势与适用场合。不同的限定方法有不同的限定元素，同一种限定元素在形、色、质、光这些造型要素上发生变化，或是与其他限定元素在组合关系上发生变化，都可以形成非常多样空间限定效果。通常用"限定度"一词来判别和比较隔离视线、声音及温湿度等的限定程度的强弱（见表3-6）。总体来说，如果把空间限定方式比作为一种"形式"的话，那么设计师的设计概念和空间的使用功能便是"内容"，它们之间就是内容与形式的关系，两者相互作用，内容决定形式，形式服从内容。

表3-6 限定元素特性与限定强弱的关系一览表

| 序号 | 限定度强 | 限定度弱 |
| --- | --- | --- |
| 1 | 限定元素高度较高 | 限定元素高度较低 |
| 2 | 限度元素宽度较宽 | 限度元素宽度较窄 |
| 3 | 限定元素为向心形状 | 限定元素为离心形状 |
| 4 | 限定元素本身封闭 | 限定元素本身开放 |
| 5 | 限定元素凹凸较少 | 限定元素凹凸较多 |
| 6 | 限定元素质地较硬较粗 | 限定元素质地较软较细 |
| 7 | 限定元素明度较低 | 限定元素明度较高 |
| 8 | 限定元素色彩鲜艳 | 限定元素色彩淡雅 |
| 9 | 限定元素移动困难 | 限定元素易于移动 |
| 10 | 限定元素与人距离较近 | 限定元素与人距离较远 |
| 11 | 视线无法通过限定元素 | 视线可以通过限定元素 |
| 12 | 限定元素的视线通过度低 | 限定元素的视线通过度高 |

注：本表引自——陈易.室内设计原理[M].2版.北京：中国建筑工业出版社，2020：85，表4-4。

### 2. 多个空间的组合方式

室内空间的组织是一个"从整体到局部再到整体"的综合协调过程。如果把前述单个空间的分隔方式以及两个空间的邻接关系组合方式，比作为局部的中观或微观层面的空间组织问题，那么多个空间的组合方式则是属于建筑物较为整体宏观的空间组织范畴。彭一刚先生在《建筑空间组合论》中将建筑空间组合形式概括为走道式、单元式、广厅式、套间式以及中心大空间式等5种类型（见表3-7）。

在实际的设计中，以上5种空间组合方式也都是综合起来加以运用。例如，在大学学习室内设计所在学院的系馆中，进入系馆后的入口大厅就是属于"广厅式"的组合方式，师生在此集散分流。通常布置在系馆一层的设计作品展厅就是"套间式"布局方式；学术报告厅一般设计成阶梯式，阶梯下部布置一些附属功能空间，就属于"中心大空间式"组合。各类教室绘图室与老师的教研室办公室等一般以"单元式"的形式加以区分，各层教室和办公室又以"走道式"来进行再次组合。

掌握建筑设计中关于建筑空间组合方式的理论，对于室内设计来说具有以下实际意义：一是室内设计必须首先充分理解其所依托的原建筑设计的空间组合方式，在此基础上室内设计得以对原建筑设计进行延续与深化；二是在大量的室内翻新与改造项目中，

表3-7 多个空间的组合方式

| 组合方式 | | 组合方式图示 | 主要特点 | 适用的建筑空间类型 |
|---|---|---|---|---|
| 走道式 | 单内廊 | 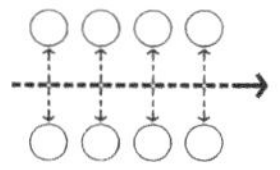 | 1.各使用功能空间之间没有直接的连通关系，而是借助走道来取得联系<br>2.使用功能空间与交通联系空间各自分离，各使用功能空间之间互不干扰又连成一体 | 单身宿舍、办公楼、学校、医院、疗养院 |
| | 双内廊 | 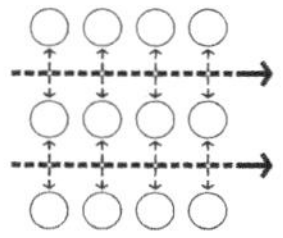 | | |
| | 单外廊 | 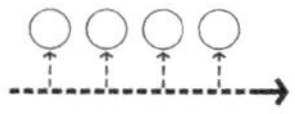 | | |
| | 双外廊 | 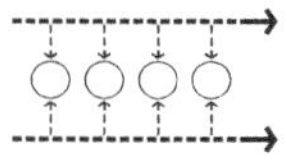 | | |
| 单元式 | | 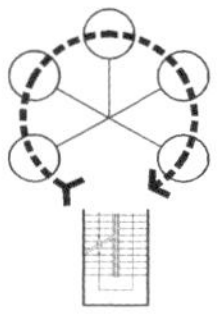 | 1.各使用功能空间既少又小，之间以楼梯等垂直交通联系空间来连接<br>2.规模小、平面集中紧凑、各使用功能空间之间互不干扰 | 住宅建筑、少数托幼建筑 |
| 广厅式 | | 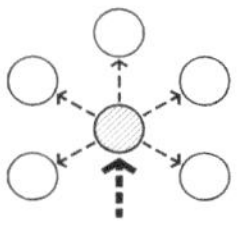 | 1.广厅作为交通联系中枢成为大量人流集散的中心<br>2.其他各使用功能空间呈辐射状与厅直接连通 | 展览馆、火车站、图书馆 |
| 套间式 | 串联组合 | 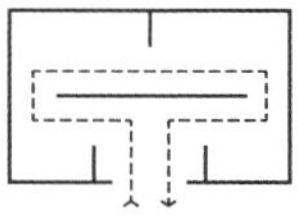 | 1.使用功能空间与交通联系空间直接衔接在一起成为一个整体<br>2.不存在专供交通联系用的空间 | 博物馆、陈列馆 |
| | 自由分隔 | 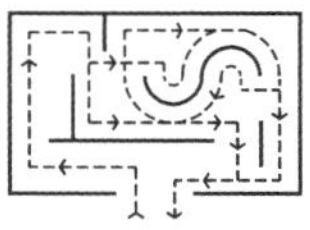 | | 西方现代建筑流动空间 |
| | 柱网分隔 | 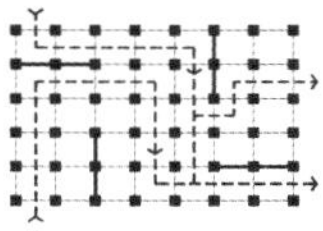 | | 工业厂房、大型百货公司 |
| 中心大空间式 | | 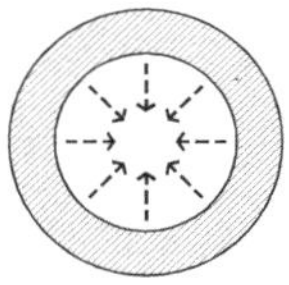 | 1.以体量巨大的主体空间为中心，其他附属或辅助空间环绕其四周布置<br>2.主体空间突出、主从关系十分明确，附属或辅助空间与主体空间的关系极为紧密 | 电影院、剧院、体育馆；某些菜市场、商场、火车站、航空站 |

注：本表参自——彭一刚.建筑空间组合论[M].2版.北京：中国建筑工业出版社，1998：16-19，117-131。

室内设计师势必独立于原建筑师而又必须合理地运用建筑空间组合理论进行空间重组；三是从空间组织在"整体—局部—整体"之间不断地协调，并且其之间的关系在不断转换和包含的视角来看，将建筑空间组合理论的整体宏观视野缩小至室内设计中观或微观的空间、房间或区域的局部之中，就具有更加积极的实际作用。

### 3.2.3  室内空间的序列组织

前文对室内空间的关系与组织所进行的探讨，主要还是从使用功能的角度，对室内空间整体的功能分区、单个空间的分隔与限定方式、两个空间的邻接关系组合方式以及多个空间的组合方式4个方面进行的阐释。这其中有些内容已经跳出单纯的使用功能问题，涉及设计师所注入表达的设计概念以及具体而综合的空间形式与美学处理手法，如室内空间的限定方法；有些内容则涉及空间关系与组织问题的范围会更大更广一些，如功能分区原理以及多个空间的组合方式。

不过从总体来说，这些内容主要还是针对室内空间中在有限范围内的局部性功能关系问题的处理方式，尽管他们有各自的相对独立性，可以解决对应范围内的空间关系与组织问题，不过还是不能使整体建筑室内空间获得一种完整统一的空间组织效果。更为重要的是，室内空间设计除了处理物质性的使用功能需求之外，还有设计师对室内空间的意义与价值的追求，对空间中人们的情感与体验的关怀。因此，通过引入室内空间的序列组织这种统摄并控制整体空间全局的空间处理手法，来摆脱局部性功能关系处理手段的局限性，通过在空间中注入有如讲故事般的空间情节叙事内容序列结构，作为建筑室内在时间与空间形态上反馈作用于人们的一种空间组织艺术手段，使得置身并穿行于室内的人们能够对整个建筑室内空间有完整而全面的心理上与精神上的空间情感体验与感受，便成为室内空间整体组织的必要手段。

#### 1. 空间序列的概念

在前述"室内空间的功能分区"这一节中，已经涉及关于"序列"的相关内容。如在机场航站楼这类交通场站空间中，是围绕乘客出发前和抵达后办理各种相关手续等的流程行为来布置相关的一系列功能空间，这是属于一种"行为模式展开"或"行为工艺过程"。而在博物馆和展览馆这类展陈空间中，人们参观展览的行进路线是按照展线布局的先后顺序，依次在各个展览空间中行进参观，这便是属于"时间序列"的范畴。我们知道，尽管存在着一些仅由单一空间便可构成的建筑，但是绝大部分建筑都是由多个空间组合而成为一个多重复合的综合空间体量。人们进入到建筑的室内之后不可能一眼就看到所有空间的全部，而只有在行进移动的运动过程中，连续不断地从一个空间行进到另一个空间，直至最后所有空间全部结束后离开，才能够逐一地看到并体验到组成空间整体的所有各个部分，进而最终形成对于整个建筑室内空间的综合印象与整体感受。

因此，室内空间的序列组织必须要把空间的排列与时间的先后有机地统一起来。空间的连续性和时间性是空间序列的必要条件；人在空间内活动感受到的精神状态是空间序列考虑的基本因素；空间的艺术章法，则是空间序列设计主要的研究对象，也是对空间序列全过程构思的结果[⊙]。就人们在空间内的活动感受来说，由于室内空间中有多种不同类型的人流，所以首先要考虑主要人流路线上的空间序列组织，同时还要兼顾到其他人流路线上的空间序列处理。前者是室内空间序列的内容主线，处于主体地位，是设计的着重笔墨所在；后者居于从属地位，可以烘托前者，也不可忽视。

2. 空间序列的结构

完整的经过艺术构思的室内空间序列全过程，如同讲故事一般，按照故事情节的序幕、开端、发展、高潮、结局、尾声依次展开。由此在主要人流路线上的主要空间序列，完整地可以概括由6个部分所组成（图3-30）：

1）序幕部分：处理建筑室外与室内空间的过渡问题，把人流由室外引导至室内，由此拉开空间序列的序幕。

2）开端部分：进入室内的入口空间后，即是空间序列的开端。开端应具有良好的第一印象，具有足够的吸引力。

3）发展部分：空间序列的发展阶段要经过一个或一系列的次要空间或过渡空间，表现出不同层次和细微的变化，对其后的高潮部分具有酝酿作用，引起人们的期待。

4）高潮部分：是整个空间序列的精华、中心与重点所在，一般是体量高大的主体空间所在之处，能够引起人们情感与审美上的强烈共鸣，使人们的空间体验达到顶峰。

5）结局部分：经过高潮部分后又会经过一个或一系列的次要空间或过渡空间，即是空间的结局部分，使人们的情绪情感得以回落并恢复到平静。

6）尾声部分：最后到达建筑室内的出口空间，作为空间序列的结束，能够引起人们对整个完整的室内空间序列体验带来追思与回味。

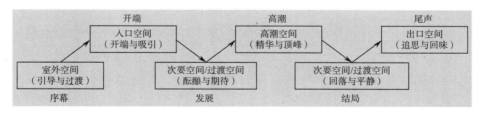

图3-30　主要人流路线上的主要空间序列组成

需要说明的是，上述空间序列的6个部分是就一个理想化的完整室内空间序列而言，它针对的是在多层次拉长序列的建筑室内空间中的理想状态。然而在实际的空间序列组织中，序列可长可短，应结合具体的建筑功能要求与实际情况对序列的长短进行相应的调整。对于有一些人们需要充足时间尽兴观赏游览的文化活动空间，序列可以拉长；而

⊙　陆震纬. 室内设计[M]. 成都：四川科学技术出版社，1987：55。

对于一些讲求效率与速度的交通场站室内空间，序列就可以减少层次而缩短；有些序列中可能也没有次要空间与过渡空间；有的甚至可以直接开门见山。相应的，空间序列布局的格局可以是规则的对称式，或者是不对称的自由式；空间序列的线路一般可分为直线式、曲线式、循环式、迂回式、盘旋式以及立交式等。

广州白天鹅宾馆是将室内空间与室外空间统一组织进行设计构思的经典案例。室内"故乡水"主题山水庭院与室外河畔的庭院绿化和毗邻宾馆的珠江风景融为一体，作为整体建筑的空间序列构思（图3-31~图3-33）。尽管历经多年有些局部已经改建，不过依然可以通过追溯设计师最初的构思说明和分析图解对其空间序列组织的思想加以理解和感受："根据狭长地形的特点，建筑群体的空间组织，运用民族传统的庭院体系，渐进型的序列变化，建筑空间与庭院空间沿着一条轴线交替布置。高架桥廊是由东而西走向，车廊的北侧是沙面的楼宇园林，南侧为滔滔江水，构成静与动的平衡。进入大门处，空间由旷阔突然变为收束，进门厅为华丽的室内空间，转至中庭空间再做开放，绕中庭布置门厅、餐厅、商场、会议厅等公共场所，构成上下沟通、左右流畅的大空间；阑楯周旋上下，绕植垂萝，水瀑寒潭，上下交映，既有新意，又饶有传统园林风味；绕过中庭，楼层上下设餐厅，空间又做收束；过此，空间突然奔放，在此布置大型园林，园分东西两部，以一组琉璃亭为空间过渡，使这里成为空间序列变化的高潮；东部设游泳池，沿池有作为休息使用的铺砌地面，庭院布置较为方整；琉璃亭组处于东西两部之间，可设冷饮、咖啡或便餐座，亭组西临大池，池的西岸为草坡，水杉成林，衬以回廊曲槛，石壁瀑布，极富岭南风味；亭西为长堤，沿堤植巨榕，与沙面堤岸的古榕取得协调统一，长堤处于内园与白鹅潭之间，使内外的自然景色有更深远的层次，堤上设便餐座，在此用餐有顾盼之乐。总的来说，整组空间组织安排是由大而小，由含蓄而开放，由简练而丰富，是渐进型序列变化的典型。"[一]

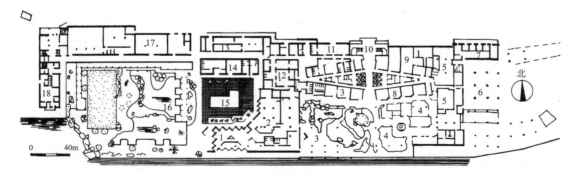

图3-31　广州白天鹅宾馆总平面图

1—扒房　2—自助餐厅　3—咖啡厅　4—商场　5—空调机房　6—车库　7—变电房　8—商场　9—库房
10—门厅　11—服务用房　12—西餐厨房　13—冷库　14—浴室　15—游泳池　16—内湖　17—设备房　18—服务楼

---

㊀　临江. 白天鹅饭店建筑设计构思[J]. 建筑学报，1980（02）：10-15。

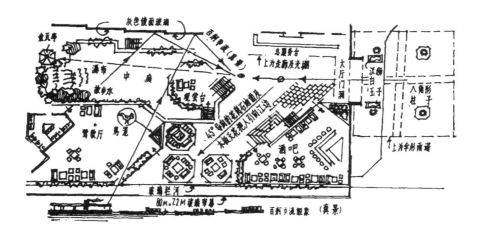

图3-32 佘畯南绘制的二层大厅导向性空间的构思

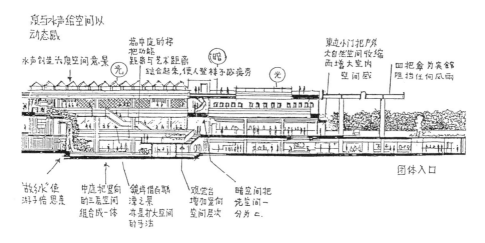

图3-33 佘畯南绘制的室内空间序列构思图解

## 本章小结与思考

本章阐述了室内空间的形成与分类。"凿户牖以为室，当其无，有室之用。故有之以为利，无之以为用。"春秋时期伟大的思想家老子在《道德经》中的这段论述，不仅精辟地表达了他对空间哲学的辩证思考，还跨越时间与空间，常被20世纪美国现代主义建筑大师弗兰克·赖特引用以阐释自己的空间概念。正是由于建筑界面实体与室内空间虚体、存在与使用之间具有这种相互依存的辩证统一关系，我们在进行室内设计时，应树立建筑设计的专业上位意识，应认真学习我国建筑领域的国家战略与相关政策，贯彻执行建筑行业的法律法规与设计规范，确立从使用功能的性质定性与室内空间的功能组成来对室内空间进行分类的首要概念。

本章对室内空间关系与组织的理论阐述结合室内设计案例进行诠释解析。在相关案例的选择上，主要结合我国改革开放以来，以广州的白天鹅宾馆、中国大酒店及花园酒店等为代表的新中国第一批五星级酒店等的建筑室内设计作品为例。星级酒店的建筑室内设计属于极为综合复杂且设计要求又最高的设计类型，这些优秀的作品为广大人民群众和外国宾客友人所喜爱并称赞，体现出中国室内设计的智慧与力量。近年来，香山革命纪念馆、中国共产党历史展览馆、中国国家版本馆、中国历史研究院等一批由中国设计师自主创新设计，展现出红色文化、中华优秀传统文化以及社会主义核心价值观的国家形象空间室内设计精品不断出现，展示出新时代中国室内设计的新成就。

## 课后练习

一、简释

室内空间的性质定性　功能分区　动静分区　空间的邻接关系　空间序列

二、图解

将室内空间的5种限定方法结合实际的室内空间场景进行举例说明，并用图文并茂的手绘图解分析的形式表现出来。

三、抄绘

表3-4　表3-7　图3-31　图3-32　图3-33

四、简答

1.简述多个空间组合方式的类型。

2.结合你自己亲身参访体验过的室内空间实例阐释室内空间序列的概念。

# 第4章
# 室内界面的设计

## 4.1 界面材料的选用

　　室内空间是由建筑内部作为底界面的地面、作为侧界面的内墙面以及作为顶界面的顶棚共同围合而限定形成。室内空间虚体与界面实体相互依存而存在，对室内空间的设计，必然离不开对其空间围合所依存的界面的设计。室内界面的设计主要涉及各界面的形状、色彩、质感及光线（形、色、质、光）这4种造型要素，它们之间无法割裂开来，而是彼此相互依存并互相影响，作为一种协调关系的存在进而营造出室内空间的整体氛围。在这4种造型要素中，界面的形状有赖于具体的室内装饰材料物质实体来塑形，选定的材料必然会呈现出某种天然的或是经过人工处理的色彩与质感，最后通过自然光线与人工照明将其完美地显形与表现。很明显的，室内装饰材料是界面设计的物质基础，好比"巧妇难为无米之炊"，设计者应当先行确立材料选用的概念。

### 4.1.1 界面材料类型与特性

#### 1. 界面材料的类型

　　室内装饰材料一般可分为主材和辅材。主材就是在界面装修时立马可见的一些成品饰面材料，如地面的实木复合地板、墙面的墙纸、顶棚的铝扣板。辅材则是辅助主材施工或安装的那些材料，如实木复合地板安装配套的防潮地垫、踢脚线及扣条，铺贴墙纸需要胶粘剂，安装铝扣板需要配套轻钢龙骨及吊挂件等，辅材装修后不能直接看到。由此可见，这里所讨论的界面材料，主要还是针对在室内各界面上人眼可见的主材而言。根据材料本身的软硬程度，又可将主材进一步地划分为硬质材料与软质材料这两种类型。常见的硬质界面装饰材料有石材、陶瓷、木材、玻璃、金属、塑料等几种类型（图4-1）；常见的软质界面装饰材料有壁纸、织物、皮革及涂料等（图4-2）。设计者应当首先熟悉各类基本的常用室内界面装饰材料，在此基础上通过不断地了解装饰材料市场，关注

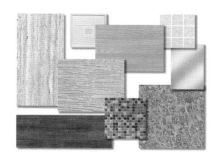

图4-1　常见的硬质界面装饰材料

图4-2　常见的软质界面装饰材料

各种新型材料及新款品种（见表4-1）。

表4-1　界面装饰材料的类型及常用材料示例

| 界面材料的类型 | | 材料细分 | 材料代码 | 常用材料示例 |
|---|---|---|---|---|
| 硬质材料 | 石材类 | 石材 | ST（Stone） | 天然石材：天然大理石、天然花岗石等 |
| | | | | 人造石材：人造大理石、人造花岗石、水磨石、环氧磨石、人造透光石、微晶石、大理石复合板等 |
| | 陶瓷类 | 陶瓷面砖 | CT（Ceramic tile） | 釉面砖、抛光砖、亚光砖、玻化砖、仿古砖、微晶砖等 |
| | | 锦砖 | MO（Mosaic tile） | 各类锦砖，包括陶瓷锦砖、石材锦砖、玻璃锦砖、金属锦砖等 |
| | 木材类 | 木地板 | WF（Wood floor） | 实木地板、实木复合地板、强化复合地板、软木地板、竹地板、防腐木等 |
| | | 木饰面 | WD（Wood） | 实木以及实木线条、木饰面板等，如薄木贴面板、防火板等 |
| | 玻璃类 | 玻璃 | GL（Glass） | 普通平板玻璃；磨砂玻璃、彩色玻璃、花纹玻璃、镜面玻璃等装饰玻璃；钢化玻璃、夹层玻璃、夹丝玻璃等安全玻璃；玻璃砖等 |
| | | 镜面 | MR（Mirror） | 明镜、银镜、金镜、黑镜、灰镜、茶镜、粉镜等 |
| | 金属类 | 金属 | MT（Metal） | 以钢、铁、铜、铝、铝合金、不锈钢等加工制作的板材、型材、管材等。如金属条、不锈钢微孔吸声板、铝合金穿孔吸声板、铝塑板、铝扣板、金属格栅、搪瓷装饰板、铝单板等 |
| | 塑料类 | 塑料 | PLC（Plastic） | 各类塑料板材，如亚克力灯片、树脂灯片等 |
| | | 地塑 | PF（Plastic floor） | 塑料地板、橡胶地板、PVC地板等 |
| 软质材料 | 壁纸、织物、皮革类 | 墙纸 | WP（Wall paper） | 各类墙纸、墙布等 |
| | | 织物 | FA（Fabric） | 各类织物饰面材料，用于软包与硬包饰面 |
| | | 皮革 | LT（Leather） | 各类皮革饰面材料 |
| | | 地毯 | CA（Carpet） | 活动式铺设的块状或工艺地毯、固定式满铺的卷材地毯等 |
| | 涂料类 | 涂料 | PT（Paint） | 如乳胶漆、真石漆、硅藻泥等内墙涂料，聚氨酯地面涂料、环氧树脂地面涂料等 |

### 2. 界面材料的特性

室内界面材料都需要通过相应的构造设计与施工工艺连接并固定到建筑室内"毛坯"的基体和基层上，由此对原建筑的主体结构及围护结构进行保护与封装，具有增强其稳定性与耐久性的作用。同时，室内界面材料的选用对室内空间的采光吸声、保温隔热、防水密封、健康卫生等功能的发挥起到重要的作用，室内各界面的视觉美感与室内空间整体氛围的营造更是有赖于材料本身的质感肌理所带来的艺术效果。因此，了解各类界面材料的性能特点以及不同材料的质感肌理所带给人们的视觉心理感受就十分必要。

　　室内界面材料的性能主要包括物理性能、力学性能、化学性能与耐久性和耐污性、环境友好性能以及表现与加工性能等。各性能的具体内容就是设计者在选用界面材料时考查材料性能技术指标的关注点（见表4-2）。通常来说，人工材料的各项性能表现往往要优于天然材料，而天然材料所流露出来的自然质感与肌理效果又为人们所青睐。从环境保护与可持续发展的角度来说，选用兼具优秀性能与自然质感肌理的绿色生态环保型人工材料应是主导方向。

表4-2　室内界面材料的性能分类及内容

| 序号 | 室内界面材料的性能分类 | 具体内容 |
|---|---|---|
| 1 | 物理性能 | 质量，表观密度 |
| | | 亲水性、憎水性、抗渗性、吸水性、吸湿性、含水率 |
| | | 孔隙率、空隙率、吸声性、导热性与热容量、抗冻性 |
| | | 不燃、难燃、可燃、易燃性 |
| 2 | 力学性能 | 强度、弹性与塑性、脆性与韧性、抗压强度、抗弯强度、剪切强度、硬度、耐磨性等指标，属于物理性能的一部分 |
| 3 | 化学性能与耐久性、耐污性 | 稳定性与化学稳定性（风化、老化、剥落、锈蚀、防腐、耐火、耐湿、防水、干缩、变形、褪色等老化耐久性，防锈、防腐）、微生物滋生（防菌）、酸碱特性（防锈、防碱） |
| | | 耐久性、耐污性与材料的多种物理、化学性能有关 |
| 4 | 环境友好性能 | 气体挥发、粉尘、放射性（污染性）、资源性（经济成本、环保再生性），环境激素（防癌健康性）等 |
| 5 | 表现与加工性能 | 颜色、光泽、表面组织、形状与尺寸等外观特性（质感、肌理、尺度），光学特性（反射、透射、折射），加工性能，尺寸偏差（平整性、精密度） |

　　注：本表参自——中国建筑工业出版社，中国建筑学会.建筑设计资料集 第1分册 建筑总论[M].3版.北京：中国建筑工业出版社，2017：204。

　　材料的不同性能决定了不同的材料质感。材料的质感是在人们的视觉、触觉和感知心理的共同作用下，对材料的形态、色彩、质地、肌理等表面特征所做出的一种感受与反应，如材料的软硬感、冷暖感、粗糙感、光滑感等。与质感相关联的概念还有质地与肌理，质地主要是通过材料的粗细软硬及凹凸起伏所带给人们在触觉上的感知，肌理则偏向于由材料的肌体形态和表面纹理与图案所带给人们在视觉上的感受。无论是天然材料还是人工材料，材料的质感都可以分为原始质感与加工质感两种类型，材料的原始质感呈现出原材料本身的自然纹理，材料的加工质感表现出经过各种人工加工工艺处理后而形成的工艺肌理效果。室内界面材料的质感特性主要有柔软感与坚硬感、冰冷感与温暖感、粗糙感与光滑感、光泽感与透明感等（见表4-3）。设计者可以选用相应的材料来表达不同的界面质感与空间氛围，不过应当注意的是，材料的质感特性是通过材质的对比相对而言的，并非一成不变。

表4-3　室内界面材料的质感特性

| 序号 | 质感特性类型 | 常见界面材料示例 | |
|------|------------|------------|------------|
| 1 | 柔软感与坚硬感 | 柔软感的材料 | 织物、皮革、地毯等 |
| | | 坚硬感的材料 | 石材、陶瓷面砖、锦砖、金属等 |
| 2 | 冰冷感与温暖感 | 冰冷感的材料 | 硬质材料、冷色材料等 |
| | | 温暖感的材料 | 软质材料、暖色材料等 |
| 3 | 粗糙感与光滑感 | 粗糙感的材料 | 花岗石、仿古砖、防腐木、磨砂玻璃、真石漆等 |
| | | 光滑感的材料 | 玻化砖、玻璃、金属等 |
| 4 | 光泽感与透明感 | 光泽感的材料 | 大理石、釉面砖、玻璃、金属等 |
| | | 透明感的材料 | 玻璃、亚克力等 |

## 4.1.2　界面材料的选用原则

室内界面装饰材料的选用，整体上应从功能原则、经济原则及美学原则这3个方面进行综合权衡来考虑。美学原则涉及上节谈到的材料质感及其在具体设计中界面造型形式的灵活运用。经济原则关乎界面装饰材料的总造价，涉及对主材的定档询价以及对高档材料的选用问题。而功能原则要关注的要素最多，这也是由室内装饰材料作为室内设计的物质基础所决定的。

我们知道，在品类众多的界面装饰材料中，有些材料只能用在单一的室内界面，比如地毯和地塑，仅限铺于地面；有些材料可以用于多个室内界面中，比如陶瓷面砖可用于地面和墙面、乳胶漆可用于墙面与顶棚；而有些材料在某些室内界面中却不能使用，比如石材和陶瓷面砖，由于材料自身过重不会用于顶界面。以上种种，均是由界面材料的功能原则所决定的。室内各界面材料选用的基本功能要求要素较多，设计者应结合具体的设计在界面材料选用时逐一分析（见表4-4）。不过从中可以发现，耐燃及防火性能、无毒及不散发有害气体、核定允许的放射剂量，是对室内所有界面的材料选用中所共同要求较高的要素。因此，材料的防火性与环保性这类与人们室内生活的安全与健康息息相关的因素，成为设计者在界面材料选用时应把握的首要原则性问题。

### 1. 防火性原则

室内装修材料按照其燃烧性能划分为A级不燃性材料、$B_1$级难燃性材料、$B_2$级可燃性材料以及$B_3$级易燃性材料这4个等级。不仅是界面材料与构造材料，室内中所有的隔断、固定家具、窗帘帷幕等内含物，还有如楼梯扶手、挂镜线、踢脚线、窗帘盒、暖气罩等其他装修装饰材料，均要着重考虑材料的燃烧性能等级。室内设计应积极采用不燃材料和难燃材料，对于达不到难燃材料的可燃材料或易燃材料，可以通过阻燃处理的方式提高燃烧性能等级，同时应避免采用燃烧时产生大量浓烟或有毒气体的材料。设计者应熟悉室内装修材料的燃烧性能等级划分及其可使用的部位（见表4-5）。

表4-4　室内各界面材料选用的基本功能要求

| 序号 | 基本功能要求 | 底界面 | 侧界面 | 顶界面 |
|---|---|---|---|---|
| 1 | 使用期限及耐久性 | ● | ○ | ○ |
| 2 | 耐燃及防火性能 | ● | ● | ● |
| 3 | 无毒及不散发有害气体 | ● | ● | ● |
| 4 | 核定允许的放射剂量 | ● | ● | ● |
| 5 | 易于施工安装或加工制作，便于更新 | ● | ● | ● |
| 6 | 自重轻 | ○ | ○ | ● |
| 7 | 耐磨及耐腐蚀 | ● | ● | ○ |
| 8 | 防滑 | ● | —— | —— |
| 9 | 易清洁 | ● | ○ | —— |
| 10 | 隔热保温 | ● | ● | ● |
| 11 | 隔声吸声 | ● | ● | ● |
| 12 | 防潮防水 | ● | ○ | ○ |
| 13 | 光反射率 | —— | ○ | ● |

注：1. ●较高要求，○较低要求。
2. 本表参自——中国建筑工业出版社，中国建筑学会.建筑设计资料集 第1分册 建筑总论[M].3版.北京：中国建筑工业出版社，2017：584。

表4-5　室内装修材料燃烧性能等级划分及对应使用部位举例

| 序号 | 燃烧性能等级 | 装修材料燃烧性能 | 对应装修材料类型 | 对应使用部位和功能 | 材料举例 |
|---|---|---|---|---|---|
| 1 | A | 不燃性 | 不燃材料 | 各部位材料 | 花岗石、大理石、水磨石、水泥制品、混凝土制品、石膏板、石灰制品、黏土制品、玻璃、瓷砖、锦砖、钢铁、铝、铜合金、天然石材、金属复合板、纤维石膏板、玻镁板、硅酸钙板等 |
| 2 | $B_1$ | 难燃性 | 难燃材料 | 顶棚材料 | 纸面石膏板、纤维石膏板、水泥刨花板、矿棉板、玻璃棉装饰吸声板、珍珠岩装饰吸声板、难燃胶合板、难燃中密度纤维板、岩棉装饰板、难燃木材、铝箔复合材料、难燃酚醛胶合板、铝箔玻璃钢复合材料、复合铝箔玻璃棉板等 |
| | | | | 墙面材料 | 纸面石膏板、纤维石膏板、水泥刨花板、矿棉板、玻璃棉板、珍珠岩板、难燃胶合板、难燃中密度纤维板、防火塑料装饰板、难燃双面刨花板、多彩涂料、难燃墙纸、难燃墙布、难燃仿花岗石装饰板、氯氧镁水泥装配式墙板、难燃玻璃钢平板、难燃PVC塑料护墙板、阻燃模压木质复合板材、彩色难燃人造板、难燃玻璃钢、复合铝箔玻璃棉板等 |

（续）

| 序号 | 燃烧性能等级 | 装修材料燃烧性能 | 对应装修材料类型 | 对应使用部位和功能 | 材料举例 |
|---|---|---|---|---|---|
| 2 | $B_1$ | 难燃性 | 难燃材料 | 地面材料 | 硬PVC塑料地板、水泥刨花板、水泥木丝板、氯丁橡胶地板、难燃羊毛地毯等 |
| | | | | 装饰织物 | 经阻燃处理的各类难燃织物等 |
| | | | | 其他装饰装修材料 | 难燃聚氯乙烯塑料、难燃酚醛塑料、聚四氟乙烯塑料、难燃脲醛塑料、硅树脂塑料装饰型材、经难燃处理的各类织物等 |
| 3 | $B_2$ | 可燃性 | 可燃材料 | 墙面材料 | 各类天然木材、木制人造板、竹材、纸制装饰板、装饰微薄木贴面板、印刷木纹人造板、塑料贴面装饰板、聚酯装饰板、复塑装饰板、塑纤板、胶合板、塑料壁纸、无纺贴墙布、墙布、复合壁纸、天然材料壁纸、人造革、实木饰面装饰板、胶合竹夹板等 |
| | | | | 地面材料 | 半硬质PVC塑料地板、PVC卷材地板等 |
| | | | | 装饰织物 | 纯毛装饰布、经阻燃处理的其他织物等 |
| | | | | 其他装饰装修材料 | 经阻燃处理的聚乙烯、聚丙烯、聚氨酯、聚苯乙烯、玻璃钢、化纤织物、木制品等 |
| 4 | $B_3$ | 易燃性 | 易燃材料 | — | — |

注：本表参自——中华人民共和国公安部. 建筑内部装修设计防火规范：GB 50222—2017[S]. 北京：中国计划出版社，2018：26-27。

### 2. 环保性原则

由界面围合而成的室内空间与室外空间的最大区别就在于其空间的相对封闭性而非开放性。室内空间这种相对独立的半封闭性特征，也致使室内空气的流通与交换远不及室外，室内装修材料所散发的有毒有害气体极易聚积于室内，其过高的浓度会给生活于其中的人们带来健康甚至生命的危害。因此，室内装饰材料选用的环保性原则就非常重要。我国自2002年开始执行《室内装饰装修材料有害物质限量10项强制性国家标准》，并对其技术变化不断更新提高（见表4-6）。设计者应了解装饰材料所含有的主要有害物质元素及限量测定点，在材料选购时应严格把关其是否具备由中国合格评定国家认可委员会（CNAS）所认可的检测机构出具的认证证书或检验合格证。

人造板及其制品的主要有害物质是甲醛，我国的标准规定其释放限量值为0.124mg/m³，限量等级为$E_1$级（即≤0.124mg/m³）；此外还有$E_0$级（≤0.050mg/m³），以及环保性能更高的$E_{NF}$级（即≤0.025mg/m³）[⊖]。地毯、地毯衬垫及地毯胶粘剂产品分为A级环保型产品与B级有害物质释放限量合格产品。石材类与陶瓷类装修材料的反射性水平大小等级分为A、B、C三类，其中C类装饰装修材料只可用于建筑物的外饰面及室外其他用途，不可用于

---

⊖ 国家市场监督管理总局，国家标准化管理委员会. 人造板及其制品甲醛释放量分级：GB/T 39600—2021[S]. 北京：中国标准出版社，2021。

内饰面；B类装饰装修材料不可用于Ⅰ类民用建筑的内饰面，但可用于Ⅱ类民用建筑物、工业建筑内饰面及其他一切建筑的外饰面；A类装饰装修材料产销与使用范围不受限制，故为室内界面装饰材料的首选。

表4-6 室内装饰装修材料有害物质限量10项强制性国家标准的适用范围与主要限量测定点

| 序号 | 标准名称与编号 | 适用范围 | 主要含有的有害物质或元素及限量测定点 |
|---|---|---|---|
| 1 | 《室内装饰装修材料人造板及其制品中甲醛释放限量》（GB 18580—2017） | 适用于纤维板、刨花板、胶合板、细木工板、重组装饰材、单板层积材、集成材、饰面人造板、木质地板、木质墙板、木质门窗等室内用各种类人造板及其制品的甲醛释放限量 | 甲醛 |
| 2 | 《木器涂料中有害物质限量》（GB 18581—2020） | 适用于除拉色漆、架桥漆、木材着色剂、开放效果漆等特殊功能性涂料以外的现场涂装和工厂化涂装用各类木器涂料，包括腻子、底漆和面漆 | 挥发性有机化合物（VOC，volatile organic compound）；甲醛；铅；可溶性重金属；乙二醇醚及醚酯；苯；甲苯与二甲苯（含乙苯）；多环芳烃；游离二异氰酸酯；甲醇；卤代烃；邻苯二甲酸酯；烷基酚聚氧乙烯醚 |
| 3 | 《建筑用墙面涂料中有害物质限量》（GB 18582—2020） | 适用于直接在现场涂装、工厂化涂装，对以水泥基及其他非金属材料（木质材料除外）为基材的建筑物内表面和外表面进行装饰和保护的各类建筑用墙面涂料 | VOC；甲醛；铅；可溶性重金属；乙二醇醚及醚酯；苯；甲苯与二甲苯（含乙苯）；卤代烃；烷基酚聚氧乙烯醚 |
| 4 | 《室内装饰装修材料胶粘剂中有害物质限量》（GB 18583—2008） | 适用于室内建筑装饰装修用胶粘剂 | VOC；游离甲醛；苯；甲苯与二甲苯；甲苯二异氰酸酯；二氯甲烷；1,2-二氯乙烷；1,1,2-三氯乙烯 |
| 5 | 《室内装饰装修材料木家具中有害物质限量》（GB 18584—2001） | 适用于室内使用的各类木家具产品 | 甲醛；铅、镉、铬、汞可溶性重金属（家具表面色漆涂层） |
| 6 | 《室内装饰装修材料壁纸中有害物质限量》（GB 18585—2001） | 适用于以纸为基材的壁纸 | 钡、镉、铬、铅、砷、汞、硒、锑等重金属或其他元素；氯乙烯单体；甲醛 |
| 7 | 《室内装饰装修材料 聚氯乙烯卷材地板中有害物质限量》（GB 18586—2001） | 适用于以聚氯乙烯树脂为主要原料并加入适当助剂，用涂敷、压延、复合工艺生产的发泡或不发泡的、有基材或无基材的聚氯乙烯卷材地板，也适用于聚氯乙烯复合铺炕革、聚氯乙烯车用地板 | 氯乙烯单体；铅、镉等可溶性重金属；VOC |
| 8 | 《室内装饰装修材料地毯、地毯衬垫及地毯胶粘剂有害物质释放限量》（GB 18587—2001） | 适用于生产或销售的地毯、地毯衬垫及地毯胶粘剂 | 总挥发性有机化合物（TVOC，total volatile organic compound）；甲醛；苯乙烯；4-苯基环己烯；丁基羟基甲苯；2-乙基己醇 |
| 9 | 《混凝土外加剂中释放氨的限量》（GB 18588—2001） | 适用于各类具有室内使用功能的建筑用、能释放氨的混凝土外加剂，不适用于桥梁、公路及其他室外工程用混凝土外加剂 | 氨 |
| 10 | 《建筑材料放射性核素限量》（GB 6566—2010） | 适用于对放射性核素限量有要求的无机非金属类建筑材料 | 镭-226；钍-232；钾-40 |

# 4.2 界面设计的要点

讲课视频

室内界面设计的要点从底界面、侧界面和顶界面3个不同的界面类型分别阐释。内容包括界面设计的通用规范及设计原理,并对界面中所包含的部件与构件以及装饰装修细部的设计进行介绍。室内各界面的设计最终要体现于设计图样,如底界面的平面布置图与地面铺装图,侧界面的室内各个立面图,顶界面的顶棚平面图。

## 4.2.1 底界面的设计

室内的底界面即是室内地面。室内地面的装饰装修根据施工工艺可以分为整体类地面、铺贴类地面以及特殊地面3种类型。整体类地面常见如水磨石、自流平等现浇地面。铺贴类地面如各类石材、陶瓷地砖、木地板、塑料地板以及地毯等。特殊地面包括活动夹层地板地面、透光地面、弹簧地板地面以及防静电地板等。

### 1. 底界面的设计规范与原理

(1)通用规范

底界面应根据建筑室内空间的使用功能,满足隔声、保温、防水、防火等性能要求。底界面的铺装面层应平整、环保、防污染并易于清洁,应选择具有良好的防滑性、耐磨性与足够强度的地面铺装材料,以防止残障人士、老年人、儿童以及大量人流等在行进时绊倒或滑倒。厕所、卫生间、盥洗室、浴室、厨房、垃圾间、游泳场馆等用水或有水房间,以及开敞式外廊及阳台等经常受雨水冲刷的底界面,应设防水层,采用防滑地砖、仿古砖等防滑、不吸水且易冲洗的地面铺装材料,并计算好排水坡度,设置门槛等挡水设施。

对有安静要求的室内空间,底界面宜采用地毯、塑料或橡胶类等柔性材料。供老年人及儿童活动的室内空间,底界面宜采用木地板或地塑类等暖性材料。有易燃易爆物质的场所,有对静电敏感的电气或电子元件、组件、设备的场所,以及可能因人体静电放电对产品质量或人身安全带来危害的场所,底界面应采用导静电或防静电面层材料。存放食品、食料或药物的房间,底界面面层应采用无污染、无异味、符合卫生防疫条件的环保材料。当底界面采用玻璃时应选用夹层玻璃,点支承地板玻璃应采用钢化夹层玻璃,钢化玻璃应进行均质处理。公共空间中为方便视觉障碍者安全通行应铺设盲道。

(2)设计原理

由于室内底界面对地面材料的功能性能有较多的要求与限制,因此在确定底界面地面材料类型的选择后,底界面的铺装形式、肌理图案及色彩效果便是设计中要考虑的重要内容。在前述室内空间的限定方法中,关于底界面的内容主要有凸起和下凹以及造型要素的变化,涉及室内地面高差的变化以及地面铺装材料的对比运用。不过,大部分房间的底界面是无高差变化的平整地面。由于单个房间的功能主要是由使用功能区域和主次流线通道这两者所组成，所以室内的底界面主要承载着室内家具设备和水平流线通道，底界面的设计便要从这两个方面的因素综合考虑。

在室内的走道、通道这类水平流线通道，以及各类公共建筑内有大量人流集散的大堂、门厅、过厅与广厅中，其室内一般没有大面积布置的功能性家具，或仅是将少量装饰性家具局部设立于地面的中心或周边的位置，因此会有较大面积的地面直接呈现在人们的眼前，这时可适当突出地面材料的铺装形式、肌理图案与色彩对比等设计内容。如在走道、通道等较长的线性地面中，可以通过不同材料的类型变化，或是同种材料肌理、图案与色彩的变化，通过形状、方向、面积、质感等的对比，形成走道与通道地面的节奏感与韵律感（图4-3、图4-5）。而在大堂、门厅、过厅与广厅等这类较为宽广，可呈现整个底界面较为完整的面形地面中，在设计上就可选用中心比较突出的主题图案或纹样形式，或是将整个底界面做规则的网格形或几何形，以及不规则的斜线或曲线分割形式来处理（图4-4、图4-6、图4-7）。

图4-3　广州星河湾酒店桑拿中心入口走道地面

图4-4　广州星河湾酒店大堂地面

图4-5　广州花园酒店公共区域走道地面　　图4-6　广州花园酒店电梯厅地面　　图4-7　广州东方宾馆大堂地面

在室内布置有大量功能性家具或设备的房间中，由于大量的地面面积被家具与设备所覆盖，人眼可见的地面区域也被它们割裂开来，呈现出局部或片断的地面形式。由于并不能形成面积较大且完整的地面形状，这类底界面地面的设计也就没有必要特意去考虑材质对比效果、铺装形式变化以及肌理图案效果等因素，而适合以单一材料整齐划一的满铺形式为主。这类满铺地面的设计如自流平地面及地毯等较好处理，而陶瓷地砖与木地板这类成品块材则有不同的规格尺寸与形状大小可供选择，还需要注意在地面铺装设计中的一些细节设计。

常见的正方形地砖规格有300mm×300mm、600mm×600mm、800mm×800mm、1000mm×1000mm、1200mm×1200mm等；长方形地砖规格有300mm×600mm、600mm×900mm、600mm×1200mm、750mm×1500mm、900mm×1800mm等。随着技术的不断进步，越来越多更大尺寸的陶瓷地砖产品不断问世并为人们所青睐，不仅可以减少地砖之间的缝隙而且可以提高平整度。总体来说，底界面面积较小、形状较不规则的，可选用小规格尺寸的地砖；而底界面面积越大，则可相应选择更大规格尺寸的地砖。在地面满铺陶瓷地砖时，需要对第一块地砖的起铺位置进行权衡比较来确定，通常来说要保证一进门是整砖。此外还要考虑整砖以及由整砖切割而来的分砖在底界面上的分布处理问题，通常将分砖布置在相对隐蔽的阴角部位，或是布置在墙边被靠墙家具所遮挡的部位（图4-8a、b）。此外，还可通过波打线圈边的方式来调节地砖铺设分砖过多而显得过于零碎以及施工烦琐等问题（图4-8c、图4-9）。如果将方形地砖与墙边呈45°角斜铺，则需要进行计算以保证最终形成的图案是中心对称的（图4-10）；也可以选择表面45°斜纹的方形地砖铺装以方便施工（图4-8c）。底界面的门洞位置通常要铺装石材类的门槛石，以解决内外高差以及不同材料的交接过渡问题，同时也可起到挡水与美观的作用。

木地板的规格尺寸较为多样，有宽板、窄板、长板及短板之分，选用时应结合房间大小等因素综合考虑。实木地板一般长度不小于250mm，宽度不小于40mm，厚度不小于8mm；常见的有910mm×125mm、910mm×155mm。实木复合地板一般长度在300~2400mm，宽度在60~300mm，厚度8~22mm；常见的如1020mm×123mm、

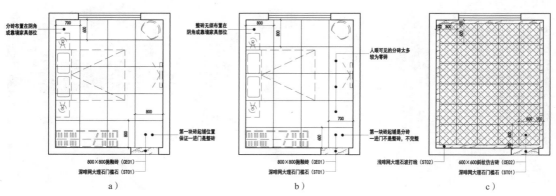

图4-8　满铺地砖中的细节设计

图4-9　广州威尼国际酒店入口过厅地面波打线铺装      图4-10　福州鼓山眺望台地面45°斜铺方砖

1200mm×150mm、1802mm×150mm等。强化复合地板常见的如800mm×120mm、1200mm×195mm。木地板的铺装也需要确定第一块地板的起铺位置，铺装的方向主要从顺光方向、房间行走方向以及顺门方向等因素综合考虑来确定。

**2. 底界面部件与构件的设计**

底界面中的部件与构件主要有台阶与坡道。它们均涉及地面不同程度的高差变化，在室内设计中都可归为竖向垂直交通联系的范畴。因此在设计中除了满足上节所述常规平整地面的通用规范与设计原理外，还需要重点考虑踏步台阶尺寸与坡道坡度（即坡道高度与水平投影长度的比值）的设计，及其面层防滑措施的处理。

台阶是连接不同标高的楼（地）面，供人行的阶梯式踏步。公共建筑室内台阶踏步的宽度不应小于300mm，踏步高度不应大于150mm，且不宜小于100mm。室内台阶踏步数不应小于2级，当踏步数不足2级时，应按人行坡道来设置（图4-11）。

坡道是连接不同标高的楼（地）面的斜坡式通行道路。当底界面有高差或台阶时，应设置方便人们移动滚轮行李箱与手推车的人行坡道，以及供残障人士轮椅行驶的轮椅坡道（图4-12）。室内人行坡道的坡度不宜大于1∶8，当坡道的水平投影长度超过15.0m时，宜设休息平台，平台宽度应根据使用功能或设备尺寸所需缓冲空间而定。人行坡道与台阶的铺装面层均应采取防滑措施。轮椅坡道的设计应符合现行国家标准《建筑与市政工程无障碍通用规范》（GB 55019—2021）。

图4-11　广州花园酒店室内三面踏步式台阶      图4-12　广州中国大酒店室内坡道与台阶结合

台阶与坡道的防滑措施与踏步的饰面材料有关。通常石材、地砖、地毯及木地板类的台阶可在踏面前缘安装金属防滑条或PVC防滑条等（图4-13）。大理石与花岗石等石材台阶还可将踏面的前缘用机刨成毛面的宽凸凹槽防滑带形式（图4-14）。普通台阶则可选用成品的一体式楼梯踏步瓷砖直接铺贴。

图4-13　广州花园酒店楼梯铝合金防滑包角　　　图4-14　广州海航威斯汀酒店大堂坡道石材防滑拉槽

## 4.2.2　侧界面的设计

室内的侧界面包括围合室内空间的内墙面及隔断。室内墙面的装饰装修根据施工工艺可以分为涂抹类、贴面类、铺钉类以及卷材类4种类型。涂抹类墙面即常见的乳胶漆、真石漆及硅藻泥等内墙涂料。贴面类墙面如各类石材、陶瓷面砖及锦砖等。铺钉类墙面主要是各类木质板材、金属薄板、玻璃板材以及各种复合板材通过镶嵌、钉合、拼贴等方法制成。卷材类墙面即各类墙纸、墙布、织物及软包等。隔断主要有分隔空间之用的固定隔断以及多功能宴会厅中使用的可拆卸或可推拉折叠的灵活隔断等。

### 1. 侧界面的设计规范与原理

（1）通用规范

侧界面对室内隔声、吸声、保温、隔热、防潮、防水、防火等性能有较高要求，装修面层应不起尘、环保、防污染并易于清洁。在厨房、卫生间、盥洗室、阳台及洗衣房等有防潮及防水要求的室内墙面，其迎水面应设防潮层及防水层，墙面应选择石材、陶瓷面砖等具有防水、防潮、防霉、耐腐蚀、不吸污、光滑、便于清洗等性能的装饰装修材料。安装在易受到人体或物体碰撞部位的玻璃面板，应选用安全玻璃并采取防护措施，同时应设置提示标识。室内墙面有防污防碰等要求时，应按使用要求设置墙裙。电影院观众厅的墙面装修应防止干扰光，应选用无反光饰面的材料。档案馆中的缩微摄影室墙面不宜采用强反射材料。

（2）设计原理

室内侧界面的设计要依附于建筑室内中的墙体。建筑中的墙体根据其所处的位置分为外墙与内墙；根据其结构受力情况分为承重墙与非承重墙，非承重墙包括自承重墙、隔墙、填充墙及幕墙。在室内设计中，承重墙与外墙（包含幕墙以及位于外墙位置的自承重墙与填充墙），连同建筑的柱、梁等结构构件，均不可拆除。原建筑设计中用以形成防火分区并控制防火范围的防火墙，以及安装于其上的防火门与防火窗等部件也都应该保持原建筑设计不变。室内设计对原建筑空间进行二次划分的墙体是隔墙，按照其构造方式可分为由轻质块材砌筑而成的块材隔墙、由木骨架或轻钢骨架构成的轻骨架隔墙以及由各种轻质板条或复合板材等构成的板材隔墙。设计者可根据建筑墙体与室内隔墙的类型特点，选择不同的墙面装饰材料与装修构造方式。

通常来说，最常见的由六面体组成长方体盒子的单个房间，其室内的4个墙面便是4个侧界面。设计者要设计并绘制出这4个侧界面所对应的4个立面图，便要分析这4个立面在界面装饰装修上的主从关系，判断出这4个墙面中哪个是主立面，并对其界面进行重点的装饰设计，以突出该房间的功能性质与空间主题；而房间其余的3个立面则为次重点装饰或居于次立面的从属地位，起到烘托主立面的作用，或是作为侧界面上各类家具设备及壁饰陈设的背景而存在（图4-15）。主立面通常是主要人流进入房间或空间后顺向行进方向视觉可见的墙面，通常也是具有较大面积的完整墙面，以便于造型与装饰设计的展开（图4-16）。

图4-15　广州海航威斯汀酒店多功能厅室内立面设计　　　　图4-16　广州花园酒店大堂壁画主题墙

如在住宅客厅中，人们主要的行为活动是在沙发就座休闲交谈或观看电视，这时沙发背后的墙面因人眼不可见就可作为次立面，而人眼所见电视后面的墙面便成为客厅中应重点装饰的主立面，即通常人们说的客厅主题墙或背景墙。客厅中靠阳台的墙面因开有门或窗，其立面设计则应考虑窗帘造型及其闭合后的艺术效果。在有些房间中，常常会有功能性家具占据某一室内墙面的大部分面积，这时家具的造型款式及材质色彩便替代其后的墙面成为主导，室内墙面转换为家具的立面，如住宅餐厅中的酒柜、书房里的书柜以及卧室内的整体衣柜等（图4-17）。

在侧界面的设计中，除了考虑立面之间的主次区别以突出重点与一般的对比关系外，还需要关注房间或空间中4个立面之间统一与协调的问题。尽管围合室内空间的4个侧界面的方向与朝向各不相同，但是在视觉上它们还是作为一个连续闭合的侧界面整体而存在，也可以理解为是室内4个立面转折的展开。因此，作为背景而存在的侧界面其面积也相对较大且较为连续，通常来说，可以通过侧界面之间在造型或材料或色彩上某一方面的统一来实现协调关系，同时需要注意立面材料线型的划分方式与间距节奏、材料的图案形式与疏密关系以及材料本身的质感特性等因素的考虑。

就立面材料线型的划分方式来说，水平的划分方式会使得立面之间相互连续，带来空间的开阔绵延之感，若横向的水平线条过于密集也会带来空间高度降低的压抑感受（图4-18）。垂直的划分方式则会使得立面紧缩而挺拔，并带来空间高度增高的视觉感受（图4-19）。在需要强调导向性或突出运动感的空间中，则可运用斜线或曲线的立面划分方式。立面材料中图案的大小与疏密也可以调节室内空间的视觉感受，通常较大且疏朗的图案使空间感觉缩小，而较小且密集的图案使空间感觉增大（图4-20）。常见的隔断有玻璃隔断、木隔断及金属隔断等（图4-21）。

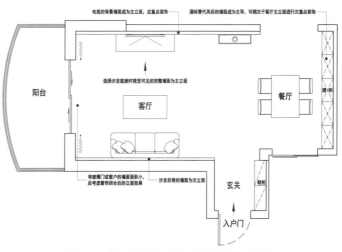

图4-17　住宅客厅中4个立面的主从关系分析

图4-18　广州海航威斯汀酒店宴会厅前厅立面设计

图4-19　福州海丝国际会议中心五洲厅立面设计

图4-20　广州白云宾馆大堂云纹图案主题墙

图4-21　广州海航威斯汀酒店大堂吧木格栅隔断

## 2. 侧界面部件与构件的设计

侧界面中的部件与构件主要包括墙体上的门、窗、柱以及空间中的独立柱等。除建筑外墙与防火墙上的门窗应保持原建筑设计不变外，对建筑室内进行二次分隔的内门窗的设计与选型是室内设计中的重要内容。侧界面的装饰装修要对这些部件与构件进行保护与封装，其内容涉及门洞上的门套线，窗洞上的窗套线与窗台板，墙面或柱面上的踢脚线、墙裙、挂镜线、顶角线及转角护角等线条线脚。由于这些都是室内装饰装修构造中必不可少的内容，因此在设计时应从空间的功能性质与侧界面的造型要素来综合考虑其设计，或是统一协调，或是对比突出。

安装门窗套可以将门窗框与墙面之间的缝隙遮盖起来，同时可避免门窗洞口周边磕碰破损，也便于清洁。门套线与窗套线在侧界面上人们视觉直接可见，具有美观的装饰作用。通常门套线的选材应与门的材质相匹配，如常见的木门搭配木质门套线、金属门或玻璃门搭配金属门套线。窗套线或窗台板的材料则以木质或石材居多。通常居住空间中的门窗套宽度在60~100mm；在较为高敞的公共空间中，可以用更宽的门套线甚至拉高加长以突出其装饰感（图4-22）。

侧界面墙体或柱身下部与地面的交接处通常会设置踢脚线来过渡衔接，不仅可以掩盖地面接缝，而且可以保护墙面或柱面因外界碰撞而损坏或是清洁地面时而污染。踢脚线应选用强度高、耐撞击、易清洗、不易污染的材料制作。常用有大理石踢脚线、陶瓷踢脚线、实木踢脚线、PVC踢脚线以及铝合金踢脚线等，其材质选择应与室内地面及门套线的装修材料综合考虑而定。踢脚线的高度可分为高、低两种，低踢脚线一般为60~100mm，高踢脚线为150~250mm，具体选择可根据功能、立面总高度及整体视觉感受等因素综合考虑。石材类及陶瓷类墙面可不做踢脚线（图4-22）。

墙裙是设于室内墙面或柱身下部的保护面层，其功能及选材与踢脚线相同，高度视室内空间层高而定，通常在1.0~1.8m。木墙裙是一种比较高级的侧界面装饰装修方式，常见于客厅、会议室及声学要求较高的场所（图4-23）。

挂镜线是在室内墙面上部安装的用于悬挂画幅、镜框、锦旗等的水平线条，常见的有木质、金属及塑料材质。挂镜线的安装高度一般距离顶棚300~400mm，具体应视室内

图4-22 广州中国大酒店中踢脚线、门套线与顶角线

图4-23 广州中国大酒店的木墙裙墙面

层高及门窗套的高度尺寸等综合而定。尽管不断有新的墙面挂画方法出现并逐步取代挂镜线，不过挂镜线还有装饰的功能，可以调节空间的高度比例与视觉效果。

顶角线安装在室内侧界面墙体与顶界面顶棚相交内凹的阴交部位，一般是石膏线条、木线条或PVC等造型可塑性较强的轻质材料（图4-22）。

室内侧界面墙体之间因相交或转折而凸出的阳角部位，为防止撞击或碰伤，通常也需要安装转角护角来加以保护，一般多是较为硬质坚固的木质、铝合金或石塑材料。

室内侧界面上的壁柱以及独立柱的设计，要和整个空间的功能性质相一致，它们可以与侧界面相统一以形成协调关系（图4-24），也可以通过柱子本身的造型特点来突出对比效果（图4-25）。通常来说，如果按照柱础、柱身、柱头的传统三段式划分方法来设计，柱础与柱头就是重点装饰的部位；也可以仅做柱础和柱身或只做柱头和柱身，还有通体柱身无柱头柱础的处理方式。由于柱子连接着地面与顶棚，所以柱头常与顶棚上的天花造型及灯具综合考虑，较高柱子的柱身上也常加以安装壁灯或装饰物来处理（图4-26）。无论是何种手法，在设计中均要考虑柱子本身的尺度比例关系以及柱子与各个界面及多个柱子之间的空间效果问题。

图4-24　广州中国市长大厦大厅中的　　图4-25　广州建国酒店君豪西餐厅中　　图4-26　漳州大酒店大堂中的两种
　　　　　柱子造型　　　　　　　　　　　　　　　的柱子造型　　　　　　　　　　　　　柱子造型设计

## 4.2.3　顶界面的设计

室内的顶界面是指建筑室内空间顶面的底部，即是顶棚。根据顶棚面层与建筑结构面的位置关系，室内顶棚可分为直接式顶棚与悬吊式顶棚两大类型。直接式顶棚包括在顶棚上直接喷涂或抹灰的直接喷抹式顶棚，以及将块体饰材、墙纸等卷材饰面直接粘贴在抹平的顶棚上的直接粘贴式顶棚。悬吊式顶棚也称为吊顶，吊顶骨架一般为轻钢龙骨、铝合金龙骨或木龙骨。悬吊式顶棚根据其悬吊面层的不同材料及构造方式，可分为整体面层吊顶、块材面层吊顶及格栅面层吊顶。整体面层吊顶是以石膏板、硅酸钙板及水泥纤维板等为面板的面层材料接缝不外露的吊顶。块材面层吊顶是以矿棉板、金属板、玻璃板及复合板等为面板的面层材料接缝外露的吊顶。格栅面层吊顶是以金属或复合材料等成品型材按照一定的几何图形组成矩阵式的吊顶。

### 1. 顶界面的设计规范与原理

（1）通用规范

建筑室内的吊顶应根据使用空间的功能特点、高度、环境等条件合理选择吊顶的材料及形式。吊顶的构造应满足安全、防火、防震、防潮、防腐蚀、吸声等相关标准的要求。吊顶与主体结构的吊挂应采取安全构造措施。有振动的设备及重量大于3kg的灯具、吊扇以及大型装饰物等，不能安装在吊顶系统的龙骨上，应直接吊挂在建筑的承重结构上，以避免吊顶破坏或设备脱落造成伤人事故。管线较多的吊顶内应预留检修空间；当空间受限不能进入检修时，应采用便于拆卸的装配式吊顶或设置检修孔。面板为脆性材料的吊顶应采取防坠落措施；玻璃吊顶应采用安全玻璃。潮湿房间的吊顶应采用防水或防潮材料，并应采取防结露、防滴水及排放冷凝水的措施。

（2）设计原理

室内的底界面与侧界面常常被家具与构件所遮挡，以至于表现出较强的分割感。而室内的顶界面则与之不同，通常会呈现出完整感极强的整个顶棚效果。当人们进入某一房间或空间后，顶界面往往抬头即视、一览无余，因此如同前述侧界面中的主立面一样，顶界面装饰装修的视觉效果也会对整个空间的氛围与主题的表达起到主导作用，所以也是室内设计的重点部位。此外，顶界面中包含的设备与装置较多，如灯具、空调风口、电扇、换气扇、扬声器、火灾自动报警探测器、自动灭火系统喷头等，在设计时应与这些相关专业人员进行配合协调。在博物馆、美术馆、歌舞厅等对照明要求较高的文化活动空间，以及剧场、音乐厅、电影院等对声学要求较高的观演空间中，还要特别进行照明与声学方面的专项设计。

确定室内顶棚装饰装修完成后最终的空间净高，是室内顶界面设计中的先决内容。通常来说，原建筑设计所提供的空间层高均是按照相关功能类型的建筑设计标准而确定的，由于室内空间的相对封闭性，室内顶棚的设计在满足相关功能与规范要求的前提下，净高通常会尽量取高，以减少封闭空间围合界面所带来的压抑感。在设计中可结合原建筑层高、功能与造型需求、装修档次及造价等因素，来综合考虑并确定是采取保持原建筑的层高还是需要吊顶以降低净高。例如在住宅空间中，建筑设计中的层高按照规范要求通常不超过2.80m，如果在室内设计中希望空间尽量高敞并定位为普通装修，那么在客厅、起居室及卧室等房间中便可以采用保持原顶层高的直接式顶棚而不做吊顶；厨房与卫生间等空间中考虑防油防污、防潮防水及卫生安全等因素则可采取铝扣板集成吊顶的方式，适当降低空间的净高。在某些条件受限的情况下，则需要保证吊顶完成后的最低净高要求，如常规住宅空间中起居室和卧室的净高至少要不低于2.40m，厨房和卫生间净高要不低于2.20m。总体来说，建筑室内各房间与空间的净高需要综合权衡多种因素来最终确定。

  在进行吊顶的设计时，顶界面顶棚平面图的绘制要对应底界面的平面布置图。从操作上来说，通常将方案的平面布置图放在绘制顶棚平面图的拷贝纸之下，这样便可以透过透明的拷贝纸来寻找顶棚与平面功能之间的对位关系。公共空间的顶部都会有建筑楼板下暴露出的大量纵横交错的梁、管网线路以及设备装置等，如采取直接式顶棚的方式则相对较好处理。层高较高的空间常常将楼板连同梁及管道等直接露明并喷涂黑色涂料，再将直接式照明灯具悬吊其下，便可形成视觉上较为收缩且隐蔽的顶棚效果（图4-27）。不过大部分的公共空间都需要通过吊顶的方式将楼板下大量的结构及管道设备做隐藏处理，各种顶棚的造型与照明效果也都需要进行吊顶来实现。通常来说，吊顶的设计可以采取顶底呼应式或是整体覆盖式这两种方法来进行。

  顶底呼应式的吊顶方法，即是将室内底界面平面布置中的功能区域与交通区域（图4-28），或是将平面功能、家具陈设、地面铺装等某些平面中局部需要强调突出的内容（图4-29、图4-30），与顶界面的吊顶进行垂直方向上的对位呼应，并在对应的吊顶范围内做重点突出的装饰艺术造型处理。通常这种对位关系需要对高度与面积进行控制，如果比例保持适当，则可形成吊顶与底部区域之间互相吸引而极具亲和感的空间感受。

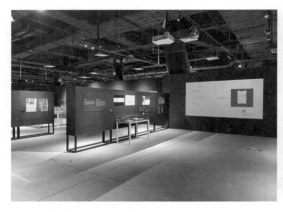

图4-27　厦门佰翔会展中心红点设计博物馆室内顶棚

图4-28　福州闽越水镇青红酒坊室内吊顶

图4-29　广州海航威斯汀酒店知味西餐厅吊顶

图4-30　广州东方宾馆二号楼7楼前厅吊顶

整体覆盖式的吊顶方法，即室内空间限定方法中的覆盖。整体覆盖式并不需要像顶底呼应式那样要与底界面平面中的相关要素进行相互关系上的对位，而是化零为整，以一种统一整体的大面积覆盖的方式来进行吊顶，对平面中较为复杂而零散的诸要素形成一种控制力与凝聚感，同时通过吊顶造型、主题装饰物及灯具等的设计来突出整个室内空间的主题性与空间氛围（图4-31）。整体覆盖式的吊顶可以将中心集中以突出重点装饰部位，或是进行几何形状的均分处理（图4-32）。在面积较大或形状较为不规则的顶棚中，通常将吊顶进行适当的分区或分层，来调节尺度比例关系（图4-33）。

吊顶的造型形式则较为多样，常见的有平面式（图4-34a、图4-35）、折面式（图4-34b、图4-36）、曲面式（图4-34c、图4-37）、网格式（图4-34d、图4-38）、分层式（图4-34e、图4-39）及悬吊式（图4-34f、图4-40）。

图4-31　广州中国大酒店大堂吊顶

图4-32　广州中泰国际广场吊顶

图4-33　广州城建大厦大厅吊顶

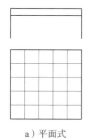

a）平面式

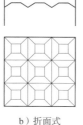

b）折面式

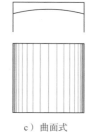

c）曲面式

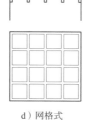

d）网格式

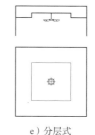

e）分层式

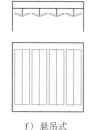

f）悬吊式

图4-34　常见吊顶造型示意图

## 2. 顶界面部件与构件的设计

顶界面中的部件与构件主要有屋盖、顶棚、梁及室内装饰装修中的窗帘盒等。

有些建筑的屋盖是玻璃采光顶，还有些室内顶棚上的纵横梁架本身就呈现出一种结构的美感，这类可称之为"结构顶棚"的则可保持原建筑设计的结构与造型不变，而无需再做吊顶与装饰处理了（图4-41）。

图4-35　福州海丝国际会议中心大厅平面式吊顶

图4-36　中国银行福州鼓楼支行大厅折面式吊顶

图4-37　广州威尼国际酒店电梯厅曲面式吊顶

图4-38　福州海丝国际会议中心前厅网格式吊顶

图4-39　广州东方宾馆大堂总台分层式吊顶

图4-40　广州东方宾馆入口门厅悬吊式吊顶

对于暴露在外的梁，除直接露明进行喷涂处理外，还有如中国传统室内中对梁枋施以彩绘，或是如近现代建筑室内中在梁上贴以石膏花来装饰的方式，在试图表现这类历史风格韵味的现代设计中，则需进行造型上的创造性转化与创新性发展（图4-42）。

图4-41　南靖东溪窑博物馆大厅伞状形式梁架　　　图4-42　广州花园酒店入口序厅顶棚梁枋彩画

　　窗帘盒具有隐蔽且美观的优点，同时也可以保护窗帘并且方便清洁。窗帘盒需要与顶棚吊顶统一考虑，可采用与吊顶结合的暗装式，或是安装遮挡板的明装式。

## 本章小结与思考

　　本章介绍了室内界面的设计，内容包括界面材料的选用和界面设计的要点两大部分。室内界面的设计涉及装饰装修材料的选用。室内装修材料的防火性与环保性问题关乎生活于其中的使用者的安全与健康，与人民对美好生活的向往、生活品质的提高以及民生福祉的增进密切相连，是我们应高度重视的内容。设计者应掌握各种室内装修材料的燃烧性能等级与《建筑内部装修设计防火规范》（GB 50222—2017）等相关规范的要求。

　　"人民至上、生命至上"，我国政府十分重视保障在室内生活活动的人们的人体健康和人身安全，一直持续加强对室内装饰装修材料污染的控制要求。我国自2002年开始执行《室内装饰装修材料有害物质限量10项强制性国家标准》，对其技术变化也不断提高要求并更新标准。先后在2008年更新《室内装饰装修材料胶粘剂中有害物质限量》（GB 18583—2008）、2010年更新《建筑材料放射性核素限量》（GB 6566—2010）、2017年更新《室内装饰装修材料人造板及其制品中甲醛释放限量》（GB 18580—2017）、2020年更新《木器涂料中有害物质限量》（GB 18581—2020）和《建筑用墙面涂料中有害物质限量》（GB 18582—2020）。《室内装饰装修材料壁纸中有害物质限量》（GB 18585—2023）也将于2024年12月1日起实施。

　　本章对室内的底界面、侧界面和顶界面设计中的通用规范与设计原理，以及各界面中部件与构件的设计分别进行了理论阐述。在室内各界面的设计中，我们应对残障人士、老年人与儿童等特殊人群的设计需求给予更多的关怀与重视，关注并学习国际前沿的无障碍设计、通用设计、适老化设计、儿童友好型设计等最新设计理念与优秀设计案例。

## 课后练习

一、图解

将室内各界面设计的要点结合实际的室内空间场景进行举例说明，并用图文并茂的手绘图解分析的形式表现出来。

二、抄绘

表4-1　表4-2　表4-5　图4-8　图4-17　图4-34

三、体验

参观你所在城市的室内装饰材料市场，了解市面上常用的硬质界面装饰材料和软质界面装饰材料的类型与种类，拍摄照片并收集相关技术资料。

四、简答

1.简述室内底界面与侧界面的装饰装修根据施工工艺进行分类的类型。

2.简述室内顶界面的装饰装修根据顶棚面层与建筑结构面的位置关系进行分类的类型。

3.简述吊顶造型形式的六种类型。

# 第5章
# 室内陈设的选配

## 5.1 室内家具的选配

前两章室内空间与室内界面的设计，针对并涵盖的是室内"装修"的内容。这部分的内容由水电工、泥瓦工、木工、油漆工及安装工等不同的工种进行实际的工程施工，最终完成并实现室内界面及固定家具的装修，由于它们在室内是固定牢靠且不可拆卸的，于是近年来人们普遍约定俗成地称之为"硬装"（硬装修）。与"硬装"相对应还有"软装"（软装饰）一词的提法，是指在室内装修完工后，对室内空间中的家具、织物、灯具、植物及饰品这些灵活可变且可以移动的内容所进行的选配与布置，可见软装在实质上就是指室内陈设（图5-1）。

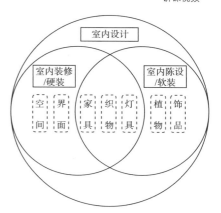

图5-1 室内硬装与软装的内容构成

室内陈设对于设计者延续并深化空间设计概念、塑造空间形象、营造室内空间整体氛围均发挥着重要的作用，也是室内设计区别于建筑设计所独有的工作内容。室内陈设品可分为功能性陈设品与装饰性陈设品两大类。功能性陈设品是指陈设物本身具有特定的功能用途同时兼具观赏性与装饰性，如家具、织物及灯具。装饰性陈设品是指陈设物主要作为供人们观赏的装饰品，如植物与饰品等。有关灯具部分的内容与第7章"室内照明的设计"共同阐述。作为室内陈设中占据比重最大的家具，又承载着人们在空间中进行各种生活与活动行为的功能作用，因此首先对其进行论述。

室内家具在装修（"硬装"）与陈设（"软装"）这两个层面中都有涉及。在室内装修中的家具主要是一些嵌入式家具（Built-in furniture）、建筑木制品（Architectural woodwork）以及那些市场上没有现货家具供应而需要在尺寸或是设计上适合特定工作要求的特殊家具（如以石材及金属制作的大型吧台及服务台等）。随着家具工业化水平的不断提高，通过工厂订制的方式经生产加工后再到施工现场直接安装，逐渐成为替代这类全部由现场装修施工的硬装家具的主流选择。在室内陈设范畴内的家具，则是经由专门的家具设计师或工业设计师设计并批量生产出来在市场上销售的成品家具，也包括一些业主现有并希望继续使用的旧家具。室内设计师或软装设计师的工作，就是结合项目的设计概念，对这些家具进行挑选并搭配布置于室内空间之中，而不是如家具设计师那样对每一件家具本身进行具体的设计。这种"选配与布置"的工作方式同样适合于室内织物、灯具、植物及饰品等所有室内陈设的内容。

室内装修层面的家具，关乎平面的布置；室内陈设层面的家具，涉及家具的选配。室内家具选配的步骤，即是从硬装家具到软装家具，从家具的平面布局到具体家具的选配，并最终形成"家具选型明细表"的一个完整过程（图5-2）。

### 5.1.1 室内家具与平面布置

#### 1. 确定家具的品种、形状与尺寸

在室内空间的功能组成中，已经知道室内空间的各种功能都要依托于家具与设备才能得以实现。人们在室内的生活、工作、娱乐、活动以及衣、食、住、行的方方面面，都离不开家具的辅佐与配合。因此在设计中确定家具的类型与品种，并根据其尺寸大小绘制出家具的平面形状图形就成为第一步的工作。

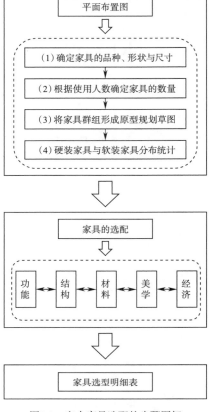

图5-2 室内家具选配的步骤图解

从基本功能的角度，室内家具可以分为支承类家具、凭倚类家具、储存类家具以及装饰类家具这4类（见表5-1）。支承类家具是指供人们坐、卧、躺并完全支承人体的家具，其基本形式包括沙发、椅、凳等坐具类家具以及床榻类家具。凭倚类家具是指供人们凭倚或伏案工作并具有陈放、收纳或储存物品功能的家具，其基本形式为桌几类家具。储存类家具是指供人们储存收纳衣物、被服、书刊、食品、器皿、用具等物品的家具，其基本形式为橱柜类家具。装饰类家具是指陈放装饰品或家具本身就有装饰意义的家具，其基本形式包括支架类家具及其他类家具。

从表5-1可知，这4类不同功能的家具各自又都包含有众多不同的家具品种，设计者的首要工作便是针对不同类型的居住空间与公共空间的使用需求，进行具体家具品种的选择。例如表5-2所示为住宅室内各空间的家具品种举例，设计者在完成家具品种的选择后，应绘制出相应家具的平面形状图形并标注出尺寸大小（图5-3）。需要注意的是，家具的平面形状图形所表示的是其俯视正投影图，家具的细节在室内设计平面布置图中可以进行相应的简化处理，因此通常是以"家具图例"的形式来呈现。同时家具的尺寸大小必须绘制准确，并且应该是针对具体设计项目中所选用家具的实际尺寸。常用家具图例的画法可查阅《房屋建筑室内装饰装修制图标准》（JGJ/T 244—2011）。

表5-1　室内家具的功能、形式与品种

| 序号 | 基本功能 | 基本形式 | | 家具品种 |
|---|---|---|---|---|
| 1 | 支承类家具 | 坐具类 | 沙发 | 木扶手沙发、全包沙发、普通沙发、多功能沙发、弹簧沙发、弹性绷带沙发、海绵沙发、棕纤维沙发、混合型弹性沙发、皮革沙发、全皮沙发、再生皮沙发、皮沙发、人造革沙发、布艺沙发、皮革沙发、单人沙发、双人沙发、三人沙发、多人沙发、组合沙发、无扶手沙发、整体沙发、无腿沙发、功能沙发、智能按摩沙发、充气沙发等 |
| | | | 椅 | 椅（靠背椅）、扶手椅、圈椅、折叠椅、转椅、沙发椅、温莎椅、摇椅、躺椅、办公椅、课椅、吧椅、儿童高椅、公共座椅、排椅、独立椅、沙滩椅、连体餐桌椅等 |
| | | | 凳 | 圆凳、方凳、长凳（条凳）、折叠凳、吧凳、脚凳（搁脚凳）等 |
| | | 床榻类 | | 单人床、双人床、单层床、双层床、童床、重叠床、折叠床、多功能床、按摩床、榻床、罗汉床、架子床、拔步床、沙发床、软体床等 |
| 2 | 凭倚类家具 | 桌几类 | | 餐桌、办公桌（写字台）、班台、职员桌、屏风桌、课桌、会议桌、讲台、接待台、梳妆台（梳妆桌）、折叠桌、伸缩桌、茶几、花几、炕几（炕桌）、琴几（琴桌）、条案（条桌）、吧台、实验台等 |
| 3 | 储存类家具 | 橱柜类 | | 衣柜（整体衣柜、入墙衣柜、有门衣柜、无门衣柜、步入式衣帽间、开放式衣帽间、独立式衣帽间、嵌入式衣帽间、大衣柜、小衣柜、布衣柜）、床头柜（床边柜）、床前柜（床前凳）、书柜（整体书柜）、文件柜、陈设柜、展示柜、电视柜、厅柜、间厅柜、壁柜、玄关柜、鞋柜、行李柜、浴室柜、橱柜、整体橱柜、餐边柜（配餐柜）、茶水柜、地柜（矮柜）、吊柜、独立柜、角柜（转角柜）、箱柜等 |
| 4 | 装饰类家具 | 支架类 | | 书架（期刊架、单面书架、双面书架、单体书架、密集书架、单柱书架、复柱书架、积层书架、古籍书架、独立架、多连架）、钢制储物架、花架、衣帽架、盆架、灯架、屏风（座屏、折屏、挂屏）等 |
| | | 其他类 | | 某种历史风格流派的家具、设计史上的经典家具、某一时期社会生活中风靡流行的家具等具有装饰意义的家具 |

注：本表参自——国家市场监督管理总局，国家标准化管理委员会. 家具工业术语：GB/T 28202—2020[S]. 北京：中国标准出版社，2020。

表5-2　住宅室内各空间的家具品种

| 序号 | 空间名称 | 家具品种 |
|---|---|---|
| 1 | 门厅 | 挂衣架、鞋柜、鞋凳、一体化门厅系统家具等 |
| 2 | 客厅 | 沙发、茶几、厅柜、休闲椅、饰品柜、间厅柜、地柜等 |
| 3 | 餐厅 | 餐桌、餐椅、餐边柜、酒柜、吧台、吧凳、陈列架、餐车等 |
| 4 | 书房 | 书桌、椅子、书柜、储物架、书报架等 |
| 5 | 主卧室 | 双人床、床头柜、梳妆台、大衣柜、小衣柜、衣帽架、穿衣镜、地柜、床尾凳等 |
| 6 | 子女房 | 单人床、双层床、床头柜、独立式衣柜、写字台、层板架、储物盒、休闲椅等 |
| 7 | 卫生间 | 盥洗柜、梳妆镜、矮凳、可移动的矮柜、独立落地柜、壁柜等 |
| 8 | 阳台 | 休闲桌椅、储物柜等 |

### 2. 根据使用人数确定家具的数量

家具使用人数数量的多少决定了所需家具的总数量，进而对室内的平面布局产生影响，特别是如桌、椅、床等需要人手一件的家具，因此使用人数数量的确定也是在设计初期就需要尽早确定的内容。通常来说，住宅空间的使用人数是以核心家庭为单位，常规在2~6人，体现在餐厅中一般选择6~8人用的餐桌椅，包含有对家庭固定成员和临时来访客人等总人数的综合考量。公共空间室内人数的确定则应引起设计者足够的重视，因涉及消防疏散，应该以原建筑设计中通过消防审核所确定的每个房间的使用人数为准，进而以此来确定家具的

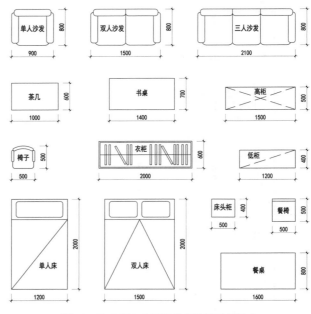

图5-3 住宅室内中常见的家具平面与尺寸

数量。另外，在此过程中也需要综合考虑是否选择具有折叠、堆叠等灵活性及多功能性的家具，以提高室内平面的使用效率。

### 3. 将家具群组形成原型规划草图

我们知道，人们在使用家具的过程中大多是将家具加以群组来配套使用的，例如在住宅室内中，客厅中的沙发需配有茶几，餐厅里的餐桌要配套餐椅，卧室内的床则要配备床头柜，若不如此，使用起来就会带来诸多功能上的不便。当然，家具群组并不是按照固定且一成不变的方式将相关家具品种进行简单的并置，而是要考虑到不同家具群组方式的预设行为及其带给人们在使用上的积极影响。例如在住宅客厅内沙发与茶几的群组中，传统的方式为适合观看电视的对称式或L形布局，但也可以采用以适合交谈增进互动的平行式或不规则式布局，面积更大且容纳人数较多的客厅还可以采用U形或圆形布局。这些群组方式给使用者带来不同的生活方式与心理感受，设计师应考虑在实际使用的过程中，用户将家具移动进行群组调整的可能性（图5-4）。

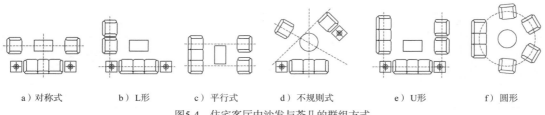

a）对称式　　　b）L形　　　c）平行式　　　d）不规则式　　　e）U形　　　f）圆形

图5-4 住宅客厅中沙发与茶几的群组方式

公共空间中的家具群组，特别是如餐厅、教室、会议室、开放式办公室等由大量桌椅所构成的室内空间，以及图书馆、档案室、资料室这类主要由书架所形成的空间中，其室内的平面布局更是受到家具群组方式的极大影响（图5-5）。此外在设计中还要考虑到各群组之间的分隔与联系，以及群组后功能空间与交通空间之间划分清晰等诸多问题。在大部分情况下，设计者所需完成的是将选定的家具品种，布置到固定的不可调整的建筑室内中去，因而都需要经过设计者绘制并形成若干个该房间或空间中最具有典型特征性的家具群组与布置方式，即原型规划草图，以供在平面布置图中进行家具群组方式的对比与优选，最终形成完整的平面布置图。有关原型规划草图与平面布置图的内容在第8章"室内设计的方法"中进行专门阐述。

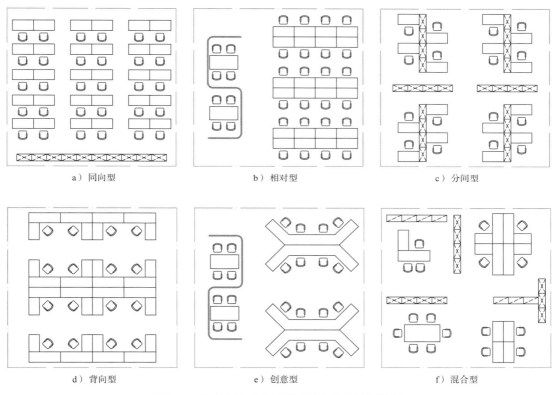

a）同向型　　　　　　　　　b）相对型　　　　　　　　　c）分间型

d）背向型　　　　　　　　　e）创意型　　　　　　　　　f）混合型

图5-5　办公桌椅的不同群组方式形成不同的平面布局

### 4.硬装家具与软装家具分布统计

在原型规划草图或平面布置图完成之后，便可进行硬装家具与软装家具的分布统计。软装家具的统计对象主要是需要进行新购置的成品家具，以及一些业主现有并希望继续使用的旧家具。统计的内容主要包括家具的分布房间（空间）、品种及数量，统计完成后即可进行家具的选配工作，并最终完成家具选型明细表。

### 5.1.2 室内家具的选配原则

室内家具的选配主要从家具的功能、结构、材料、美学及经济这五个方面来进行综合评估。

#### 1. 功能原则

功能原则始终是室内家具选配的首要原则。如同在室内设计开始时，设计者首先要对室内空间使用功能的性质定性进行确认，室内家具的选配同样始于从家具使用空间场所的不同类型来进行定性区分，不同功能的室内空间应选择与之匹配的家具类型。对应室内空间区分为居住空间与公共空间，可以将室内家具划分为家用家具与公共家具这两个大类（图5-6）。家用家具也称为民用家具，是指在居住空间中使用的家具，包括客厅家具、餐厅家具、书房家具、卧室家具、儿童家具、婴幼儿家具、厨房家具及卫浴家具等。公共家具也称为公共场所家具，即是在各类公共空间中供人们使用的家具，包括学校家具、学生公寓家具、教室用家具、办公家具、实验室家具、商业家具、宾馆家具、图书馆家具、影剧院家具、医疗家具及康养家具等。

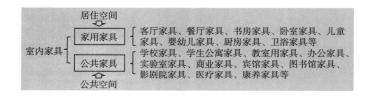

图5-6　室内家具按照空间类型划分的两个大类

从单个家具的功能来看，由于人体都会与家具进行直接或间接的接触，因此选配在设计上符合人体工程学的家具才能够给使用者带来更好的舒适性与便利性。设计者和使用者应尽可能地去试用真实的家具样品，所带来的实际体验感受对于评价家具功能的优劣最为直接。安全性也是功能原则中的重要一环，特别是对于儿童、老年人以及残障人士来说，应避免选配有危险锐利的边缘及尖端的家具，应选择棱角及边缘部位经过倒圆角或倒角处理的家具。在家具有危险凸出物的部位应以保护帽或保护罩来加以覆盖并紧固。选配稳定性良好的家具也很重要，应防止家具倾翻、掉落、破碎而造成人员伤害，必要时还应采取家具与建筑主体结构之间进行抗振动的连接与固定措施。

#### 2. 结构原则

功能性良好的家具有赖于合理的结构与材料来实现。室内家具按照结构形式可分为框式、板式、曲木式、拆装式、折叠式、支架式、壳体式及充气式等多种类型。框式家具以框架为主体结构，是传统木制家具中的主要结构形式，如传统木建筑一样，以榫卯来连接，通常都是不可拆卸的固装式家具，坚固耐用（图5-7）。板式家具是以板件或板式部件和五金件接合为主体结构的家具。板式家具比框式家具的结构工艺更为简化，适合于现代的机械化批量生产（图5-8）。曲木家具是主要零部件采用木材或木质人造材料弯曲成型或模压成型工艺制造的家具，其曲线的造型不仅优美轻巧而且适合人体工程学，因此多应用于坐具类家具中（图5-9）。拆装式家具是零部件之间采用可拆卸拼合的家具，其优势是便于运输和安装。折叠式家具是采用翻转或折合连接结构而形成的可收展或叠放以改变形状的家具，不仅便于携带或运输，而且占用空间小并方便储藏，多应用于坐具、床榻与桌几类的家具中。支架式家具是将部件固定在金属或木制的支架上而构成的一类家具，具有轻巧灵活的特点（图5-10）。壳体式家具的整体或零件是利用塑料、玻璃钢等原料一次模压成型或用单板胶合成型的家具，往往具有色彩鲜艳且有机流线造型的特点（图5-11）。充气式家具是用塑料薄膜制成袋状并经充气后成型的家具，常见如充气沙发和充气床。

图5-7　框式家具与实木家具

图5-8　板式家具与人造板家具

图5-9　曲木家具与人造板家具

图5-10　支架式家具与金属家具

### 3. 材料原则

家具的材料包括家具基材和家具五金配件。通常以制作家具所使用的基材来进行分类，常见的有实木家具、人造板家具、金属家具、塑料家具、竹家具、藤家具、玻璃家具、石材家具及软体家具等。实木家具以原木、实木锯材或实木板材制成（图5-7）。人造板家具是以纤维板、刨花板、细木工板及胶合板等各类人造板制作的木家具（图5-8、图5-9）。金属家具是指全部由钢、铁、铝、铜等各类金属材料制作的家具，或以金属管材、板材等其他型材为主组成的构架或构件，配以木材、人造板、皮革、纺织面料、塑料、玻璃、石材等辅助材料制作零部件的家具（图5-10）。塑料家具是指全部由塑料材料制作的家具，或以塑料板材、管材、异型材等为主组成的构架或构件，配以金属、皮革、纺织面料等辅助材料制作的家具（图5-11）。竹家具的主要零部件由原竹或竹质材料制成。藤编家具以天然藤或仿藤材料来制作（图5-12）。玻璃家具是以玻璃部件、构件为主或是全部由玻璃所组成的家具（图5-13）。石材家具是以大理石、花岗石、人造石材等为主要零部件，或全部由这些材料制成的家具（图5-14）。软体家具是以钢丝、弹簧、绷带、泡沫塑料、乳胶海绵、棕丝等为弹性填充材料，以纺织布料、皮革等软质面层材料包覆制成的沙发、床垫类家具（图5-13、图5-14）。

图5-11　壳体式家具与塑料家具

图5-12　藤编家具

图5-13　玻璃家具与软体家具

图5-14　石材家具与软体家具

从材料的各种性能与质感特性来说，室内家具所使用的材料与界面装修材料并无二致（见表4-2、表4-3）。室内设计者在考察家具材料的过程中首要应重视的仍然是家具材料的防火性与环保性问题。关于家具材料的防火性，特别是在公共场所中所使用的家具，设计者在选配时应在家具产品及说明书中查看相应的家具燃烧性能等级、产烟等级、产烟毒性等级以及燃烧滴落物/微粒的附加等级的标识及相关的分级检验报告是否符合消防安全要求。家具材料的环保性与室内装饰装修材料一样，是所有类型室内空间中家具选配应关注的重点问题，设计者在选配时应在家具产品使用说明书中查看家具有害物质限量的控制指标。从可持续发展的角度，设计者应选用具有"中国绿色产品认证""中国环境标志产品认证"等国家机构认证的绿色环保家具产品。

### 4. 美学原则

无论是功能性家具，还是作为陈设品的装饰类家具，其美学特征所带来的良好视觉感受都是设计者在家具选配过程中最为关注并反复抉择的内容。就成品家具的选配而言，设计者可以选择某种历史风格流派的家具、具有某种民族或地区特色的家具、设计史上的经典家具、著名家具品牌商生产的家具、某一时期社会生活中风靡流行的家具甚至是设计者利用旧物改造创作出新的家具，均可产生一种美学效果

图5-15　旧家具改造再利用

（图5-15）。不过，室内家具作为设计者表达设计概念并营造室内总体艺术氛围的重要组成部分，家具的选配始终要与反映创作主题与立意构思的空间概念相统一。在某些情况下，设计师甚至要根据室内设计的空间概念来进行具体的家具设计并订制生产。

5. 经济原则

室内家具的选配要考虑造价的合宜性与经济性。要综合考虑家具的使用寿命、使用成本、保养维护及更换成本等多种因素。

## 5.2　室内织物的选配

按照纺织科学与工程学科的分类方法，纺织品主要包含线状的纺织原料制成品、片状的纺织面料（织物）制成品及体状的纺织造型制成品（即原料、面料与终端产品3种类型）。纺织品广泛应用于服装、家纺及产业这3大领域，对应可分为服装用纺织品、家纺装饰用纺织品及产业用纺织品。家纺装饰用纺织品用于美化和改善人们的生活和工作环境，包括家居、室内、公共场所、娱乐场所等领域。⊖可见家纺装饰用纺织品的应用并不仅仅局限于家庭居住空间室内，还包括部分公共空间室内，因此在室内设计学科与行业中称其为"装饰织物"或"布艺制品"，主要包含装饰用织物面料制成品与装饰用织物造型终端产品（图5-16）。

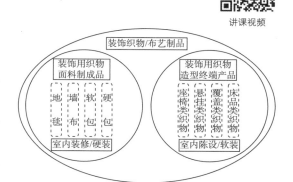

图5-16　装饰织物的内容构成

装饰用织物面料制成品应用在室内装修材料中，属于室内软质装饰材料，如地面的地毯、墙面的墙布、软包与硬包，主要以铺、贴、包的方式进行施工，归属于室内装修

---

⊖　周赳. 纺织品[DB/OL]. （2022-12-23）[2023-07-16]. https://www.zgbk.com/ecph/words?SiteID=1&ID=491615&Type=bkzyb&SubID=217679

（"硬装"）的范畴。装饰用织物造型终端产品则属于室内陈设（"软装"）的范畴，主要以吊挂或铺盖的形式在室内空间中呈现，按用途可分为座椅类织物、悬挂类织物、覆盖类织物及床品类织物这4种类型（见表5-3）。其中座椅类织物主要应用于软体家具中的布艺沙发，在整体上属于室内家具的选配范畴。除此之外，室内陈设范畴内的织物造型终端产品，主要是悬挂类织物的窗帘、门帘及帷幔；覆盖类织物的沙发巾和台桌布；床品类织物的床单、床笠、床罩、床裙、被套、枕套及靠垫。除上述机器加工的织物外，还有各类民族与地域风格的手工艺加工织物陈设品。织物陈设便是对这些内容进行选配。

表5-3　装饰用织物的分类、定义与品种

| 序号 | 类型 | 定义 | 品种 |
|---|---|---|---|
| 1 | 座椅类织物 | 包覆沙发和软椅用的织物 | 沙发罩、软椅包覆、床头软包等用织物 |
| 2 | 悬挂类织物 | 悬挂制品用织物 | 窗帘、门帘、帷幔等用织物 |
| 3 | 覆盖类织物 | 松弛式覆盖布用织物 | 沙发巾、台布、餐桌布等用织物 |
| 4 | 床品类织物 | 床上用品用织物 | 床单、床笠、床罩、床裙、被套、枕套、靠垫等用织物 |

注：本表参自——中华人民共和国国家质量监督检验检疫总局，中国国家标准化管理委员会. 纺织品 装饰用织物：GB/T 19817—2005[S]. 北京：中国标准出版社，2005。

## 5.2.1　悬挂类织物的选配

悬挂类织物包括窗帘、门帘及帷幔，安装于建筑室内的窗户、门洞、床架及隔断等位置，这些悬挂类织物所应用的面料统称为"窗帘布"。在悬挂类织物中，窗帘是占据室内空间与界面面积比重最大，也是构成形式较为复杂同时又极具代表性的一种类型。窗帘安装于建筑室内窗户内侧，是具有遮阳隔热、调节光线、吸声降噪、抗菌防毒、保护隐私及装饰空间等作用的室内软装产品。

在实际操作中，尽管窗帘是在室内硬装与其他软装全部完成之后才进行最后安装的内容，不过对于室内设计者而言，应当提前在设计时就给予充分的考虑，避免在最后安装时带来不便。窗帘的设计与选配（包括其他悬挂类织物）同室内家具一样，在"硬装"（装修）与"软装"（陈设）这两个层面中都有涉及。在室内硬装层面，窗帘的设计主要涉及到安装的部位、房间的功能、窗帘的材料属性、窗户窗型的分析、窗帘与顶界面及其周边家具设备的关系处理等问题，其设计成果应

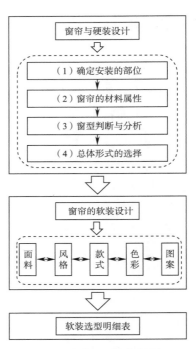

图5-17　窗帘选配的步骤图解

体现在窗帘所在的立面图及顶棚平面图中。在室内软装层面，窗帘的选配主要从面料、风格、款式、色彩及图案等方面展开，应与其他室内陈设品共同形成"软装选型明细表"，并在室内空间效果图中进行充分表达（图5-17）。

1. 窗帘与硬装设计

在进行室内硬装设计的过程中，首先要对需要安装窗帘的具体部位进行确定。由于窗帘主要是悬挂于窗户之上，因此自然是从建筑室内每个房间或空间界面上的窗户来进行逐一判断。不过，并不是每一个房间都必须安装窗帘，例如厨房，从功能上来说就无须安装窗帘。也并非每一个界面上的窗户都必须安装窗帘，比如有些室内的高窗或天窗，便可不做窗帘而直接露出窗户，形成适当的"留白"处理效果。当然，窗帘也并不是只限于安装于窗户之上（图5-18），住宅空间中某些玻璃隔断门或玻璃门联窗、客厅与阳台之间的门洞等（图5-19），也常常是需要安装窗帘而应该在硬装设计时要考虑到的部位。

图5-18　某样板房卧室凸窗窗帘　　　　　　图5-19　某样板房客厅门洞窗帘

其次，窗帘的选配要与其所在室内空间的功能性质及房间的使用需求相匹配，因此与家具选配一样，涉及对窗帘制作材料选择的宏观把控，防火性与环保性仍然是设计师要考虑的首要问题。从窗帘的制作材料来看，以各类织物与非织造布为原材料制作的布艺窗帘占据主体，此外还有金属窗帘、塑料窗帘以及竹木窗帘等。目前市场上的布艺窗帘多是涤纶产品，按照织造工艺主要有棉麻窗帘、绒布窗帘、高精密窗帘及雪尼尔窗帘。在卫生间、盥洗室及浴室等用水或有水房间的窗户上，一般采用金属或塑料材质的防水性窗帘（图5-20）。竹木窗帘则适合配置于表现自然材料质感空间氛围的室内中。

再次，窗帘的选配应与窗户的窗型相匹配，因此涉及对具体室内设计项目中每个窗户窗型的分析与判断。从窗户与其所在界面墙体的关系来看，主要有普通的半墙窗（平窗）、占满墙体的落地窗以及从墙体向外凸出的凸窗（飘窗）或是位于侧界面转折部位的转角窗这三种类型（图5-18、图5-20、图5-21）。从窗户本身的形状来看，最普遍且常规的是直线型矩形窗，此外还有斜线型的尖顶窗与斜边窗、曲线型的拱形窗与弧形窗等。矩形窗按其长宽尺寸的不同比例，又可分为方正的方形窗、长窄的立窗及扁平的卧窗。一些位于特殊部位或异形的窗户，均可用以上两种分类方式进行归类。另外，从窗户的开启方式来看，内平开窗、下悬窗、中悬窗、立转窗及折叠窗等向室内方向开启的窗户，由于其占据室内空间，其窗帘的选配有较多的限制，应注意其特殊性。

从单个窗户与其所在立面之间的大小对比关系来看，有大窗、中窗与小窗之分。就窗户与其所在立面之间的位置关系来说，有正窗与偏窗之分。正窗居中于室内立面。偏窗在立面中偏上、偏下、偏左或偏右，与其所在的立面墙体形成各种非对称不规则的虚实关系（图5-22）。单个立面中往往也会有两个以上的多个窗户出现，或是左右并列，或是上下叠加，甚至以不规则的错位形式出现。因此在硬装设计中，窗型的分析往往会更为复杂，还涉及以上窗户与立面墙体之间的大小与位置关系以及单个立面中多个窗户的处理等问题的考量，一些不规则的窗户往往都需要通过窗帘来做平衡性的修饰设计。另外，邻近窗户四周以及窗前区域所摆放的家具、设备及陈设等物品，以及顶界面吊顶的造型与窗户之间关系也是要考虑的重要问题。总之，窗型的分析与判断应把窗帘与窗户作为一种整体组合要素，综合分析其在立面墙体中的造型特点及其与立面墙体及整体空间之间的多种关系。此过程中应在立面图中将所有窗洞尺寸及其距离立面四周的尺寸关系进行详细测量并标注（图5-23）。

图5-20　某样板房浴室金属百叶帘

图5-21　某样板房阳台转角窗窗帘

图5-22　某样板房卫生间偏窗窗帘

最后，在完成窗型的分析与判断的基础上，便可进一步对窗帘的总体形式做出选择。室内硬装设计的过程中要确定窗帘的安装方式与部位、覆盖的面积范围、窗帘的组合形式与层数、窗帘的调节方向及控制方式等内容。

通常来说，窗帘是由帘头、帘身、装饰辅料以及轨道这4个部分组成（图5-24）。帘头在窗帘的顶端，也称为窗幔或帷幔，有平面与立体两种，其款式决定了窗帘的风格。帘身是窗帘的主体，包括外帘与内帘。外

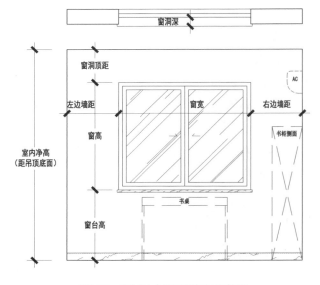

图5-23　窗洞尺寸的测量与标注部位

帘主要表现窗帘的色彩和图案，一般选用装饰性较强的半透光或不透光的中厚型织物面料。有些需要完全遮光效果的外帘，则会在其内侧再加一层遮光帘或是将遮光布直接缝合在外帘的背面。内帘也称为纱帘或窗纱，一般为透明或半透明的纱质面料，不仅轻薄透气还能透过一定的自然光线，同时也可以起到遮挡视线与装饰的作用。窗帘的装饰辅料包括收柄、系绳、流苏、织带等，其款式多种多样，根据窗帘的整体风格款式以缝制或外挂的方式搭配在窗帘上。窗帘的轨道有轨道杆与罗马杆这两种形式（图5-25、图5-26）。

图5-24　布艺窗帘的4个组成部分

图5-25　某样板房轨道杆窗帘

图5-26　某样板房罗马杆窗帘

　　从窗帘的安装方式与部位来说，主要有轨道杆与顶界面固定安装的顶装式以及罗马杆与侧界面固定安装的侧装式这两种。在半墙窗与落地窗中，通常轨道杆或罗马杆都以外装的方式固定于窗户靠室内的一侧。凸窗的窗帘则是将导轨内装于凸窗之内（图5-18），或是同样以半墙窗与落地窗的处理方式安装于室内墙面之上来覆盖整个凸窗（图5-26）。窗帘安装方式与部位的确定主要涉及窗洞顶距的尺寸以及室内设计概念的需要。例如选择轨道杆顶装并安装窗帘盒，在硬装设计时就需要设计出窗帘盒的形式，通常可选择与室内吊顶相结合的凹入式隐藏窗帘盒，或是凸出于墙面的明装式窗帘盒（图5-27）。若是采取罗马杆侧装，则需要确定罗马杆是高挂或是低挂（图5-28）。

　　从窗帘闭合后所覆盖的面积范围来说，单个窗户的窗帘可以是落地的满墙式窗帘或

图5-27　某样板房客厅分段式窗帘

图5-28　某样板房客厅罗马杆窗帘

是仅遮窗的非落地非满墙式。遮窗式窗帘还可进一步考虑是否以框内的形式将窗帘收入窗洞之内以露出窗套的造型设计，或是将窗帘放入框外以遮挡窗洞四周的漏光。2个以上的多个间距较大的连续窗户，则应考虑将窗帘进行分段式设计（图5-27），而不应统一以满墙的方式遮挡窗间墙的界面装修设计内容或是窗套的造型设计。由于窗帘在室内空间中存在着"开启"与"闭合"这两种状态，窗帘在"开启"这一使用常态中的造型设计更值得设计者在室内硬装设计中所关注，这就涉及前述窗型及相关尺寸的分析内容。而确定了窗帘闭合后所覆盖的区域范围，相应的也就确定了室内硬装设计中窗帘盒或罗马杆的长度。

窗帘的组合形式主要是通过帘头、内帘与外帘这三者之间的相互组合为主体来实现，并配以窗帘装饰辅料。其组合形式主要有帘头加内帘、帘头加外帘、内帘加外帘、以及帘头加内帘再加外帘。确定了窗帘的组合形式，也就确定了窗帘的层数，如单层帘、双层帘或是三层帘，相应的也就可以对轨道杆或罗马杆的数量以及在室内硬装设计中所需安装的宽度问题进行确定。窗帘的调节方向有水平左右开合式与垂直上下升降式两种（图5-26）。水平左右开合式有单开帘、对开帘以及分段式多帘设计的三开帘或四开帘等多种方式（图5-29、图5-30）。窗帘的控制方式除常规的手动控制外，智能化的电动控制方式越来越普及，设计者在室内硬装设计时需要预留出电源插座。

图5-29　某样板间卧室对开窗帘　　　　　　　图5-30　某样板房分段式多帘设计

### 2. 窗帘与软装设计

在室内软装设计中，窗帘的选配主要从面料、风格、款式、色彩及图案等方面展开。在选配窗帘的过程中，应注意到以下几点：

首先，从形态上来说，窗帘与其他室内软装产品的最大不同之处在于其"动态性"。人们在使用窗帘的过程中会根据需要，对窗帘进行开启与闭合的切换或调整，使得窗帘在室内空间中存在着"开启""闭合"以及"半开启半闭合"等多种状态。当窗帘闭合时，或是仅遮窗而占据小块立面面积，或是满墙则转化为整个立面，在室内空间中均呈现为一种"面"的形态，其色彩与图案成为影响室内空间的主要因素。而当窗帘开启时，便显露出立面与门窗造型及窗外景观，同时由于开启后的窗帘面积压缩，其收拢时的形状便成为设计的主导。设计者应充分考虑窗帘的动态性特征，在选配时应兼顾窗帘开启与闭合时所呈现出的不同空间效果。

　　其次，设计者在关注窗帘动态性特点的同时，还应该注意到，无论窗帘是处于开启还是闭合状态，在室内空间中主要还是作为背景而存在，其作用是衬托室内空间主体而不是突出自身。窗帘在闭合时作为室内家具与陈设的背景，在开启时则应该衬托室内立面与门窗造型及室外景观。因此从色彩上来说，通常以选配单色的窗帘为主导，辅助选配拼色拼布窗帘。例如通常内帘多是选配白色等浅色系色彩，而外帘则可按照室内设计概念或装饰风格来加以选配（图5-29、图5-30）。从图案上来说，以选配暗纹的花色帘为主，不宜过分突出图案，否则会跳出窗帘而喧宾夺主。另外从窗帘造型上来说，人们所生活的现代建筑室内空间，特别是在居住建筑室内空间中，其空间的层高相对较低、房间的开间与进深也相对较小，除在一些需要表现历史风格样式特征的商业设计中以外（图5-25），大多数并不适合欧式窗帘的造型法则，因此不可以直接套用，切勿做繁琐的"堆布"造型，而应做相应的简化处理。

　　最后，窗帘无论是作为室内空间与界面设计中的要素，还是作为室内软装设计中的重要组成内容，设计者都应该以整体协调的视角进行选配，切勿孤立地单独挑选。从室内空间与界面设计的层面，设计项目中每个房间与空间中需要安装窗帘的部位应该进行综合统筹的考虑，使各个部位的窗帘在设计项目中成为一个多样而统一的有机整体系列（图5-31）。从室内软装设计的角度，作为室内织物陈设主体的窗帘，还应与其他座椅类、覆盖类及床品类织物陈设的选配进行相互之间关系的协调，共同塑造整体的室内软装与设计概念的构思与创意（图5-32~图5-34）。

图5-31　客厅与卧室的窗帘通过帘头的造型相统一

图5-32　某样板房客厅软装设计

图5-33　某样板房餐厅软装设计

图5-34　某样板房卧室软装设计

### 5.2.2 覆盖类织物的选配

覆盖类织物主要是指沙发巾、台布及餐桌布等覆盖在家具或是台架表面并可移除的装饰织物。覆盖类织物在对家具起到保护、防污及防尘等作用的同时，也对室内空间环境的整体氛围带来影响，起到一定的空间装饰与点缀的作用。

#### 1. 沙发巾

沙发巾通常是覆盖在沙发的靠背、扶手与座面这些部位上。由于人们在沙发上就座时身体与这些部位直接接触，在使用的过程中难免会使这些部位的表面沾染污迹或是摩擦受损，同时出于提高保暖舒适度、加强卫生整洁性以及美化并装饰沙发等方面的需要，具有较好的防护性、耐磨性与透气性的沙发巾就成为必要的织物陈设品。

沙发巾或是由靠背巾、扶手巾与座位面巾共同组成为套件产品，或是各为单独使用的织物陈设品。在实际的陈设中主要取决于室内空间的功能类型、人们的使用需求以及沙发本身的造型特点。通常沙发巾陈设所依附的沙发靠背与扶手的造型都较为宽大敦厚且具有较强的体块感。陈设时也无需将整个沙发全部覆盖，应避免沙发巾吞没沙发本身的造型特色。例如在政府机关单位会议接待室及商务酒店接待厅中的接待沙发，通常都会在沙发上覆盖白色或米白色涤纶蕾丝镂空面料的沙发巾套件产品，兼顾整洁实用与素雅庄重的双重作用（图5-35、图5-36）。在居住空间中则可以根据人们的使用需求与沙发造型特点进行相对自由的沙发巾陈设布置，如在现代简约风格的真皮休闲沙发上陈设亲体舒适的绒布坐垫（图5-37），在欧式风格的沙发扶手上陈设与之配合的流苏扶手巾（图5-38）。

图5-35 某政府机关单位会议接待室沙发巾陈设

图5-36 广州威尼国际酒店侧门厅沙发巾陈设

图5-37 真皮休闲沙发上陈设亲体舒适的绒布坐垫

图5-38 欧式沙发扶手上陈设的流苏扶手巾

## 2. 台布与餐桌布

台布与餐桌布覆盖于各类桌几类家具的台桌面上，保护家具且防污耐脏，给人们带来洁净卫生与温馨舒适的体验感受。图5-39中台布与餐桌布分别陈设于客厅的茶几、餐厅的餐桌、书房的书桌以及卧室的床头柜与矮柜上，通过软装织物的整体设计塑造地中海风情的居住空间。

图5-39　某样板房台布与餐桌布软装整体设计

台布与餐桌布通常是将家具的台桌面整体性地完全覆盖，由于其覆盖面积较大，特别是在餐厅、宴会厅、会议室及多功能厅等由大量桌椅所构成的公共空间中，台桌布往往与餐椅套配合使用，其色彩对室内空间整体氛围起到较强的控制作用。图5-40~图5-42中香槟色的餐桌布与椅套织物共同营造出3个不同空间的整体宴饮氛围，并通过椅背蝴蝶结的色彩加以区分。图5-43与图5-44中黑白的织物配色营造出商务用餐空间干练明快的气息。

图5-40　广州海航威斯汀酒店宴会厅餐桌布与餐椅套

图5-41　广州海航威斯汀酒店多功能厅餐桌布与餐椅套

图5-42　广州海航威斯汀酒店宴会厅入口洽谈桌桌布与椅套

图5-43　广州中国大酒店宴会厅餐桌布与餐椅套

图5-44　广州中国大酒店宴会厅前厅茶水桌桌布

### 5.2.3 床品类织物的选配

床品类织物指的是床上用品类织物，从室内陈设的角度主要包括床单、床笠、床罩、床裙、被套、枕套（枕巾）以及靠垫（靠枕、抱枕）等。这类织物供人们在床上睡眠休息时所用，主要特点是其与人们的肌肤接触最为密切，亲体接触的面积最大、接触的时间也最长，对人们的睡眠健康与质量起到至关重要的作用。因此床品类织物的选配对健康环保、卫生舒适以及保温保暖等功能性的要求在所有织物中最高。

由于在卧室中主要的家具品种是床，铺覆或陈设在床上的这些床品类织物就必然也会对卧室的整体空间氛围起到较大的控制作用。在婚庆与乔迁之时，我国传统以红色系的床品类织物陈设来表达喜庆与美好的祝福。市场上的床品类织物产品较为丰富并且发展成熟，已形成系列化与时尚化的多套件组合产品供用户选购。

#### 1. 床单、床笠、床罩与床裙

床单、床笠、床罩与床裙均用于睡眠铺垫。床单也称护单，是最简洁的长方形款式，直接铺设于床垫之上（图5-50）。不过床单在使用的过程中易于滑动，而能够四面包裹并固定在床垫上的床笠就解决了这一问题（图5-45）。床罩又称床盖，是遮盖在床上并且三边下垂的床品，起到防尘与装饰的作用（图5-46、图5-47）。床裙是床罩的一种，其特征是在三边有裙边装饰，起到遮挡与美化的作用，并营造浪漫的装饰氛围（图5-48）。床罩和床裙也可以内置床笠以固定防滑。

图5-45 某样板房卧室的床笠选配

图5-46 某样板房卧室的床罩选配

图5-47 某样板房卧室的床品选配

图5-48 某酒店客房的床裙选配

床单、床笠、床罩与床裙的选配，首先与床在卧室中摆放的位置有关。通常来说，若是床的一侧或两侧靠墙放置，则因受到遮挡而较适合选配床单或床笠；而常规的床头靠墙其余三面为空的摆放方式则均可选配。此外，在选配中也应结合床本身的基本造型特点来进行。由于床体被织物覆盖，床屏通常成为床设计的核心，在选配织物的色彩与图案时要注意不应抢夺床屏的视觉中心地位。床架、床尾及床脚的造型也不应被织物全部遮盖，而应该结合具体床的造型特点与空间环境的氛围需要来选配适合的织物款式与大小尺寸（图5-45、图5-47）。最后，床品织物的图案、色彩以及布料质感应符合使用人群的年龄特点与性格喜好，对儿童、中年人以及老年人应有所区分。图5-49与图5-50分别为女儿房与儿童房的床品织物选配。

### 2. 被套、枕套、靠枕与抱枕

被套、枕套、靠枕与抱枕通常与床单、床笠、床罩与床裙等成为系列的套件组合产品（图5-48、图5-49）。被套与枕套都有里与面的两层结构。由于被里与枕面与人体直接接触，因此常用舒适、柔软且透气性良好的面料，常见的如纯棉、涤棉、聚酯纤维、竹纤维、高支高密纯棉以及麻类面料等。宾馆酒店客房中的被套、枕套与床单通常都是白色的纯棉布料，仅通过铺设有色彩、图案与布料质感变化的床尾巾（床旗）来加以变化（图5-51）。靠枕一般置于腰后，起到支撑腰部并缓解疲劳的作用，常选用舒适度高且耐磨性强的棉布、麻布、绒布、织锦缎及皮革等为面料，有方枕、长枕、圆枕及柱形枕等各种形状（图5-52）。抱枕多是人们抱在怀中玩耍、用以取暖或是缓解身体局部紧张感的小型布艺饰品，多具有个性化的造型与鲜明醒目的色彩（图5-50、图5-53）。

图5-49　某样板房女儿房的床品选配

图5-51　某酒店客房的床品选配

图5-50　某样板房的儿童房床单

图5-52　某样板房卧室靠枕陈设

图5-53　某样板房卧室抱枕陈设

## 5.3 植物陈设的选配

图5-54 澳门金沙城中心御桃园室内花园

讲课视频

植物是地球上最古老也是分布最广的生命体。绝大多数植物在体内有叶绿素，能够吸收太阳光能，表现植物所特有的绿色，被称为"绿色植物"。绿色植物能够进行光合作用、自制养料，不仅解决了自身的营养，也维持了非绿色植物和人类的生命。在建筑室内引入绿色植物，不仅可以分隔、联系并装饰美化室内空间，同时还具有净化室内空气、清除室内有害物质、调节室内微气候以及改善室内物理环境等生态功能。因此，大到室内景园，小至一盆绿萝，在建筑室内或多或少都会有绿色植物的存在。

通常来说，以室内空间为依托的室内植物、水景及山石景等构成的室内景园与内庭，其植物的栽植相对固定且不可移动，犹如室内的"硬装"一般，并不是在室内装修工程完成之后再布置进去的陈设要素（图5-54）。从室内陈设的角度来看，植物陈设主要是指那些以盆栽的方式来种植，以室内界面或家具等为依托，通过吊、摆、挂等陈设方式，体现出灵活可变且可移动特性的那些室内盆栽绿色植物、盆景及插花等内容。

### 5.3.1 室内植物的选配

植物陈设与家具、织物、灯具及饰品的最大区别在于其生命力特征。植物的生长需要土壤、水分、光照以及湿度与温度等环境条件。由于室内植物所处的室内空间是相对封闭的人工环境，其生存所需的环境条件均受到一定的限制，远不及园林植物所生长的自然环境。因此植物陈设的选配在考虑植物的观赏美学效果时，首先还得考虑哪些植物较为适合生存于室内环境之中。

#### 1. 环境条件与植物陈设

从种植与土壤来说，室内植物大都是种植在花盆或花坛等容器中，而不像室外植物那样可以直接地栽。植物生长对土质、土壤的酸碱度以及土壤深度均有一定的要求。从植物陈设的角度来看，土壤深度对种植植物的花盆大小与深浅等造型尺寸要素有相应的要求，这是在进行植物陈设时应统一考虑的问题。

从水、湿度与温度来看，植物的生长都离不开水，不过室内环境相对封闭，室内植物的需水程度比室外植物要小，只要做好常规的养护管理就不会存在植物缺水的问题。将室内空气湿度控制在40%~60%便可较好地协调植物与人对室内空间湿度的平衡关系。由于室内空间的温度通常相对恒定、温差小且无极端温度，而植物属于变温生物，满足人们在室内生活的温度一般也适合于植物，因此室内植物的选配大多选用源产热带及亚热带的植物。

光照对植物生长的影响主要体现在光照强度、光照时间与光质这3个方面特性的影响上。光照强度对植物的生长影响较大，一般认为低于300lx的光照强度，植物就不能维持生长。不过不同的植物对光照的需求是不一样的，生态学上按照植物对光照的需求将其分为阳性植物、阴性植物与耐阴植物。阳性植物是在强光或全光照条件下才能维持良好的生长与繁殖，在遮阴和弱光条件下生长发育不良的植物。阴性植物是在弱光条件下比在强光条件下生长良好的植物。耐阴植物是在全光照条件下生长最好，尤其是成熟个体，但也能忍受适度的遮阴和弱光条件，或是在其生活史的某个阶段（以幼苗期为主）需在较隐藏的生境中生长的植物。[一]可见室内植物的选配应以阴性植物为主，也包含部分耐阴植物。光照时间对植物的作用主要表现于开花的光周期现象，在室内可通过人工照明的光照时间来控制调节。太阳光能够提供植物生长所需的全部光谱成分，其光质要优于人工照明。不过太阳光要透过建筑围护结构中的玻璃窗才能为植物所获得光谱能量，但是能够较好透射太阳光的白玻璃却会给室内空间中人们使用的舒适度产生较大的影响，通常在室内采用LED植物补光灯来解决这一问题。[二]

2. 植物陈设的选配原则

从植物的观赏特性来看，植物陈设可选配的植物类型有树木、观叶植物、观花植物、观果植物、芳香植物、藤蔓植物以及水生植物等（见表5-4），其选配涉及植物的大小、形状、色彩与质感等美学要素。

表5-4 室内绿化常用植物品种列举

| 类型 | 植物名称 | 科学名 | 花色 | 高度/m | 光照强度 | 最低温度/℃ | 空气湿度 | 开花季节 | 配置方式 |
|---|---|---|---|---|---|---|---|---|---|
| 树木类 | 南洋杉 | *Araucaria cunninghamii* | - | 1~5（中） | 中 | 4~13 | 中 | - | 固定栽植 |
| | 佛肚竹 | *Bambusa ventricosa* | - | 2~5（中） | 中 | 4~13 | 中 | - | 固定栽植 |
| | 袖珍椰子 | *Chamaedorea elegans* | - | 1~3（长） | 中 | 13~18 | 高 | - | 固定栽植 |
| | 变叶木 | *Codiaeum variegatum* | - | 1~2（中） | 强 | 18~21 | 中 | - | 固定栽植 |
| | 苏铁 | *Cycas revoluta* | - | 1~3（中） | 中 | 4~13 | 中 | - | 固定栽植 |
| | 香龙血树 | *Dracaena fragrans* | - | 1~2（中） | 中 | 18~21 | 中 | - | 固定栽植 |
| | 散尾葵 | *Dypsis lutescens* | - | 3~8（长） | 中 | 18~21 | 高 | - | 固定栽植 |

〇 蒋高明. 耐阴性[DB/OL]. （2022-01-20）[2023-08-15]. https://www.zgbk.com/ecph/words?SiteID=1&ID=223561&Type=bkzyb&SubID=112684
〇 屠兰芬. 室内绿化与内庭[M]. 2版. 北京：中国建筑工业出版社，2004：2-13.

（续）

| 类型 | 植物名称 | 科学名 | 花色 | 高度/m | 光照强度 | 最低温度/℃ | 空气湿度 | 开花季节 | 配置方式 |
|---|---|---|---|---|---|---|---|---|---|
| 树木类 | 垂叶榕 | *Ficus benjamina* | - | 3~10（长） | 中 | 18~21 | 中 | - | 固定栽植 |
| | 印度榕 | *Ficus elastica* | - | 3~10（长） | 中 | 13~21 | 中 | - | 固定栽植 |
| | 大琴叶榕 | *Ficus lyrata* | - | 3~10（长） | 中 | 18~21 | 中 | - | 地面盆栽 |
| | 棕竹 | *Rhapis excelsa* | - | 2~3（中） | 中 | 4~10 | 中 | - | 固定栽植 |
| 观叶类 | 广东万年青 | *Aglaonema modestum* | - | >0.6 | 弱 | 16~21 | 中 | - | 湿性盆栽 |
| | 海芋 | *Alocasia odora* | - | >0.6 | 弱 | 16~21 | 中 | - | |
| | 蜘蛛抱蛋 | *Aspidistra elatior* | - | >0.6 | 弱 | 4~10 | 低 | - | |
| | 五彩芋 | *Caladium bicolor* | 彩叶 | 0.3~0.6 | 中 | 16~21 | 高 | - | |
| | 富贵竹 | *Dracaena sanderiana* | - | >0.6 | 中弱 | 18~21 | 高 | - | |
| | 花叶竹芋 | *Maranta bicolor* | - | <0.3 | 中 | 16~21 | 高 | - | |
| | 彩叶凤梨 | *Neoregelia carolinae* | 彩叶 | <0.3 | 中 | 16~21 | 中 | - | |
| | 辐叶鹅掌柴 | *Schefflera actinophylla* | - | >0.6 | 强 | 16~21 | 中 | - | 固定栽植 |
| | 孔雀木 | *Schefflera elegantissima* | - | >0.6 | 中 | 16~21 | 中 | - | 固定栽植 |
| | 紫背万年青 | *Tradescantia spathacea* | - | <0.3 | 中 | 10~16 | 中 | - | |
| | 吊竹梅 | *Tradescantia zebrina* | - | >0.1 | 中 | 13~18 | 中 | - | 悬挂 |
| 观花类 | 花烛 | *Anthurium andraeanum* | 红橙 | <0.3 | 中 | 16~21 | 高 | 四季 | |
| | 虎克四季秋海棠 | *Begonia cucullata var. hookeri* | 红白 | <0.6 | 强中 | 10~16 | 中 | 四季 | |
| | 山茶 | *Camellia japonica* | 红白 | >0.6 | 中 | 4~16 | 中 | 秋冬春 | 固定栽植 |
| | 君子兰 | *Clivia miniata* | 红黄 | 0.3~0.6 | 中 | 10~16 | 中 | 冬 | - |
| | 春兰 | *Cymbidium goeringii* | 黄绿 | <0.3 | 中 | 4~10 | 中 | 春 | - |
| | 倒挂金钟 | *Fuchsia hybrida* | 白红蓝 | 0.3~0.6 | 中 | 16~21 | 中 | 春夏秋 | - |
| | 瓜叶菊 | *Pericallis × hybrida* | 白红蓝多色 | <0.3 | 强 | 8~10 | 中 | 四季 | - |
| | 报春花 | *Primula malacoides* | 红白蓝紫 | <0.3 | 中 | 4~10 | 中 | 冬秋 | - |
| | 杜鹃 | *Rhododendron simsii* | 白红多色 | 0.3~0.6 | 强中 | 4~16 | 中 | 冬春 | - |
| | 非洲紫罗兰 | *Saintpaulia ionantha* | 白红蓝多色 | <0.3 | 中 | 16~21 | 中 | 四季 | - |
| | 黄脉爵床 | *Sanchezia nobilis* | 黄 | >0.6 | 强 | 10~16 | 中 | 春 | - |
| | 大岩桐 | *Sinningia speciosa* | 白红蓝多色 | <0.3 | 中 | 16~21 | 中 | 夏秋 | - |
| 观果类 | 艳凤梨 | *Ananas comosus var. variegata* | 蓝紫 | >0.6 | 强 | 16~21 | 中 | 四季 | |
| | 朱砂根 | *Ardisia crenata* | 白 | >0.6 | 中 | 10~16 | 中 | 冬春 | |
| | 大花假虎刺 | *Carissa macrocarpa* | 白 | 0.3~0.6 | 强 | 10~21 | 中 | 四季 | |
| | 金柑 | *Citrus japonica* | 白 | 0.3~0.6 | 强 | 10~16 | 中 | 四季 | |

（续）

| 类型 | 植物名称 | 科学名 | 花色 | 高度/m | 光照强度 | 最低温度/℃ | 空气湿度 | 开花季节 | 配置方式 |
|---|---|---|---|---|---|---|---|---|---|
| 观果类 | 小粒咖啡 | *Coffea arabica* | 白 | >0.6 | 中 | 16~21 | 中 | 四季 | - |
| | 枸骨 | *Ilex cornuta* | 黄 | 1~3 | 中 | 4~10 | 中 | 秋 | 固定栽植 |
| | 南天竹 | *Nandina domestica* | 白 | >0.3 | 中 | 4~10 | 中 | 秋 | - |
| | 月季石榴 | *Punica granatum 'Nana'* | 红 | 0.3~0.6 | 强 | 10~16 | 中 | 四季 | 固定栽植 |
| | 万年青 | *Rohdea japonica* | 白 | 0.3~0.6 | 弱中 | 4~10 | 中 | 夏 | - |
| 芳香类 | 金粟兰 | *Chloranthus spicatus* | 黄 | 0.3~0.6 | 中 | 10~16 | 中 | 秋 | - |
| | 文殊兰 | *Crinum asiaticum var. sinicum* | 白 | 0.3~0.6 | 强 | 5~10 | 中 | 夏 | - |
| | 栀子 | *Gardenia jasminoides* | 白 | >0.6 | 强 | 16~21 | 中 | 夏 | 固定栽植 |
| | 玉簪 | *Hosta plantaginea* | 白 | <0.3 | 中 | 4~10 | 中 | 夏 | - |
| | 球兰 | *Hoya carnosa* | 白 | >0.6 | 强中 | 16~21 | 中 | 夏 | - |
| | 含笑花 | *Michelia figo* | 淡黄 | >0.6 | 中 | 4~10 | 中 | 夏秋 | 固定栽植 |
| | 水仙 | *Narcissus tazetta subsp. chinensis* | 白黄 | <0.3 | 中 | 4~10 | 中 | 冬春 | - |
| | 木樨 | *Osmanthus fragrans* | 白黄 | 1~3（长） | 弱中强 | 4~13 | 中 | 秋 | 固定栽植 |
| | 小月季 | *Rosa chinensis var. minima* | 白黄红多色 | <0.3 | 强 | 10~21 | 中 | 四季 | - |
| | 虎尾兰 | *Sansevieria trifasciata* | 白 | <0.3,>0.6 | 弱-强 | 16~21 | 低 | 春夏 | - |
| 藤蔓类 | 天门冬 | *Asparagus cochinchinensis* | - | 0.3~0.6 | 中 | 4~10 | 中 | - | 攀缘悬挂 |
| | 文竹 | *Asparagus setaceus* | - | 0.3~0.6 | 中 | 4~10 | 高 | - | 攀缘 |
| | 吊金钱 | *Ceropegia woodii* | - | >0.6 | 中 | 4~13 | 中 | - | 攀缘 |
| | 吊兰 | *Chlorophytum comosum* | - | 0.3~0.6 | 中 | 4~13 | 中 | - | 悬挂 |
| | 菱叶白粉藤 | *Cissus alata* | - | 0.3~0.6 | 中 | 4~13 | 中 | - | 攀缘悬挂 |
| | 龙吐珠 | *Clerodendrum thomsoniae* | 白红 | >0.6 | 中 | 16~21 | 中 | 春夏冬 | 攀缘 |
| | 绿萝 | *Epipremnum aureum* | - | <0.2 | 中 | 16~21 | 高 | - | 悬挂攀缘 |
| | 斑叶薜荔 | *Ficus pumila 'Variegata'* | - | >0.6 | 中 | 4~10 | 中 | - | 悬挂攀缘 |
| | 嘉兰 | *Gloriosa superba* | 红黄 | >0.6 | 中 | 5~10 | 中 | 夏 | 攀缘 |
| | 常春藤类 | *Hedera spp.* | - | <0.2 | 强中 | 4~13 | 中 | - | 攀缘悬挂 |
| | 龟背竹 | *Monstera deliciosa* | - | >0.6 | 中 | 16~21 | 高 | - | 攀缘 |
| 水生类 | 风车草 | *Cyperus involucratus* | - | >0.6 | 强 | 4~10 | 中 | - | 注水盆栽 |
| | 凤眼莲 | *Eichhornia crassipes* | 蓝紫 | 0.3~0.6 | 强 | 4~10 | 中 | 夏 | 水面盆栽 |
| | 紫玉簪 | *Hosta albomarginata* | 紫 | <0.3 | 中 | 4~10 | 中 | 夏 | 湿性盆栽 |
| | 波叶玉簪 | *Hosta undulata* | 紫 | <0.3 | 中 | 4~10 | 中 | 夏 | 湿性盆栽 |
| | 花菖蒲 | *Iris ensata var. hortensis* | 黄白红紫 | >0.15 | 强 | 4~10 | 中 | 夏 | 湿性盆栽 |
| | 睡莲 | *Nymphaea tetragona* | 红 | 0.3~0.6 | 强 | 4~10 | 中 | 夏 | 水性盆栽 |
| | 欧洲慈姑 | *Sagittaria sagittifolia* | 白 | >0.6 | 强 | 4~10 | 中 | 夏 | 湿性盆栽 |
| | 水葱 | *Schoenoplectus tabernaemontani* | - | >0.3 | 强 | 4~10 | 中 | - | 湿性盆栽 |
| | 长苞香蒲 | *Typha domingensis* | - | >0.6 | 强 | 4~10 | 中 | - | 湿性盆栽 |

注：本表参自——屠兰芬. 室内绿化与内庭[M]. 2版. 北京：中国建筑工业出版社，2004：236-242。

从植物陈设的大小上来说，通常特大型植物的高度在3m以上，一般陈设于多层共享空间的中庭等特大型空间中（图5-55）。大型植物的高度在1~3m，大多数高大的植物在室内也多限制在这个高度范围之内（图5-56）。中型植物高度在0.3~1m，小型植物高度低于30cm，其可陈设于室内的适应范围均较为广泛（图5-57、图5-58）。植物的尺寸通常还包括花盆的高度。除考虑这些植物陈设本身的尺寸大小外，还应考虑植物与家具、周围界面与陈设以及室内空间的比例尺度与协调关系。

图5-55　迪拜购物中心特大型植物　　　　图5-56　发财树与金钱树陈设　　　　图5-57　香龙血树陈设

植物陈设的形状主要包括植物的整体外形、叶形与花形。常见的植物外形有球形、塔形、柱形、棕榈形及悬垂形等。由于在室内空间中植物陈设的观赏距离较近，叶形与花形便成为选配的重点。植物的叶片主要有线形、剑形、卵形、心形及椭圆形等，而叶的叶尖、叶基、叶缘及叶脉的形状也各有不同，因此植物的叶形就十分丰富多样，观叶植物也是室内植物陈设中应用最广的一类。植物的花冠有十字形、蝶形、唇形、漏斗形、管形及辐状等；根据花的对称性又可将花分为辐射对称花、两侧对称花以及不对称花；此外还有多花集成的花序变化，因此植物的花形也最富多样性。关注并表现植物花形与叶形的自然形状是植物陈设选配的重点所在。

植物陈设的色彩与质感也主要以花和叶的形式呈现。绿色是叶的基本色彩，在伴随着植物的生长过程呈现出草绿色、深绿色、红绿色、黄绿色以及红色与黄色等色彩的变化，此外还有彩叶植物与双色叶植物。各类花的色彩更是五彩缤纷又鲜艳夺目，通常作为室内空间的强调色起到画龙点睛的作用（图5-58~图5-60）。由于室内植物多是选配源产热带及亚热带的常绿植物，因此植物本身的质感主要体现在叶的大小、疏密及光影变化，连同栽植植物花盆的材质与色彩，共同形成柔软与坚硬、光滑与粗糙、轻巧与厚重等肌理对比效果（图5-61）。

人们在享受植物的视觉之美的同时，也会更加有意地去体验植物的文化象征寓意所带来的心灵体验。例如我国传统称松、竹、梅为"岁寒三友"；称梅、兰、竹、菊为"四君子"（图5-62）。"发财树""富贵竹"等在现代商业空间中更是广受人们欢迎（图5-56、图5-63）。最后，室内植物的选配不能选择释放刺激性气味、有刺以及有毒的植物，以免引起人们的不适、受伤或误食。

图5-58　迎宾台上的蝴蝶兰陈设

图5-59　水仙花陈设

图5-60　观花与观叶植物混合陈设

图5-61　绿植与金属花盆肌理对比

图5-62　某酒店中的绿竹陈设

图5-63　某酒店中的富贵竹陈设

## 5.3.2　盆景插花的选配

盆景与东方式插花均起源于中国，在我国有着悠久的历史。与植物陈设的纯自然特性不同，盆景和插花更多体现的是经过人为艺术加工的构思处理，因此呈现出比植物的自然美感更加丰富多彩的视觉效果。

### 1. 盆景的选配

盆景是以植物与山石等为素材，经过艺术加工和养护，在盆中再现自然林木与山水等景貌的艺术品。[一]盆景依其素材与制作的不同，可分为树木盆景与山水盆景两类。树木盆景以树木为主，山石等为陪衬（图5-64）；山水盆景以山石为主，草木等为陪衬。我国的盆景主要集中于长江流域和南方地区，并形成了岭南派、川派、苏派、扬派、海派、浙派、徽派等不同流派，各个地方的风格手法各异并各有所长，但总体上都表现小中见大、虚实相间，讲究人为艺术加工与植物自然品格的平衡协调，反对过分雕饰。

盆景的选配讲究景、盆、几架的三位一体。盆器的材质有紫砂陶盆、釉陶盆、凿石盆及天然石盆等，款式与色彩十分多样。几架的材料有木质、竹质、树根及陶瓷等多种，木质几架多是以红木、紫檀及楠木等硬木制成，色彩上多是稳重朴实的深色。盆景的造型较为精致细腻，适宜于陈设在视距较短的小空间室内观赏，背景应简洁淡雅。

### 2. 插花的选配

插花艺术是以剪切植物的枝、叶、花、果、根等为主要素材，经过一定的技术（修剪、整枝、弯曲等）和艺术（构思、立意、造型、配色等）加工，重新配置成一件精致完美、富有诗情画意、能再现大自然生态美的花卉艺术品。[一]插花按照艺术风格可分为东方式插花、西方式插花及现代花艺；按照表现手法可分为写景插花、写意插花及抽象插花。插花依据花材性质可分为鲜花插花、干花插花及人造花插花。鲜花插花是最具魅力的表现形式，不过有观赏期短的缺陷（图5-65）。干花插花可保持观赏较为持久，同时也不失植物的自然美感。人造花插花可与干花混合，以弥补缺少活力与新鲜的质感。传统插花多以各种容器为载体插制，有瓶花、盘花、钵花、筒花及异形花器插花等。现代插花花艺则十分灵活，也可不使用容器而直接陈设。

图5-64　广州白天鹅宾馆中的树木盆景陈设

图5-65　广州东方宾馆大堂内的插花陈设

　〇　胡运骅. 盆景[DB/OL]. （2022-01-20）[2023-08-18]. https://www.zgbk.com/ecph/words?SiteID=1&ID=93644&Type=bkzyb&SubID=82429

　〇　蔡仲娟，章红. 插花艺术[DB/OL]. （2023-05-24）[2023-08-18]. https://www.zgbk.com/ecph/words?SiteID=1&ID=634863&Type=bkzyb&SubID=82430

## 5.4　饰品陈设的选配

在室内陈设中，饰品是占有较大比重并具有重要作用的陈设类型。人们常常将个人喜爱的或是具有纪念意义的特定物品摆放于自己生活与工作环境的周围，不仅具有美的观赏价值，更赋有增添生活意趣与陶冶性情爱好的深层意义。一件引人注目的饰品或是具有重要意义的艺术品陈设，可以起到主导室内空间的作用，同时也能影响到该室内空间的色彩、材质及灯光等其他设计要素的构思。在某些需要表现历史风格特征的室内空间中，更是需要通过选配并陈设符合其时代与风格特征的饰品来进行环境氛围的烘托。作为室内陈设的要素，饰品具有方便移动更换、灵活性强的特点，是表达室内空间精神属性的媒介。

讲课视频

图5-66　澳门四季酒店的中国画艺术品陈设

### 5.4.1　饰品的分类

饰品的范围十分广泛，在室内空间中除了家具与设备之外，陈设于室内具有装饰性或实用性或两者兼而有之的配饰或摆设品均可作为饰品。饰品从总体上可以分为装饰性饰品与实用性饰品这两大类。

#### 1.装饰性饰品

装饰性饰品是指本身没有实用价值而作纯粹观赏之用的装饰品，它们大多具有浓厚的艺术气息与强烈的装饰效果，或是被赋予特别的纪念价值与深刻的情感意义，主要有艺术品、手工艺品、纪念品以及个人的兴趣爱好收藏品等。

（1）艺术品

艺术品是由艺术家创作的作品。我国现行《艺术品经营管理办法》中规定：艺术品是指绘画作品、书法篆刻作品、雕塑雕刻作品、艺术摄影作品、装置艺术作品、工艺美术作品等及上述作品的有限复制品；并指出所称艺术品不包括文物。艺术品具有多维的价值，作为室内陈设品则更多地体现于精神价值层面，以满足人们的审美需要和精神需求为主要目的。从陈设的角度，可将艺术品分为二维的平面艺术品与三维的立体艺术品。二维的平面艺术品如各类中国画、书法、油画、抽象画、摄影及海报作品等；三维的立体艺术品有各类雕塑、浮雕及装置艺术作品等（图5-66~图5-68）。

图5-67　深圳雅昌艺术中心的雕塑艺术品《断层的思考》陈设

图5-68　深圳中洲万豪酒店接待大堂的雕塑艺术品《离》陈设

（2）手工艺品

手工艺品是手工艺人以手工劳动来进行制作的具有独特艺术风格的工艺美术品，集工艺技巧性和艺术观赏性于一体，极具陈设与展示效果，被视为较为珍贵的饰品。世界各国的手工艺品十分丰富并各具特色。我国的手工艺品历史悠久且品类繁多，可作为室内陈设饰品的如玉器、石雕、金银器雕刻、景泰蓝、漆器等特种手工艺品；剪纸、木版年画、面塑、彩塑等民间手工艺品；还有各少数民族利用当地的竹、木、藤、泥、石、布、皮、金属等材料制成的各种少数民族手工艺品等（图5-69）。

（3）纪念品

纪念品是指可以承载纪念某个人或某件事等具有纪念意义的物品，因此作为饰品陈设于室内空间中就极具表现纪念品所有者的个人成长经历的特点。例如亲朋好友的馈赠礼物、功绩荣誉的奖章证书、结婚与生日的纪念物品等，陈设于室内空间中，均可以起到留念记忆、增进感情并热爱生活的作用。人们在参加各类会议与交流活动、外出旅游、观赏演出活动、参观博物馆或纪念馆等，也都会受赠或购买相应的会议纪念品、旅游纪念品、演出纪念品、博物馆纪念品或文化创意产品等，作为饰品陈设并展示也极具象征性的纪念价值（图5-70）。

图5-69　某样板房的手工艺品陈设　　　　　　图5-70　某样板房的纪念品陈设

（4）收藏品

收藏品主要是指出于个人的兴趣爱好而收集保存的具有历史文化价值或可在经济上保值或升值意义的物品。收藏品的范围十分广泛，各类书画、陶瓷、玉器、雕塑、珠宝、钱币、邮票、文献、书籍、报刊、票券、模型、徽章、商标及标本等，均可作为收藏品。收藏品作为饰品陈设于居室之中可以点缀美化室内空间，并极具鲜明的个性特征，常常会给来客观赏者带来眼前一亮、耳目一新的视觉感受，同时也可以体现出收藏者的文化修养与审美趣味。

2.实用性饰品

实用性饰品是指具有特定用途并同时兼具有观赏意味与陈设作用的实用品，它们在造形、色彩或材质等方面均具有一定的设计美学特点，主要有室内的各类生活器皿、书籍杂志、电器用品及文体用品等。

（1）生活器皿

生活器皿是人们在日常生活中盛装或储存食品与物品的必备之物，可以由陶瓷、玻璃、塑料、竹木、金属等不同的材质制作成各种不同的大小形状造型，以满足不同的使用需求。人们对生活器皿的使用最为频繁，常见的如碗、盘、碟等餐具；杯、壶、瓶等茶水具；果盘、花瓶、存储罐等陈设器具。随着人们对生活品质要求的不断提高，生活器皿的设计也越来越精美雅致，具有优美的造型、色彩与材质之美，并形成系列化或成套化的器皿组合以供陈设之用（图5-71）。

（2）书籍杂志

现代人的生活离不开通过书籍杂志的阅读来增长知识并开阔眼界，在居住空间、办公空间及文化教育空间中，书籍杂志的陈设就十分普遍，不仅可以满足阅读学习的功能，还可以为室内空间带来高雅清新的书卷气息与文化氛围。

（3）电器用品

电器用品是现代家庭生活中的必需品，不仅可以使人们从琐碎费时的家务劳动中解放出来，创造更加高效健康的生活与工作环境，而且可以给人们提供丰富多彩的文化娱乐条件，放松身心并提高生活质量。常见的电器用品如电视机、音响、电冰箱、洗衣机、空调及电扇等。随着工业产品设计能力的不断提升，各种新的智能化电器产品不断问世并更新迭代，其陈设效果也极具科技感、现代感与时代感。

（4）文体用品

文体用品包括文具用品、乐器及体育运动器械等。笔墨纸砚等书画文具、吉他与钢琴等乐器、球拍及跑步机等运动器械，均可作为饰品来陈设（图5-72）。

图5-71　某别墅样板房的生活器皿陈设　　　　　图5-72　深圳中洲万豪酒店空中大堂的钢琴陈设

## 5.4.2　饰品的选配

饰品与可移动家具、织物、灯具及植物等陈设品一样，虽然都是在室内装修工程（"硬装"）完成之后再摆放或安装于室内空间之中的内容，不过，饰品的选择搭配与陈设布置的具体设计工作，却是在设计初期就必须要进行构思并完成的内容。比如，像有些艺术品、收藏品及纪念品等极具个人属性特征的饰品，如同旧家具一样，是业主所现有的并希望继续在室内空间陈设和予以展示的内容，那么设计者在设计之初就必然要考虑这其中哪些饰品可以陈设、陈设在哪个空间以及具体的陈设方式等问题。此外，饰品的陈设与布置主要依托于室内的界面与家具，其陈设的效果主要还依赖于饰品与周围及背景的造型关系、室内灯具的布置与灯光的效果等室内装修设计中的硬装设计要素的对比与烘托。因此，饰品乃至整个室内陈设的设计工作应视为室内设计的整体内容予以统一的通盘考虑，而不能在硬装完成之后再去思考如何选配。

1. 饰品的选择

饰品的选择可以从空间的性质功能、饰品的风格以及饰品的造型等方面来进行。

饰品的选择要与室内空间的性质及各个房间的使用功能相一致。从建筑室内空间的性质定性来说，居住空间与公共空间的饰品选择就大不相同。通常来说，居住空间的饰品选择在表达业主的个性特征与喜好品位方面会突出一些，饰品选择的类型与价位范围也较宽广。而各种不同类型的公共空间由于其氛围特点各异，在饰品的选择倾向方面虽然各有差别，但整体来说以考虑公共欣赏与群体审美的需求为主，其饰品多是艺术品与手工艺品，且多是陈设于特定空间的定制品，饰品本身的价值与造价也相对较高。此外，同一个建筑室内的不同房间对饰品选择的要求也不尽相同，例如居住空间中客厅、餐厅等公共性较强的区域与卧室、书房等私密性较强的房间；主卧、次卧、儿童房及老人房等不同使用者的卧室，其饰品的选配均应有所区别或微差。

饰品的风格对室内空间的影响巨大，其选择应考虑室内空间的风格特点。主要涉及饰品风格与室内风格之间的关系问题，通常可以从协调或对比这两种方式来进行处理。协调的方式即饰品的风格与室内的风格相一致，大多数强调历史风格特征的室内设计中的饰品选择都可以采用这种方式。如在中式风格室内设计中陈设书法楹联或瓷器国画，在欧式风格室内空间中展示巨幅油画与人像雕塑，均是在饰品与室内空间整体风格相统一融合的大框架下，再适度加强并突出饰品的形态或色彩等视觉美感特性。对比的方式强调饰品风格与室内风格的不同与变化，甚至要更加明显地突出。这类饰品的选择多见于强调特定设计主题与突出创意特征的室内设计中，往往由于饰品在形状、体量、色彩、材质、图案及装饰等风格要素上与室内空间的风格区别巨大，成为室内空间中的视觉与趣味中心，但饰品的内涵或意义等精神方面的潜在属性往往又是与室内空间相符合的。对比方式的饰品选配在数量上应少而精，不宜过多（图5-73）。

饰品造型的选择主要包括饰品的形状、体量、色彩、材质等要素。饰品的形状从体积上可分为二维的平面饰品与三维

图5-73 深圳中洲万豪酒店空中大堂的艺术品《筑》

的立体饰品。二维的平面饰品如各类书画
艺术品、剪纸年画等手工艺品、照片奖状
等纪念品等，它们均适合于人们从正面观
赏，大都是布置在室内的墙面或隔断等立
面上。三维的立体饰品如各类雕塑、古玩
收藏品以及大量的实用性饰品等，由于其
立体的特征可以从多角度观赏，其在室内
空间中陈设的位置选择就较为多样。形状
较为新奇并富有特点的立体饰品往往更加

图5-74 澳门四季酒店的艺术品陈设

吸引人们的注意力并容易成为室内空间中的视觉焦点。饰品的体量涉及饰品本身的尺寸
大小及其在室内空间中陈设的尺度关系，通常在大空间中应选配相应较大体量的饰品，
而在小空间中则应布置小体量的饰品，当然有时为了取得某种反差效果也可进行适当调
整，不过都应考虑在室内空间是否有足够的观赏视距问题。

　　由于饰品种类的多样性，饰品的色彩也就十分丰富并且往往都鲜艳夺目，一般作
为"强调色"成为丰富室内色彩环境氛围的要素。通常选择具有色彩对比效果的饰品来
进行陈设，包括使用补色关系或是在色相、明度、纯度、冷暖以及面积等方面的色彩对
比。可以在其中的某一方面进行对比与变化，而在其他方面取得联系或协调，以突出画
龙点睛的色彩强调效果而又不过于突兀或杂乱（图5-74）。饰品的材质也由于饰品种类的
繁多且材料表面肌理效果的不同加工处理而显得复杂多样。不过总体来说，饰品的材料
选择应与其所依托的界面与家具的室内装饰材料适度拉开，形成对比的效果。此外，三
维的立体饰品特别是实用性饰品以及供人们把玩的手工艺品等，在材质上还要考虑人们
对其的触感。

　　2. 饰品的陈列

　　饰品的陈列主要依托于室内的界面与家具，其陈列与展示方式主要有地面陈列、墙
面陈列、台面陈列以及橱架陈列等。

　　地面陈列主要是一些体量与重量较大的饰品，如大型雕塑、巨幅绘画作品等装饰性
饰品（图5-67、图5-68、图5-73）；以及一些直接陈设于地面的电器用品、文体器材等实
用性饰品等（图5-72）。

　　墙面陈列是将饰品悬挂在室内墙面或隔断上的陈列方式，常见的绘画艺术品及照片
等二维的平面饰品均以这种方式陈列。其陈列的立面构图方式十分多样，可采用对称式
或非对称式的构图；饰品可单件陈列也可成组陈列，重点还要考虑饰品与界面背景之间
的图底关系以及观赏视点视距等问题的处理。如图5-75a所示，$a$为饰品宽度，$b$为饰品间
距，由于自视点$s$在水平方向上形成的45°夹角内陈列饰品的观赏效果较为理想，可算出
视距$d=(a/2+b)\times\tan67°30'$。如图5-75b所示，$h$为饰品高度，由于一般饰品悬挂高度为

距离地面800~2500mm，最高不宜超过3500mm，且自视点$s$在垂直方向上所形成的26°夹角内陈列饰品的效果较为理想，可测算出视距$d≈1.5~2\,h$。

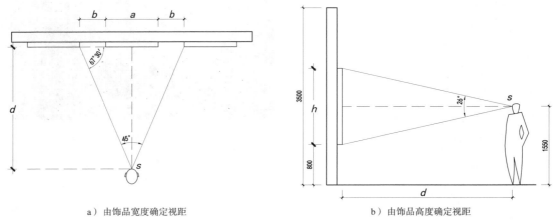

a）由饰品宽度确定视距　　　　　　　　　　b）由饰品高度确定视距

图5-75　墙面陈列饰品确定视距示意图

台面陈列是将饰品陈列于各种水平家具台面、桌面或柜面上的陈列方式，如陈列于茶几、餐桌、书桌、陈设柜及梳妆台上等。大部分的实用性饰品都是以台面陈列的方式进行，其最大的特点是台面陈列与人们进行生活活动的使用联系十分紧密，因此即使陈列物众多，也应保持适当的秩序感与整齐感，避免过于杂乱零碎（图5-71）。

橱架陈列是一种兼具有储藏功能的陈列方式，特别适合于各种体量适中且数量较多的手工艺品、纪念品及收藏品等装饰性饰品以及书籍杂志等的综合陈列。橱架陈列可以将各种造型特征不同的饰品进行统一的集中陈列，不仅十分实用紧凑，而且可以使陈列效果整齐而有序（图5-70）。

## 本章小结与思考

本章阐述了室内家具、织物、植物及饰品等的陈设选配，它们是室内设计所特有的工作内容。2021年4月19日，习近平总书记在清华大学考察时指出："要发挥美术在服务经济社会发展中的重要作用，把更多美术元素、艺术元素应用到城乡规划建设中，增强城乡审美韵味、文化品位，把美术成果更好服务于人民群众的高品质生活需求。"通过室内陈设艺术的精心选配，为人民设计创造出美的居住生活工作空间环境，对激发人民热爱生活并陶冶高雅生活的情操、提高人民的幸福感与获得感起到重要的作用。

## 课后练习

一、抄绘

图5-3　图5-4　图5-5　图5-23　图5-75　表5-4

二、体验

参观你所在城市的家具城、软装、布艺家纺及花卉市场，了解市面上常见的室内家具、织物、植物及饰品的类型与种类，拍摄照片并收集相关资料。

三、图解

参观2~3个你所在城市的星级酒店和住宅楼盘样板间，进行现场空间体验，拍摄照片并收集相关资料，对其室内陈设设计用图文并茂的手绘图解分析的形式表现出来。

四、简答

1.简述室内硬装与室内软装的内容构成。

2.从室内家具的基本功能、结构形式与制作基材简述室内家具的分类类型。

3.简述室内装饰织物的内容构成。

# 第6章
# 室内色彩的设计

讲课视频

## 6.1 色彩的基础知识

　　室内色彩的设计是室内设计中的重要内容。从室内界面的设计、材料的选择，到室内家具、织物、灯具、植物及饰品等室内陈设的选配，均离不开对这些内容的色彩搭配。色彩对于室内空间整体氛围的表现也具有强烈的渲染效果。由于色彩具有较为直接而又显著的空间表现力，往往被设计师认为是获得良好室内空间体验效果的最为有效且又极为经济的媒介手段，在学习时有必要首先掌握一些色彩的基础知识。

### 6.1.1 光与色

#### 1. 光、可见光与色

　　色彩是通过光来被我们所感知的，没有光也就看不见任何的色彩与形状。也就是说，要看见色彩，就必须要有光的存在。

　　光是一种电磁波，其物理性质是依据振幅和波长这两个要素决定的。振幅代表光的能量，其差别给人以明暗的区别；波长能够区别色相，其差别给人以色相的区别。光的波长范围很大，但其中人眼可见光（Visible light）的

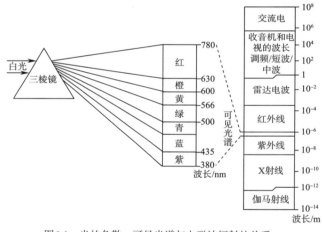

图6-1　光的色散、可见光谱与电磁波辐射的关系

波长范围却仅是在380~780nm，光波由短到长依次为紫、蓝、青、绿、黄、橙、红；而其余的波长都是人眼所看不见的（图6-1）。

#### 2. 无彩色与有彩色

　　色彩从整体上可分为无彩色（Achromatic color）与有彩色（Chromatic color）这两个大类（图6-2）。无彩色只有明暗程度

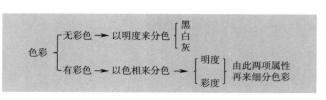

图6-2　色彩的分类

的变化，其范围较为狭窄，包括黑色、白色以及各种不同深浅序列的灰色。有彩色是指除了黑、白、灰这些无彩色之外的所有色彩。有彩色的范围十分广泛，以可见光谱中的红、橙、黄、绿、青、蓝、紫这些不同的色相为基本色，进行不同程度的明度与彩度的混合，便可以产生出成千上万个不同的彩色。

### 3. 色光的混合与色料的混合

色彩的组织体系以原色（Primary color）为基础。原色也称为第一次色，是指那些既不能由其他颜色混合调配而得出，同时其自身也不能再分解成任何颜色的基本色。原色只有3种，称之为三原色或三基色，但原色又有色光的三原色与色料的三原色这两种不同的系统之分。色光的三原色是指橙红（Orange red）、绿（Green）、紫蓝（Violet blue），即通常所说的红（R）、绿（G）、蓝（B）；而色料的三原色是指品红（Magenta red）、黄（Hanza yellow）、绿蓝（Cyanine blue），即通常所说的品红（M）、黄（Y）、青（C）。

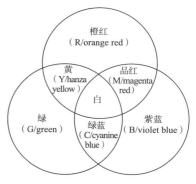

图6-3 色光的三原色及混合色

色光的三原色混合后变成白色（图6-3），而将色料的三原色混合则近似黑色（图6-4）。在色光的混合中，由于参加混合的光越多，其混合出来的颜色就看起来越亮，称之为加色混合。而在色料的混合中，由于其使用的色料多是绘画颜料、印刷用油墨以及其他工业用染料、涂料或物体色料等，其不同颜色混合的次数越多，最终形成的色彩就会越来越暗，故称之为减色混合。由

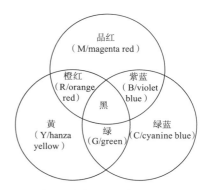

图6-4 色料的三原色及混合色

两种原色相混合而产生的颜色是间色（Secondary color），也称为第二次色，例如在色光系统中，红（R）与绿（G）混合得到黄（Y）；绿（G）与蓝（B）混合得到青（C）；蓝（B）与红（R）混合得到品红（M）。色光的混合与色料的混合存在着一种关系，即色光的原色等于色料的间色，色料的原色也等于色光的间色。

## 6.1.2 色彩三属性

对各种色彩进行区分与比较，都是从色相、明度与彩度这3个不同的色彩属性特征来进行分析与衡量。任何色彩也都是由色相、明度与彩度这3个要素的不同量值所综合而形成，称为色彩三属性或色彩三要素。

### 1. 色相

色相（Hue）即是色彩的相貌。色相能够比较确切地表示某种颜色类别的名称，如红

色、黄色、绿色、蓝色等，因此色相可以较为快速地区分不同的色彩。前文中谈到，色相主要是由不同的波长来得以区分，如红色的波长最长，紫色的波长最短（图6-1）。如果将长条形的可见光谱红、橙、黄、绿、青、蓝、紫，按顺序首尾相连地环绕排列成圆形，便形成了色相环。色相环可做成6色、10色、12色及24色等多种形式。

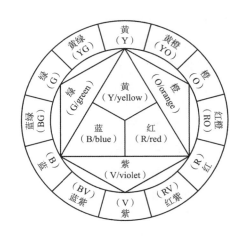

图6-5 12色伊顿色相环

图6-5是瑞士艺术教育家伊顿（Johannes Itten，1888~1967）在其《色彩艺术》一书中创作的12色伊顿色相环。其特点是以红、黄、蓝三原色作为基础色相，由这3个原色以及3个间色和6个复色（Tertiary color，由1种原色和1种间色混合而产生的第三次色）共同组成12色的色相环。

色相环使得不同色相之间的关系变得清晰而直观。这12个不同的色相通过色相环互相并置在一起，产生了从统一到对比的各种效果。如黄色、黄橙与橙色这些在色相环上相邻色相之间并置，会产生一种统一而平和的自然过渡效果，称之为类似色相。而将黄色与紫色这类在色相环上处于180°角而直接相对位置的色彩并置，又会产生一种强烈对比的鲜明刺激效果，称之为对比色相。三原色中任何一种原色都是其他两种原色之间的间色的补色，如黄与紫、红与绿、橙与蓝。伊顿12色色相环中则形成了黄与紫、黄橙与蓝紫、橙与蓝、红橙与蓝绿、红与绿、红紫与黄绿这6对补色。

此外，在色相环中，黄色、黄橙、橙色、红橙、红色使人产生温暖的感觉，这类色彩称为暖色。相较而言，蓝紫、蓝色、蓝绿则会使人产生清凉的感觉，这类色彩称为冷色。而介于冷色与暖色之间的绿色、黄绿、红紫及紫色则为中性色。由此可见，通过色相环来分析色相与色相、原色与间色以及原色与补色之间的关系十分方便明晰。

### 2. 明度

明度（Value）即色彩的明暗程度。如柠檬黄、淡黄、中黄、土黄就是由于黄色色相在明度上的变化而形成的不同色彩。在色相环中，黄的明度最高，而蓝色与紫色的明度都很低。当然，明度也可以不带有任何的色相特征，无彩色就是只有明度的属性。在无彩色中，白色最亮，其明度最高；黑色最暗，其明度最低；而在白色与黑色之间又有无数个明度等级。通常将无彩色中的黑、白、灰分为若干个等分，来作为明度的高低等级标准，称之为明度阶段或明度标尺（Value scale），各种有彩色的明度就能够以此为标准来进行判断。

如美国的孟塞尔（Albert Henry Munsell，1858~1918）将明度阶段分为11级，以字母N（Neutral）表示。其中白色的明度定为10（N10），黑色的明度定为0（N0），白色与

黑色之间再等分为9个明度阶段的灰色（N1~N9），N5 为标准
灰色，即中灰。

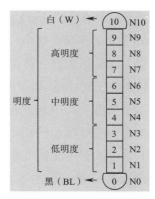

图6-6  孟塞尔明度阶段

但由于在现实中不存在完全纯粹的白色（N10）和纯粹的
黑色（N0），并且在通过它们也看不见任何的色彩。因此无
彩色的明度阶段为从1~9这9个阶级，而有彩色的明度阶段是
2~8，其中N1为常见的黑色，N9为常见的白色。同时根据明
度的高低不同，可分为N1~N3为低明度、N4~N6为中明度、
N7~N9为高明度（图6-6）。

有彩色在这个明度阶段中也都具有各自对应的明度位置，
例如色相环中黄色的明度位置在N8处，绿色的明度位置在N5
处，蓝色与红色的明度位置在N4处，紫蓝色的明度位置在N3处（见表6-1）。

### 3. 彩度

彩度（Chroma）即色彩的鲜艳程度或纯粹程度，也称为艳度、纯度或饱和度。无
彩色中的黑、白、灰等色彩不具有色相的特征，因此也就都不具有彩度的属性。当一种
颜色中黑、白、灰这类无彩色的含量越少，就越鲜艳，其彩度就越高，称之为清色；反
之，若是无彩色含量越多，则彩度就越低且越混浊，称之为浊色。进一步地，当在一种
颜色中不断加入黑色时，其明度会降低，纯度也会随之成正比而降低；而在其中持续加
入白色时，其明度会升高，但同时其纯度却会成反比而降低。

在同一色相中彩度最高而达到饱和状态的颜色称为该色相的纯色。纯色的色相特征
最为明显，因此色相环中的色彩均用纯色来表示，色彩的彩度便可以依据纯色含量的多
少来决定。不同纯色的彩度值不尽相同。在所有色相中，蓝绿色（BG）的最高彩度值
较低，而红色（R）的最高彩度值最高（见表6-1）。孟塞尔将红色的彩度最高值指定为
14，作为衡量其他色彩彩度的标准，这种尺度被称为彩度标尺（Chroma scale）。

表6-1　孟塞尔色彩体系中色相与明度和最高彩度的相对关系

| 色相 | 红（R） | 黄红（YR） | 黄（Y） | 绿黄（GY） | 绿（G） | 蓝绿（BG） | 蓝（B） | 紫蓝（PB） | 紫（P） | 红紫（RP） |
|---|---|---|---|---|---|---|---|---|---|---|
| 明度 | 4 | 6 | 8 | 7 | 5 | 5 | 4 | 3 | 4 | 4 |
| 最高彩度 | 14 | 12 | 12 | 10 | 8 | 6 | 8 | 12 | 12 | 12 |

注：本表引自——施淑文.建筑环境色彩设计 [M].北京：中国建筑工业出版社，1991：15。

### 4. 色立体

上文中谈到的色彩三属性，都是分别逐一地对色相、明度与彩度进行单独地平面图
式的阐释。我们知道所有的色彩都具有这3种属性，并且色彩三属性之间也都有相互的关
联与影响，如何将色彩三属性统一起来形成一个整体，色立体便应运而生。

色立体（Color solid）是一个用来表示色彩三属性的三维立体形态结构，它将无彩色与有彩色都包含于其中。以孟塞尔色立体为例，可将其看作为一个球体，无彩色位于球体的竖向中心，由底端的黑色经过正中心的标准灰色（即中灰）再至顶端的白色，形成黑—灰—白的中心明度轴。色相环位于球体外的最大圆周处，呈水平状包围着中心明度轴。球体外的最大圆周的位置代表着最高彩度的色相（即纯色）。色相环上的各个色彩与中心明度轴垂直相连接，代表彩度。越靠近中心明度轴的彩度越低，距离中心明度轴越远的则彩度越高（图6-7）。

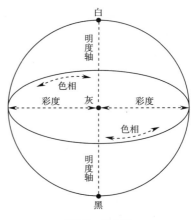

图6-7　色立体

若将孟塞尔色立体沿着中心明度轴竖向地纵剖，则每一个剖面都会出现左右相对的两个互为补色的色相；且越往上色彩的明度越高，称为高明度的明色，而越往下明度越低，称为低明度的暗色。剖面的外侧为高彩度的清色，靠近中心明度轴则为低彩度的浊色。若是以垂直于中心明度轴水平地横剖色立体，则每一个剖面都会出现若干个不同色相的等明度效果。水平剖面中也是越接近外侧的彩度越高，越靠近中心明度轴的彩度则越低。

## 6.1.3　色彩体系

色彩体系（Color system）是按照人的视觉特点，使用规定的标号系统，把颜色按一定规律排列的序列。色彩体系能够对颜色进行标准化命名与标记，使得人们对色彩的描述得以准确，并方便进行色彩的沟通。根据色光与色彩的不同性质，可分为显色色彩体系（Color appearance system）与混色色彩体系（Color mixing system）两种类别。显色色彩体系基于色料的减色混合原理，根据色彩的三个属性来形成，以孟塞尔色彩体系为代表。混色色彩体系以色光的加色混合原理或色轮的旋转混合原理为依据，代表性的如国际照明委员会色彩体系（CIE color system）及奥斯特瓦尔德色彩体系等。

### 1. 孟塞尔色彩体系

孟塞尔色彩体系（Munsell color system）由美国的孟塞尔于1905年创立，根据色相、明度与彩度的色彩三属性组成（图6-8）。

在色相上，孟塞尔色彩体系以红（R/red）、黄（Y/yellow）、绿（G/green）、蓝（B/blue）、紫（P/purple）这五色为基础，并在其两两之间各增加一个中间色相，分别为黄红（YR）、绿黄（GY）、蓝绿（BG）、紫蓝（PB）、红紫（RP），由此形成10个基本色相。为了更精确地描述色相，再把这10个基本色相的区间每个都等分为10份，最终形成总共有100个色相的色相环。而当孟塞尔色相环作为色卡实物来使用时，将这10个

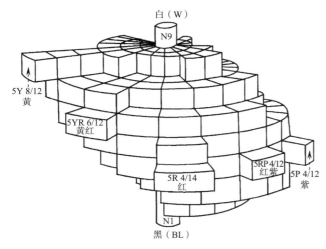

图6-8 孟塞尔色彩体系色立体

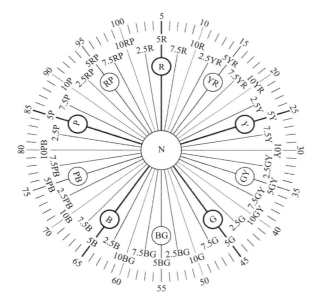

图6-9 孟塞尔色相环

基本色相每个细分为4种颜色，用数字2.5、5、7.5、10来表示，由此总共形成40种色相，其中标记为5的色相为该色相的基本色相，如红色为5R（图6-9）。

孟塞尔色彩体系的明度与彩度在前文中已有阐述，11个阶级的明度阶段位于色立体的中心明度轴的位置上，分别标记为N0（黑/BL）、N1到N9以及N10（白/W）。由于每个色相的明度值都不相同，因此每个色相的纯色在孟塞尔色立体中的位置就高低不等（图6-8）。

彩度与色立体中心明度轴呈现为垂直的关系，孟塞尔色彩体系以靠近中心明度轴的远近来表示彩度的高低，并将中心明度轴无彩色的彩度定义为0，越靠近明度轴的彩度越低，越远离明度轴的彩度越高。其中以红色（R）的彩度值14为最高，其他所有色相的彩度以红色（R）的彩度作为衡量标准（见表6-1）。

孟塞尔色彩体系的色彩标注法按照"色相 明度/彩度"（H V/C）的顺序记述数值或记号。无彩色标注法用"中性色 明度"（NV）来表示，如N5表示为中灰（即标准灰色）。孟塞尔色相环中10个基本色相的标注为：5R 4/14（红）、5YR 6/12（黄红）、5Y 8/12（黄）、5 GY 7/10（绿黄）、5G 5/8（绿）、5BG 4/6（蓝绿）、5B 4/8（蓝）、5PB 3/12（紫蓝）、5P 4/12（紫）、5RP 4/12（红紫）。

### 2. 奥斯特瓦尔德色彩体系

奥斯特瓦尔德色彩体系（Ostwald color system）由德国的奥斯特瓦尔德（Friedrich Wilhelm Ostwald，1853~1932）于1920年创立，他根据将白色、黑色与纯色进行旋转混色便可以得到任意色彩的原理，提出以白色量（W）、黑色量（B）与纯色量（C）来共同表示色彩的体系，即其色彩系统中的任何色彩都要满足W+B+C=100%的关系。

在色相上，奥斯特瓦尔德是依据德国生理学家赫林（Ewald Hering，1834~1918）的心理四原色学说（即红与绿、黄与蓝互为心理补色），以黄（Y/yellow）、红（R/red）、蓝（UB/ultramarine blue）、绿（SG/sea green）这4个原色为基础，并在其两两之间依次增加橙（O/orange）、紫（P/purple）、蓝绿（T/turquoise）、黄绿（LG/leaf green）4个间色，由此共同组成8个色相。然后再将这8个色相每个都等分为左、中、右3个色，并规定从1号黄色（1Y）开始编号到24号（3LG），最终形成24个色相的色相环。奥斯特瓦尔德色相环中处于180°角直接相对位置的两个色相均是色光的补色关系（图6-10）。

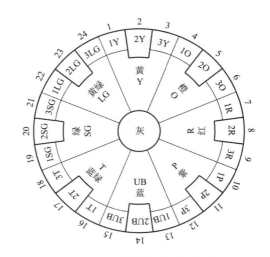

图6-10　奥斯特瓦尔德色相环

奥斯特瓦尔德色彩体系的明度阶段也是位于色立体中心明度轴的位置上，其明度阶段只有8个，分别以a、c、e、g、i、l、n、p为记号标记。其中a表示最亮的白色，p表示

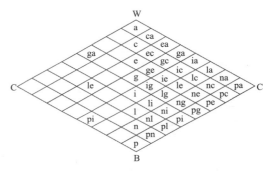

图6-11　奥斯特瓦尔德色立体纵剖面

最暗的黑色，c~n为6个明度等级的灰色（图6-11）。由于奥斯特瓦尔德色彩体系是根据色光的加色混色原理来进行，同时为了保证相邻两色之间呈等距离渐变的视感，其明度阶段也是根据眼睛可以感觉到的等差数列增减来确定黑色与白色进行混色比率的变化。如最亮的白色"a"中的白色含量（W）为89%，黑色含量（B）为11%，白色含量与黑色含量之和为100%（见表6-2）。

表6-2　奥斯特瓦尔德色彩体系明度阶段的黑白含量

| 记号 | a | c | e | g | i | l | n | p |
|---|---|---|---|---|---|---|---|---|
| 白色含量（W） | 89% | 56% | 35% | 22% | 14% | 8.9% | 5.6% | 3.5% |
| 黑色含量（B） | 11% | 44% | 65% | 78% | 86% | 91.1% | 94.4% | 96.5% |

注：本表引自——施淑文.建筑环境色彩设计[M].北京：中国建筑工业出版社，1991：19。

以明度阶段的中心明度轴作为垂直边，并以这8个明度阶段的长度为边长做成规则的正三角形，便形成了等色相的正三角形，其3个顶点分别是白色（W）、黑色（B）与纯色（C）。再将这个正三角线以中心明度轴作为垂直轴进行360°的一周旋转，所形成的复圆锥体，便是奥斯特瓦尔德色立体（图6-12）。

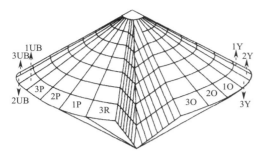

图6-12　奥斯特瓦尔德色彩体系色立体

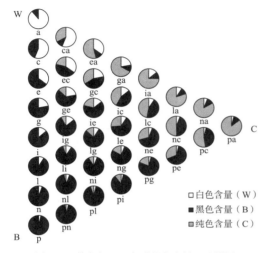

图6-13　等色相正三角形的色含量配比饼图

若将色立体沿着中心明度轴竖向垂直地纵剖，其纵剖面便是由2个等色相正三角形所组成的1个菱形。其中的单个等色相正三角形可分隔为28个菱形小格，每格上都附以2个英文字母作记号标记，表示该色标所包含的白色与黑色的含量（图6-11）。其中第一个英文字母代表该色标的白色含量（W），第二个英文字母代表该色标的黑色含量（B）。剩余的纯色含量（C）则可以通过公式W+B+C=100%来计算得出。例如在等色相正三角形中，色相为红色、白色和黑色含量为ca的色彩，通过查表6-2可知，第一个白色含量（W）为c是56%，第二个黑色含量（B）为a是11%，则红色的纯色含量（C）=100%−56%−11%=33%，意味着该色是浅红色。

图6-13为等色相正三角形的色含量配比饼图，其中与正三角形下边平行的行列色组中各色的白色含量相等（如p-pa、n-na行），称为等白量系列（图6-14a）。与正三角形上边平行的行列色组中各色的黑色含量相等（如a-pa、c-pc行），称为等黑量系列（图6-14b）。与中心明度轴平行的纵列色组中各色的纯度相等（如ca-pn、ea-pl列），称为等纯度系列（图6-14c）。

奥斯特瓦尔德色彩体系的色彩标注法采用"色相编号"与"明度阶段的白色含量与黑色含量"共同表示，即"色相编号/白色含量记号/黑色含量记号"。例如20na，表示色相编号为20，即绿色；n表示白色含量（W）为5.6%；a表示黑色含量（B）为11%；则由公式可计算得出纯色含量（C）=100%−5.6%−11%=83.4%，意味着纯绿色含量较高。

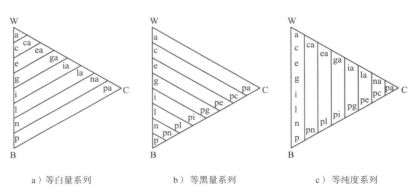

a）等白量系列　　　　　b）等黑量系列　　　　　c）等纯度系列

图6-14　奥斯特瓦尔德色彩体系的等色系列

### 6.1.4　色调

色调（Color tone）也称为色彩调子，是设计作品构图中通过所含全部色彩形成的相互关系从而反映出来的一种画面整体的色彩倾向或趋势。色调可以由色彩的色相、明度、彩度、色性、面积等多种因素综合而形成，在这其中起主导作用的因素称为某种色调。不同的色调可以给人们带来不同的色彩情感与情绪，形成不同的色彩感染力。

色调的划分类别较为多样，从色相划分有红色调、黄色调、绿色调等；从明度划分有亮色调、灰色调与暗色调；从彩度划分有鲜调与灰调；从色性划分有冷色调、中性色调与暖色调（图6-15）。

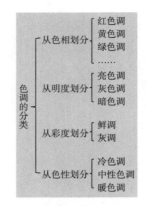

图6-15　色调的分类

由于每一种色彩都包含有色相、明度与彩度这三种属性，也都具有冷色、暖色或中性色的色性倾向，因此其所形成的色彩对比关系往往都是同时存在的。在色彩设计中往往通过加强或突出其中的某种属性并降低或减弱其他属性，以此形成的色彩调和来产生某种色调。此外，由于色彩都占据着一定的面积范围，各个色彩面积大小的比例关系对色调的形成有很大的影响，因此色调的构成又有主调色、辅调色与点缀色之分。主调色是在整个色调中占据的面积最大、所处的位置也最为明显的成分，起着主导整个画面色调的作用。辅调色占据的色量居次，或是起着辅助主调色的作用，或是与主调色构成画面中主要的对比作用的色调。点缀色在整个画面中占据的面积最小，起着调和主色调与辅色调两种成分在画面中形成过强或过弱的不协调关系的作用。

## 6.2　色彩知觉的效应

通过对光与色之间关系的学习，我们知道色彩是一种物理现象，即色彩的产生是由于光线作用于物体之后所产生的各种吸收与反射的结果。而

讲课视频

这一结果要被人们所感知，则需要通过眼睛各个视觉器官的神经系统与大脑的加工处理之后，才能最终被人们所感受到各种色彩的颜色效果。人们在这一过程中逐渐地形成了对色彩的知觉，并且会产生一些心理感受与生理反应等色彩知觉的效应，而且它们往往都是相互伴随且不可分开。为了便于研究，将其划分为物理效应、生理效应与心理效应加以分别阐释，通过理解并运用色彩知觉的效应理论来指导进行室内设计就具有实际意义。

### 6.2.1　色彩知觉的物理效应

色彩知觉的物理效应主要有温度感、距离感、重量感、体量感以及软硬感等。它们可以形成一些诸如冷与暖、远与近、轻与重、大与小、软与硬等具有一定物理属性意义的知觉效应。

### 1. 温度感

温度感是由色彩的冷暖所带给人们对温度感觉的一种知觉效应。色彩的冷暖主要由色相来决定，黄色、黄橙、橙色、红橙、红色使人产生温暖的感觉，称为暖色；蓝紫、蓝色、蓝绿会使人产生清凉的感觉，称为冷色；介于冷色与暖色之间的绿色、黄绿、红紫及紫色则为中性色。色彩的冷暖都是在一定色彩空间环境的对比中所产生，冷与暖不是绝对的，而是具有一定的相对性。根据色彩温度感的知觉效应理论，室内色彩设计就要考虑到不同地域性、季节性以及阳光照射强度等气候与温度条件。通常在寒冷地区、冬季以及北面少阳光的室内宜用暖色；而炎热地区、夏季以及南面阳光强烈的室内宜用冷色，以此对室内空间的温度感觉来进行调节。图6-16福州乐高专卖店室内以黄色为主调，温暖明亮的刺激也带来玩具体验中的兴奋与快乐之感。图6-17广州中信广场电梯厅中高明度绿色所带来的清凉感也与办公空间中清新冷静的环境相协调。

### 2. 距离感

距离感是色彩带给人们对物体进退、凹凸、远近感觉的一种知觉效应。色相对色彩距离感的影响最大，其次是明度和彩度。通常来说，红色、橙色、黄色等暖色具有迫近感，称为前进色；蓝紫、蓝色、蓝绿等冷色则具有后退感，称为后退色。在两色之间，明度和彩度高的色彩具有前进、凸出或接近的效果；而明度和彩度低的色彩则具有后退、凹进、远离的相反效果。在室内设计中可以利用色彩的距离感来调节空间的大小与高低的知觉感受，由此调节室内空间的纵深感与立体感。例如有些过于狭窄拥挤的空间，可以用后退色来处理其界面的色彩，从而使室内空间产生一种较为宽松疏朗的感觉；而过于高敞开阔的空间，则可以用前进色来处理，以形成紧凑亲切的效果。图6-18是漳州市博物馆大厅，以低纯度的前进色红色作为空间的整体色彩，不仅可以将大厅大尺度的通透与高敞感得以收缩，同时也通过闽南红砖彰显了其地域特色。

图6-16　福州乐高专卖店室内　　　图6-17　广州中信广场电梯厅　　　图6-18　漳州市博物馆大厅

### 3. 重量感

重量感是指大小材质相同而表面色彩不同的物体，但看上去却有着与实际重量不相符的不同轻重感觉。在与实际重量不相符合的知觉效应中，如白色、浅黄、浅绿、浅蓝等感觉轻的颜色称为轻感色；黑色、深红、土黄、藏蓝等感觉重的颜色称为重感色（图6-19）。色彩的重量感主要取决于明度，其次是彩度，色相的影响最弱。通常来说，明度高的色彩感觉轻，明度低的色彩感觉重。在色相和明度相同的条件下，彩度高的感觉轻，彩度低的感觉重。在明度和彩度相同的条件下，暖色感觉轻，冷色感觉重。色相的轻重次序排列为白、黄、橙、红、中灰、绿、蓝、紫、黑。由于轻感色具有上浮感，重感色具有下沉感，在室内设计中就可据此来调节空间构图的稳定感与空间感。例如为了达到庄严稳重的空间效果可用重感色，而追求轻快飘逸则宜用轻感色。在有些过于低矮的室内空间，可以采用具有上浮效果的轻感色来处理顶棚界面的色彩，用具有下沉效果的重感色来处理地面界面的色彩，由此调节空间高度并产生增高的知觉效应。图6-20为长乐福建省冰心文学馆大厅中庭，蓝色的顶棚不仅有天海一色的空间悬浮升腾之感，更可使观者的思绪升华到"大海的女儿"之寓意。

图6-19　迪拜某沙漠度假村餐厅前台　　　　　图6-20　长乐福建省冰心文学馆大厅中庭顶棚

### 4. 体量感

体量感是指色彩具有引起人们对物体在体量大小上差别感觉的知觉效应。在面积相同的情况下，不同的色彩具有体量大小上的差别，体量扩散显得大的称为膨胀色，体量内聚显得小的称为收缩色。明度对色彩体量感的影响最大，明度高的体量感大，明度低的则体量感小。如黑色的收缩与内聚效果最强，体量显小；而白色的膨胀与扩散效果最强，体量显大。色彩的体量感也受到色相的影响，通常暖色比冷色看起来体量更大一些。在室内设计中，可以利用色彩的体量感来对室内空间及构件与家具等进行空间感、大小尺度及面积体积等的调节，从而进行关系的协调或取得设计中需要的效果。例如室内中的独立柱，若希望取得强化突出的效果，则可以采用暖色或高明度的膨胀色（图6-21）；若要弱化柱子则可以采用冷色或低明度的收缩色（图6-22）。

### 5. 软硬感

软硬感是指色彩具有引起人们对物体在柔软与坚硬感觉上差别的知觉效应。通常来说，明度和彩度对色彩的软硬感影响较大，明度越高给人感觉越软，明度越低让人感觉越硬；高彩度的清色给人感觉柔软，而低彩度的浊色给人以坚硬的感觉。在无彩色中白色与黑色都是坚固色，而灰色是柔软色。此外，暖色显软，而冷色显硬。通常柔软色同时也是轻感色，坚固色同时也是重感色。在室内设计中，通过色彩的软硬感可以对室内空间中界面、家具及陈设等所依附材料的视觉质感进行调节，避免室内硬装的色彩过硬或室内软装的色彩过软。图6-23福州意瑞滋蛋糕店室内外环境设计中全部采用新颖大胆的粉红色，使顾客极易联想到面包和奶油的柔软与芳香。

图6-21　武汉红T时尚创意街区　　　图6-22　广州中泰国际广场大厅　　　图6-23　福州意瑞滋蛋糕店

## 6.2.2　色彩知觉的生理效应

色彩知觉的生理效应主要有视觉适应、色彩恒常与色彩治疗。视觉适应侧重于视知觉生理效应的活动过程，色彩恒常偏重于视知觉生理效应完成后的结果，色彩治疗则关注于色彩知觉对一些生理疾病的辅助治疗与影响效应。

### 1. 视觉适应

视觉适应有明适应、暗适应与色适应3种。

明适应（Light adaptation）是指当人们从暗处突然进入亮处时，视觉系统对光的敏感度随时间逐渐升高的现象。例如在夜间，当人们从长时间停留的黑暗室外突然进入明亮的室内时，起初会感到眼前一片炫光，并不能看清任何物体，但是稍待片刻之后眼睛便能恢复视觉并看清室内的情况，这一过程即视觉的明适应。暗适应（Dark adaptation）与明适应的过程相反，同样在夜间，当人们在明亮的室内停留较长时间后，突然走到黑暗的室外时，起初也会看不清任何室外物体，要经过一段时间眼睛对光的敏感度提高后，才能逐渐看清室外黑暗的物体。视觉的明暗适应过程所持续的时间不同，通常明适应的过程仅需要1分钟左右，整个暗适应的过程需要10~35分钟。

明适应和暗适应的产生是由于人眼视觉器官的神经细胞在发生作用，视锥细胞主司明视觉，视杆细胞主司暗视觉，当环境亮度发生突然的变化时，就会出现两者活动的转换所致。明适应就是视杆细胞向视锥细胞转移视觉功能的过程，暗适应则相反。就环境设计而言，应注意在室外与室内或室内空间序列中对照明设计照度提高或降低的逐渐过渡，在亮度反差或变化过大的环境中设置必要的过渡空间，使得人眼有足够的视觉适应时间。在人们工作与学习的工作面上，光照度应均匀柔和且不产生阴影，以避免形成明适应或暗适应发生的条件。当然，也可以利用明适应或暗适应的特征来营造特定的空间主题氛围，给人们带来反差强烈的空间体验。

明适应与暗适应都是人眼对明亮度的适应。同样，在亮度适应的状态下，人眼对色光的变化也会产生色适应。色适应（Chromatic adaptation）即是指人眼对照明光源色倾向的适应过程。例如在白天，当人们在室外高色温的日光环境停留较长时间后，再进入到一个由低色温的白炽灯照亮的室内中时，所看到房间中的物体在白炽灯照明的影响下便会有浅橘黄色的感觉，但是片刻后当眼睛的敏感度对白炽灯光逐渐适应后，所看到室内物体的颜色便会丧失橘黄色的感觉，并恢复为在日光条件下的颜色。

### 2. 色彩恒常

人们对物体的知觉具有恒常性，是指当物体的距离、方位、照明等客观条件在一定范围内发生改变时，人们对物体的大小、形状、方向、明度、颜色等的知觉具有始终保持原样不变和相对固定的特性。色彩恒常便是其中的一种，包括明度恒常与颜色恒常。

明度恒常（Brightness constancy）是指当物体的照明条件发生改变时，人们知觉物体的相对明度或视觉亮度却保持不变的特性。例如，在月光下的白纸应该是黑的，但人们对白纸的知觉仍然是白色；而日光下的煤块应该是白的，但人们对煤块的知觉依然为黑色。这其中的原因是由于人们对物体的色彩与其所照射的光是分别感觉的，人眼对物体色彩的感知不是通过照射物体绝对光量的大小来决定，而是由物体本身与其周围物体环境相比的反射程度来感知得到。

颜色恒常（Color constancy）是指当物体表面的色光发生改变时，人们对物体表面颜色的知觉却保持不变的特性。例如，将红光分别照射在白纸与黄纸上时，白纸会变成红色，而黄纸会变成橙色。然而当人们分别看红光、白纸和黄纸时，仍然可以分辨出白纸所固有的白色与黄纸本身的黄色，这就是颜色恒常的现象，其原因是人眼具有能够将物体所固有的色彩与其所照明的色光相区别开来的能力。

### 3. 色彩治疗

传统医学中所采用的色彩治疗（Color therapy）认为，人体的某一器官会受到某一特定颜色所产生的能量所影响，进而会影响到疗愈的过程。<sup>○</sup>色彩治疗在过往仅仅是用做病人的补充性或辅助性的治疗方式，但是在如今它甚至成为某些症状的标准治疗程序，例如常见的新生儿黄疸，就普遍用蓝光照射疗法来作为治疗的手段。

也有学者提出，色彩疗法就是把不同的光谱色调重新引入人体组织，以促进健康、平衡和整体幸福的艺术。它对于人体系统的作用，在于把身体、心灵和情感联系起来，通过色彩的力量来促进个人的成长与精神的发展。<sup>○</sup>这一观点认为色彩治疗除了要关注患者身体上的生理病症问题，还要考虑治疗过程中对患者在心理、精神、情绪、情感等方面的影响。事实上，色彩知觉的生理效应与心理效应往往是联系在一起的。色彩治疗除了面向病人患者以外，也关注普通人的身心健康状态。现代社会快速的生活节奏往往使人们处于一种亚健康的状态，将色彩治疗的理论应用于人们生活的空间环境中就显得十分必要。表6-3为常见色彩所产生的生理效应及其可以对应治疗的症状。

表6-3　色彩与生理效应

| 颜色 | 生理效应 | 色彩治疗 |
| --- | --- | --- |
| 红色 | 对心脏、循环系统和肾上腺具有刺激作用；会使人的脉搏加快、血压升高、呼吸急促；会提升机体力量和耐力 | 缓解血脉失调和贫血 |
| 粉色 | 相对于红色，给人带来的刺激更柔和，能使人的肌肉得到放松 | 安定情绪、缓解抑郁 |
| 绿色 | 具有降低眼压、改善肌肉运动能力的作用。但长时间在绿色环境中，会影响胃液分泌、食欲减退 | 镇静神经，解除眼疲劳 |
| 橙色 | 对腹腔神经、免疫系统、肺和胰腺具有刺激作用；能帮助促进食物的消化和吸收 | 肺、肾病 |
| 黄色 | 对大脑和神经系统具有刺激作用；能促进肌肉神经活跃；可缓解如感冒、过敏等疾病症状 | 提高脑部机能，缓解胃、胰腺和肝脏病 |
| 蓝色 | 对咽部和甲状腺具有刺激作用；可帮助降低血压，使人的脉搏缓减；使大脑得到放松。但如果长时间处于蓝色的环境中会产生忧郁的情绪 | 缓解甲状腺和喉部疾病 |
| 靛青 | 靛青光线能够净化和杀菌；可抑制饥饿感 | 减少视力混乱 |

注：本表引自——中国建筑工业出版社，中国建筑学会.建筑设计资料集 第1分册 建筑总论[M]. 3版.北京：中国建筑工业出版社，2017：30。

## 6.2.3　色彩知觉的心理效应

色彩知觉的心理效应主要表现在人们对色彩产生的各种联想，赋予色彩不同的象征意义以及不同的人们在色彩选择上的偏好。色彩知觉的心理效应使得人们对色彩赋予了不同的感情效果和精神力量，由此也形成了不同的色彩性格与色彩表情。正是因为色彩有着丰富多样的心理效应，室内设计中就常常以此来表现空间的整体氛围，设计师借此来传达设计概念，并希望空间体验者能够形成共鸣并产生启迪。

○ Barbara J. Huelat，Thomas Wan. 疗愈环境：身心灵的健康照护环境设计 [M]. 2版.林妍如，陈金渊，译.台北：五南图书出版股份有限公司，2019：82。
○ [英]孙孝华，[英]多萝西·孙. 色彩心理学[M]. 白路，译.上海：上海三联书店，2017：178。

1. 色彩联想

色彩联想（Color association）是指当人们受到某一色彩的刺激时，会产生联想到与该色彩存在着某种联系的事物与情感的心理现象。色彩联想可分为具象联想与抽象联想两种类型，具象联想将色彩与某种客观事物相联系起来，抽象联想引起某种抽象的概念或感觉。例如当人们看到蓝色时，会联想到天空与海洋，也会有深邃与空旷的感觉；而看到绿色时则会联想到绿叶与草坪，同时也带来自然与新鲜的联想。这两个例子中的前者均为具象联想，后者则都是抽象联想；也说明不同的色彩可以给人们产生不同的联想，当然这其中有正面积极的联想，也有负面消极的联想，例如：

红色：勇气、激情、爱情、兴奋、危险、牺牲、愤怒、火焰、力量。

橙色：高兴、鼓舞、日落、兴奋、活泼、爽朗、温和、浪漫、成熟。

黄色：日光、光明、乐观、温暖、启发、交流、懦弱、欺骗、轻佻。

蓝色：冷静、理智、科技、理想、宁静、清醒、冷漠、忧郁、孤独。

绿色：自然、新鲜、宁静、希望、年轻、羡慕、安全、和平、被动。

紫色：王权、高贵、势力、权力、戏剧、富裕、神秘、崇拜、尊严。

棕色：大地、木材、温暖、舒适、安全、古典、优雅、支持、稳定。

白色：纯净、纯洁、高雅、朴素、清晰、崭新、贫瘠、冷酷、严峻。

黑色：肃穆、哀悼、悲伤、沮丧、不安、世故、神秘、魔力、阴森。

灰色：忏悔、抑郁、迷雾、沮丧、平凡、柔和、中性、沉着、科技。

人们之所以会产生色彩联想，是与我们的生活环境、生活经验以及记忆知识等因素相关。不同的人们对色彩所产生的联想，有一些是共同的，具有共性的特点（见表6-4）；而有一些又因为个人的年龄、性别、民族、性格、教育、职业以及所处的自然环境、气候环境和社会环境的差异而有所不同，并且随着时代的变化而变化。通常来说，人们对自然环境的色彩具有基本一致的认识与联想。年龄较小、文化程度较低的人群对色彩的具象联想要多；而年龄较大、文化程度较高的人群对色彩的抽象联想会更多。表6-5与表6-6分别是日本学者对小学生与青年人的色彩具象联想以及青年人与老年人的色彩抽象联想的调查结果，从中可以发现这些联想之间的共性与差异。

表6-4　人对色彩基本感受的反应

| 色的属性 | | 人对色彩基本感受的反应 |
| --- | --- | --- |
| 色相 | 暖色系 | 温暖、活力、喜悦、甜熟、热情、积极、活泼、华美 |
| | 中性色系 | 温和、安静、平凡、可爱 |
| | 冷色系 | 寒冷、消极、沉着、深远、理智、休息、幽静、素静 |
| 明度 | 高明度 | 轻快、明朗、清爽、单薄、软弱、优美、女性化 |
| | 中明度 | 无个性、随和、附属性、保守 |
| | 低明度 | 厚重、阴暗、压抑、硬、退钝、安定、个性、男性化 |
| 彩度 | 高彩度 | 鲜艳、刺激、新鲜、活泼、积极、热闹、有力量 |
| | 中彩度 | 日常的、中庸的、稳健、文雅 |
| | 低彩度 | 无刺激、陈旧、寂寞、老成、消极、无力量、朴素 |

注：本表引自——施淑文.建筑环境色彩设计[M].北京：中国建筑工业出版社，1991：41。

表6-5　色彩的具象联想

| 色彩 ＼ 年龄、性别 | 小学生（男） | 小学生（女） | 青年（男） | 青年（女） |
|---|---|---|---|---|
| 白 | 雪、白纸 | 雪、白兔 | 雪、白雪 | 雪、砂糖 |
| 灰 | 鼠、灰 | 鼠、阴天 | 灰、混凝土 | 阴云、冬空 |
| 黑 | 煤、夜 | 头发、煤 | 夜、洋伞 | 墨、一套西装 |
| 红 | 苹果、太阳 | 郁金香、西服 | 红旗、血 | 口红、红鞋 |
| 橙 | 橘、柿 | 橘、人参 | 橙子、肉汁 | 橘、砖 |
| 茶 | 土、树干 | 土、巧克力 | 皮箱、土 | 栗子、靴 |
| 黄 | 香蕉、向日葵 | 菜花、蒲公英 | 月、雏鸟 | 柠檬、月 |
| 黄绿 | 草、竹 | 草、叶 | 嫩草、春 | 嫩叶、和服里子 |
| 绿 | 树叶、山 | 草、草坪 | 树叶、蚊帐 | 草、毛衣 |
| 蓝 | 天空、海洋 | 天空、水 | 海、秋空 | 海、湖 |
| 紫 | 葡萄、堇菜 | 葡萄、桔梗 | 裙子、礼服 | 茄子、紫藤 |

注：本表引自——[日]山口正城，[日]冢田敢.设计基础[M].辛华泉，译.北京：中国工业美术协会，1981：143。

表6-6　色彩的抽象联想

| 色彩 ＼ 年龄、性别 | 青年（男） | 青年（女） | 老年（男） | 老年（女） |
|---|---|---|---|---|
| 白 | 清洁、神圣 | 清楚、纯洁 | 洁白、纯真 | 洁白、神秘 |
| 灰 | 阴郁、绝望 | 阴郁、忧郁 | 荒废、平凡 | 沉默、死亡 |
| 黑 | 死亡、刚健 | 悲哀、坚实 | 生命、严肃 | 阴郁、冷淡 |
| 红 | 热情、革命 | 热情、危险 | 热烈、卑俗 | 热烈、幼稚 |
| 橙 | 焦躁、可怜 | 卑俗、温情 | 甘美、明朗 | 欢喜、华美 |
| 茶 | 雅致、古朴 | 雅致、沉静 | 雅致、坚实 | 古朴、素雅 |
| 黄 | 明快、泼辣 | 明快、希望 | 光明、明快 | 光明、明朗 |
| 黄绿 | 青春、和平 | 青春、新鲜 | 新鲜、跃动 | 新鲜、希望 |
| 绿 | 永恒、新鲜 | 和平、理想 | 深远、和平 | 希望、公平 |
| 蓝 | 无限、理想 | 永恒、理智 | 冷淡、薄情 | 平静、悠久 |
| 紫 | 高尚、古朴 | 优雅、高贵 | 古朴、优美 | 高贵、消极 |

注：本表引自——[日]山口正城，[日]冢田敢.设计基础[M].辛华泉，译.北京：中国工业美术协会，1981：144。

## 2. 色彩象征

色彩象征（Color symbol）是指对色彩的联想社会化后，人们约定俗成地对某种色彩赋予特定的内容与意义，色彩由此成为某一事物或意义的代表，并以此来表达人们的观念与信仰，并最终形成一种习惯或制度。例如，中国传统"五色"青、黄、赤、白、黑与"五行""五方"之间对应象征，东方青色主木、西方白色主金、南方赤色主火、北方黑色主水、中央黄色主土。色彩象征与色彩联想一样，有正面的象征性，也有反面的象征性（见表6-7）。色彩象征中有的是共通的，可以在全世界通过，具有普遍性，例如红色象征活力、激情与力量；绿色象征生命、和平与希望；蓝色象征理智、科技与真理。有的则因地域、民族、宗教、文化、风俗等的不同而又具有差异（见表6-8）。例如在欧美国家，婚礼中常用白色以象征纯洁和幸福，而在中国由于白色象征着死亡和哀伤而用于白事，婚礼等喜事则多用红色以象征喜庆、吉祥与美好。

表6-7  色彩的象征性

| 色别 | | 正面象征性 | 反面象征性 |
|---|---|---|---|
| 积极色彩 | 红 | 喜悦、热情、权势、勇敢、活跃 | 愤怒、恐怖、仇恨 |
| | 橙 | 热烈、成熟、活泼、炫耀 | 嫉妒、虚伪 |
| | 黄 | 愉快、希望、明朗、高贵 | 轻佻 |
| | 白 | 纯洁、素净、神圣 | 空虚 |
| 中性色彩 | 绿 | 健康、安全、生长、年青 | - |
| | 紫 | 优婉、华贵、神秘 | 不安、卑贱 |
| | 灰 | 温和、谦让、中庸 | 平凡、中立、暧昧 |
| 消极色彩 | 蓝 | 优雅、安息、和平、淡泊、深奥 | 忧郁、哀愁 |
| | 黑 | 静寂、严肃、神秘、沉默 | 悲哀、恐怖、罪恶、黑暗 |

注：本表引自——王建柱.室内设计学[M].台北：视觉文化事业股份有限公司，1976.：170。

表6-8  不同国家地区的色彩象征

| 色彩 \ 国家地区 | 中国 | 日本 | 欧美 | 古埃及 |
|---|---|---|---|---|
| 红 | 南（朱雀）、火 | 火、敬爱 | 圣诞节 | 人 |
| 橙 | - | - | 万圣节 | - |
| 黄 | 中央、土 | 风、增益 | 复活节 | 太阳 |
| 绿 | - | - | 圣诞节 | 自然 |
| 蓝 | 东（青龙）、木 | 天空、事业 | 新年 | 天空 |
| 紫 | - | - | 复活节 | 地 |
| 白 | 西（白虎）、金 | 水、清净 | - | - |
| 灰 | - | - | - | - |
| 黑 | 北（玄武）、水 | 土、降伏 | 万圣节前夜 | - |

注：本表引自——张绮曼，郑曙旸.室内设计资料集[M].北京：中国建筑工业出版社，1991：332。

### 3. 色彩喜好

人们对色彩有着不同的喜好。色彩喜好受到民族、地域、文化、观念等的影响而显得多样（见表6-9），也因性别、年龄、性格、职业等的不同对色彩的喜好显示出差异（见表6-10）。色彩喜好具有一定的相对稳定性，也受到时间性与流行色的影响。

表6-9　世界各民族传统喜爱的色彩

| 民族 | 传统喜爱色彩 |
|------|------------|
| 中华民族 | 红、黑、青、白 |
| 印度各民族 | 红、黑、黄、金 |
| 斯拉夫民族 | 红、褐 |
| 拉丁民族 | 橙、黄、红、黑、灰 |
| 日耳曼民族 | 青绿、青、红、白 |
| 非洲各民族 | 红、黄、青 |

注：本表引自——施淑文.建筑环境色彩设计[M].北京：中国建筑工业出版社，1991：42。

表6-10　我国部分青年、老年对色彩的喜爱

| 年龄 | | 喜爱顺序 | | | |
|------|---|---|---|---|---|
| | | 1 | 2 | 3 | 4 |
| 青年 | 男 | 蓝 | 红 | 绿 | 白 |
| | 女 | 蓝 | 红 | 黄 | 绿 |
| 老年 | 男 | 红 | 蓝 | 绿 | 黄 |
| | 女 | 红 | 绿 | 蓝 | 浅灰 |

注：本表引自——施淑文.建筑环境色彩设计[M].北京：中国建筑工业出版社，1991：42。

## 6.3　色彩对比与色彩调和

讲课视频

色彩对比与色彩调和是色彩构成学中的两个最基础的理论，两者相互关联。色彩的对比与调和都是就2个以上的色彩在组合与搭配时而言的，关注的是多个色彩之间的相互关系与影响效果。色彩的对比使得色彩之间形成差异，缺少对比的色彩会趋于平淡；然而对比过于强烈又会产生色彩的不协调感，因此在对比中必须寻求色彩之间的适度调和。色彩的调和使得色彩之间取得统一，缺失调和必然导致色彩的混乱；但是过于调和势必又致使色彩上形成单调，故而在调和中应寻求色彩上合宜的变化与对比。室内配色设计中追求色彩的对比与调和，即是寻求室内色彩的多样与统一。

### 6.3.1　色彩对比

色彩对比（Color contrast）是指两种以上的色彩进行组合与搭配时所呈现出的一种色彩差异现象，通过色彩之间的对比使得色彩各自的特征得以更加突出。

从观看所对比色彩的时间先后顺序上，可将色彩对比区分为连续对比与同时对比这两种类型。当先看到一个色彩后，随之再看第二个色彩时，由于心理补色的效应，使得后看到的第二个色彩中会带有先看到的第一个色彩的补色影响，由此形成的色彩对比即连续对比（Successive contrast）。例如，当先注视红色后，再看白色，受到红色的心理补色绿色的影响，白色中就会带有绿色。同时对比（Simultaneous contrast）是指两个色彩不

分时间先后而同时观看时会相互影响，这与分别单独地观看它们时的效果是不同的，由此会产生色彩对比的效果。例如，当同时注视并置在一起的红色与绿色时，这时的红色就会显得比单独观看的红色更红，绿色也会更绿。

色彩对比多是指同时对比，包括色相对比、明度对比与彩度对比等。在此基础上，又可以形成多种的色彩对比效应或对比方式，比如从前述色彩的知觉效应上来看，就可以形成色彩的冷暖对比、进退对比、轻重对比、胀缩对比及软硬对比等；再从色彩的形象上来看，又可以形成色彩的面积对比、形状对比、位置对比、虚实对比以及肌理对比等。当然，在室内设计中无论是色彩对比还是色彩调和，都应从色彩的形、光、质以及面积等方面来考虑色彩对比的综合表现效果。

### 1. 色相对比

色相对比是指两种以上的色彩主要由于它们在色相上的差异而形成的视觉对比效果。色相对比针对的是有彩色而言，通常以色相环上具有高彩度的纯色来分析。在前述色相的相关内容中已经谈到，色相环上处于180°角而直接相对位置的两个色彩的对比效果最为强烈，形成补色对比。由此，根据色彩在色相环上的位置关系，可将色相对比分为同类色对比、邻近色对比、对比色对比以及补色对比这4种类型。色彩之间在色相环上间隔距离越近则对比越为柔和，间隔越远则对比越为强烈。以伊顿12色色相环为例：

1）同类色对比，是指在色相环上间隔距离在15°~30°角范围内色彩之间的对比。例如黄与黄橙，其色相之间的差别较小，色相对比的效果最弱（图6-24a）。

2）邻近色对比，是指在色相环上间隔距离在45°~60°角范围内色彩之间的对比。例如黄与橙，由于色相之间在色相环上处于毗邻的位置，其色相对比的效果也相对较弱，但是相较同类色对比而言会有一定的变化效果（图6-24b）。

3）对比色对比，是指在色相环上间隔距离在90°~120°角范围内色彩之间的对比。例如黄与红，由于这两个色相之间是属于三原色之间的对比，其色相对比的效果就已经较为强烈（图6-24c）。

4）补色对比，是指在色相环上间隔距离达到180°角的色彩之间的对比。例如黄与紫，属于最为强烈的色相对比（图6-24d）。

a）同类色对比　　　　b）邻近色对比　　　　c）对比色对比　　　　d）补色对比

图6-24　色相对比的类型

## 2. 明度对比

明度对比是指两种以上的色彩主要由于它们在明暗程度上的差异而形成的视觉对比效果。在明度对比中，高明度的色彩看起来更亮，低明度的色彩则给人感觉更暗，因此色彩的层次性与空间关系主要依靠明度对比来实现。由于包括无彩色与有彩色在内的所有色彩都具有明度的属性，因此色彩的明度对比可以是无彩色之间的对比，也可以是有彩色之间的对比，还可以是无彩色与有彩色之间的对比。对于有彩色而言，通常将其复杂多样的色彩关系去色过滤而成为单纯是明暗层次的素描关系，即不同层次的黑白灰明度效果，在前述明度的相关内容中也已经谈到孟塞尔色彩体系中色相与明度的相对关系（见表6-1），以此来分析各种有彩色之间的明度对比关系。

色彩的明度对比通常以孟塞尔色彩体系中的9明度阶段为参照标准来进行分析，其中N1~N3为低明度区域，给人以深沉厚重之感；N4~N6为中明度区域，给人以柔和舒缓之感；N7~N9为高明度区域，给人以明快清冷之感（图6-25）。

由于在多个色彩的组合与搭配时，围绕其中某一个色彩的色相、明度或彩度为中心主体进行组合，即可形成一种色彩的整体调子。因此在明度对比中，如果以上述3个明度区域内的某一明度为面积最大的主调色，再用其他明度的小面积辅调色和点缀色与之配合进行组合，即可对应形成整体上的低明度调子、中明度调子及高明度调子。根据日本设计家山口正城（Masaki Yamaguchi，1903~1959）与冢田敢（Isamu Tsukada，1914~1970）提出的长短调理论，配色的明度差为3阶段以下小间隔的组合时称为短调，距离5阶段以上的间隔组合称为长调。他们将此与上述由主体色形成的低明度调子、中明度调子及高明度调子进行排列，便形成以下明度组合的八种基本调子（图6-26）：

1）高长调，是指以高明度区域中的某一明度为主调色，并将辅调色和点缀色以距离5阶段以上的长调来与之配合后所形成的高明度调子。例如在图6-26a中，以N8（高明）明度的色为主调色，辅调色和点缀色为N9（白）和N1（黑）。

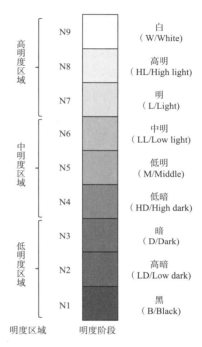

图6-25 明度阶段的划分

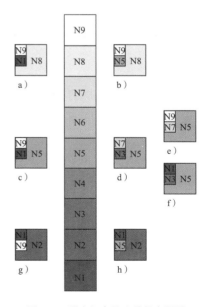

图6-26 明度组合的八种基本调子

2）高短调，同样以高明度区域中的某一明度为主调色，并将辅调色和点缀色以明度差为3阶段以内的短调来与之配合后所形成的高明度调子。例如在图6-26b中，以N8（高明）明度的色为主调色，辅调色和点缀色为N9（白）和N5（低明）明度的色。

3）中间长调，是指以中明度区域中的某一明度为主调色，并将辅调色和点缀色以距离5阶段以上的长调来与之配合后所形成的中明度调子。例如在图6-26c中，以N5（低明）明度的色为主调色，辅调色和点缀色为N9（白）和N1（黑）。

4）中间短调，同样以中明度区域中的某一明度为主调色，并将辅调色和点缀色以明度差为3阶段以内的短调来与之配合后所形成的中明度调子。例如在图6-26d中，以N5（低明）明度的色为主调色，辅调色和点缀色为N7（明）和N3（暗）明度的色。

5）中间高短调，同样以中明度区域中的某一明度为主调色，并将辅调色和点缀色以位于高明度区域中并且其明度差为3阶段以内的短调的色来与之配合后所形成的中明度调子。例如在图6-26e中，以N5（低明）明度的色为主调色，辅调色和点缀色为N9（白）和N7（明）明度的色。

6）中间低短调，同样以中明度区域中的某一明度为主调色，并将辅调色和点缀色以位于低明度区域中并且其明度差为3阶段以内的短调的色来与之配合后所形成的中明度调子。例如在图6-26f中，以N5（低明）明度的色为主调色，辅调色和点缀色为N1（黑）和N3（暗）明度的色。

7）低长调，是指以低明度区域中的某一明度为主调色，并将辅调色和点缀色以距离5阶段以上的长调来与之配合后所形成的低明度调子。例如在图6-26g中，以N2（高暗）明度的色为主调色，辅调色和点缀色为N1（黑）和N9（白）。

8）低短调，同样以低明度区域中的某一明度为主调色，并将辅调色和点缀色以明度差为3阶段以内的短调来与之配合后所形成的低明度调子。例如在图6-26h中，以N2（高暗）明度的色为主调色，辅调色和点缀色为N1（黑）和N5（低明）明度的色。○

## 3. 彩度对比

彩度对比是指两种以上的色彩主要由于它们在鲜艳与混浊程度上的差异而形成的视觉对比效果。彩度对比与色相对比一样，都是针对有彩色而言的。在彩度对比中，高彩度的色彩看起来更鲜艳，低彩度的色彩则给人感觉更加混浊暗淡。

色彩的彩度对比可以用沿着孟塞尔色立体中排列全部纯色色相环的水平方向的横剖面来进行分析。水平剖面的中心为无彩色的中心明度轴，水平剖面中越接近最外侧纯色色相的彩度越高，越靠近中心明度轴的色相彩度越低。再将其分为半径等差的3个同心圆，由此构成无彩色中心轴、低彩度色段、中彩度色段、强彩度色段以及纯色这5个部分（图6-27）。此外，在前述彩度的相关内容中已谈到，彩度同时受到色相和明度的双重影

---

○ [日]山口正城，[日]冢田敢. 设计基础[M]. 辛华泉，译. 北京：中国工业美术协会，1981：156-157。

响，因此还包括色立体在垂直方向上受到不同明度影响的同彩度阶段。辛华泉将彩度对比分为彩度弱对比、彩度中对比与彩度强对比3种：

1）彩度弱对比，是指只组合1个彩度阶段中的色相和明度，同时强调明度变化的对比。其中又可分为低彩度段自身的组合、中彩度段自身的组合与强彩度段自身的组合3种。

2）彩度中对比，是指相邻2个彩度阶段中的色相和明度的组合，同时也应注意明度的对比关系。其中又可分为低彩度段与中彩度段的色组合、中彩度段与强彩度段的色组合两种。

3）彩度强对比，是指组合跨域1个彩度阶段的2个彩度段内的色相和明度，即低彩度段和强彩度段的色组合。[⊖]

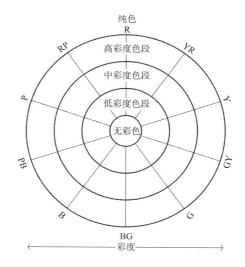

图6-27　彩度对比的3个色段

## 6.3.2　色彩调和

色彩调和（Color harmony）是指两种以上的色彩进行组合与搭配时能够给人们产生统一感与和谐感的色彩组合关系。色彩调和与色彩对比是矛盾的两个方面，两者可以相互转化。一般认为，在色彩对比中加强色彩在色相、明度或纯度中某一方面的关联性与秩序感，色彩的对比就会减弱，同时也就加强了色彩的调和。不过，色彩的调和远没有如此的简单，它还与色彩所依附的形状、面积、材料、肌理等要素相关联，并受到人们的审美习惯、视觉心理、文化背景、时代风尚等因素的影响。古往今来，相关学者对色彩调和的理论已有多种的研究，然而将这些理论过于具体化并规则化地应用于实际设计时却不一定完全适用。以下就比较有代表性的孟塞尔色彩调和理论与奥斯特瓦尔德色彩调和理论进行简介，并阐述色彩调和的主要原则。

### 1. 孟塞尔色彩调和理论

孟塞尔色彩调和理论认为，色立体中任何两种或两种以上的色彩，如果它们之间用直线连接能够通过色立体的中心明度轴，便能产生色彩的调和效果。如果将完全平衡的色彩全部混合起来，或是在色轮上旋转混合后，能够形成明度为5阶段（N5）的灰色，也可以形成色彩调和。孟塞尔强调色彩之间的秩序关系是构成色彩调和的基础，他将色彩调和的法则分为垂直调和、内部调和、圆周调和、内斜调和、侧斜调和、螺旋调和以及椭圆调和这7种类型。

⊖　辛华泉. 造型基础[M]. 西安：陕西人民美术出版社，2002：66。

1）垂直调和（Vertical harmony），即同一色相的彩度保持不变，仅做明度变化的调和（图6-28a）。

2）内部调和（Interior harmony），即明度相同而彩度变化的调和。若只采用中心明度轴一边的各色时，则形成色相和明度相同，仅彩度变化的调和；若同时以中心明度轴两边的补色对组合，则形成补色色相与彩度的变化，而明度相同的调和（图6-28b）。

3）圆周调和（Circular harmony），即明度和彩度相同，仅做色相变化的调和（图6-28c）。

4）内斜调和（Oblique harmony），即在明度和彩度上同时变化的调和，同时中心明度轴两边的补色对也可进行组合来共同参加调和（图6-28d）。

5）侧斜调和（Oblique side harmony），即明度变化较大，而色相和彩度变化较小的调和（图6-28e）。

6）螺旋调和（Spailar harmony），即在孟塞尔色立体中做自由的螺旋形，则螺旋形上符合某种秩序关系的色彩所能够形成的调和（图6-28f）。

7）椭圆调和（Oblong harmony），即在孟塞尔色立体中做椭圆形，以椭圆形上可形成具有固定秩序的多组同彩度的补色对而形成的调和（图6-28g）。

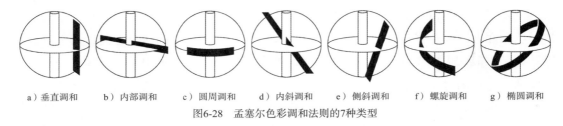

　　a）垂直调和　　b）内部调和　　c）圆周调和　　d）内斜调和　　e）侧斜调和　　f）螺旋调和　　g）椭圆调和

图6-28　孟塞尔色彩调和法则的7种类型

此外，孟塞尔认为色彩面积是色彩之间取得平衡效果的根本因素。总体来说，彩度较低的色彩面积宜大，彩度高的色彩面积则宜小。孟塞尔将色彩的彩度与面积的关系总结为以下方程式：

$$\frac{A 色的明度 \times 彩度}{B 色的明度 \times 彩度} = \frac{B 色的面积}{A 色的面积}$$

以红色（R）与蓝绿色（BG）为例，R 5/10（色相 明度/彩度）与BG 5/5两色的明度相同，但红色（R）的彩度是蓝绿色（BG）的两倍，如果两色的彩度均不变，则可根据方程式计算得出蓝绿色（BG）与红色（R）的面积比要为2：1才能够达到色彩调和：

$$\frac{R 5/10（50）}{BG 5/5（25）} = \frac{BG 的面积（2）}{R 的面积（1）} = \frac{2}{1}$$

而若两色的面积保持相同，则红色（R）的彩度需要减少一半才能够达到色彩调和：

$$\frac{R 5/5（25）}{BG 5/5（25）} = \frac{R 的面积（1）}{BG 的面积（1）} = \frac{1}{1}$$

## 2. 奥斯特瓦尔德色彩调和理论

奥斯特瓦尔德色彩调和理论强调"调和等于秩序"，即色彩的调和取决于选择色立体内色彩之间所具有的规则性与秩序感的关系位置。这种关系位置主要是通过奥斯特瓦尔德色立体垂直纵剖面的等色相正三角形以及由2个等色相正三角形所组成的菱形补色群的秩序结构上。奥斯特瓦尔德色彩调和理论主要包含以下6个内容：

1）等色相正三角形的调和。包括在前述奥斯特瓦尔德色彩体系中谈到的等白量系列调和（例如图6-29a中的pl-pg-pc）、等黑量系列调和（例如图6-29a中的ec-ic-nc）、等纯度调和（例如图6-29a中的ge-li-pn）。这3种调和若想达到醒目的对比效果可以取相等间隔的色来配色。同时，以上3种系列的调和之间也可以互相组合形成调和效果，如等黑白色列调和（例如图6-29b中的gc-lc-lg）、等黑白色列与灰色之间的调和（例如图6-29b中的c-gc-lc-lg-l）。

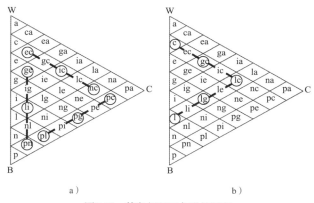

a) b)

图6-29 等色相正三角形的调和

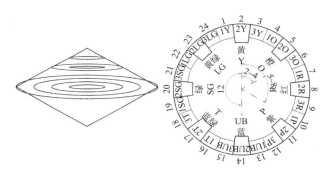

a) 等值色环示意图 b) 等值色环调和的间隔距离划分

图6-30 等值色环的调和

2）等值色环的调和。将奥斯特瓦尔德色立体用垂直于中心明度轴的水平面横剖，就能形成28个直径大小与位置高低不同的圆形色环。由于每个色环上的黑白含量都相等（即纯度相等），所以同一色环上的各个色彩之间可以形成纯度调和。由此，在奥斯特瓦尔德24色相环上，以色环上两色相之间间隔距离的大小再进行划分，色相间隔2~4的为类似色调和，形成微弱的对比效果，如2ie-4ie、6ni-10ni；色相间隔5~8的为异色调和，形成中等的对比效果，如8ea-13ea、4na-12na；色相间隔12的为对比调和，形成强烈的补色对比效果，如5na-17na（图6-30）。

3）补色的菱形调和。将奥斯特瓦尔德色立体沿着中心明度轴竖向垂直地纵剖，其纵剖面便是由2个等色相正三角形所组成的1个菱形。由于这2个相对的正三角形中的色相是补色关系，因此在这个菱形中可以形成补色的对比调和，具体又可形成等值色环补色对比与斜横断补色对比两种。等值色环补色对比是指等值色相环上（即黑白含量都相等）

的间隔为12的对比色调和，其中高纯度的同类色形成强对比，如2pa-14pa；中纯度的同类色形成中等对比，如2ic-14ic；低纯度的同类色形成微弱对比，如2li-14li（图6-31a）。斜横断补色对比并不要求黑白含量都相等的补色，而是允许形成纯度与明度的对比。如2ie-14ni，两色距离中心明度轴等距，故纯度相同；但2ie比14ni的明度要高，于是形成了明度的对比；而2ie与14ni都处于斜横断面上，所以形成调和（图6-31b）。

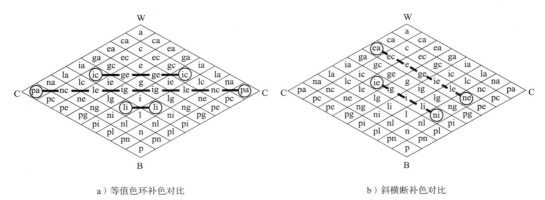

a）等值色环补色对比　　　　　　　　　b）斜横断补色对比

图6-31　补色的菱形调和

4）两个非补色的菱形调和。是指色相间隔小于12的两色组合时形成的调和。例如以奥斯特瓦尔德色相环中的色相2（黄）与色相6（红橙）为例，两色在色相环上间隔为4，即形成60°夹角，这也是这两个色相所在的等色相正三角形的位置（图6-30b）。将这两个60°夹角的等色相正三角形展开成为补色关系的菱形，便可以用类似补色的菱形调和的方式，找到等值色环以及斜横断这两种非补色菱形调和的形式。例如2ic-6ic即是等值色环上的非补色菱形调和，2ie-6ni为斜横断明度对比的非补色菱形调和。

5）两色或三色调和。是指两色或三色在组合时满足以下条件可以形成调和：同一色相的两色是调和的；同一记号表示的任意两色是调和的；任何颜色与含有该色中1个相同记号的灰色是调和的；记号的前一字母相同的两色是调和的；记号的前一字母与后一字母相同的两色是调和的；记号的后一字母相同的两色是调和的；任意两色与表示该两色的记号字母交叉组合所表示的第三个色是调和的。

6）多色调和。是指通过等色相正三角形中的某个色彩（例如ie）的等白量线、等黑量线、等纯度线以及水平方向切圆的等白黑环（也称为环星），上面的色彩都是调和的（图6-32）。

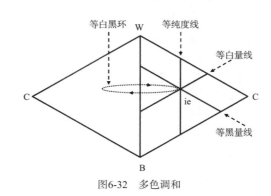

图6-32　多色调和

3. 色彩调和的主要原则

色彩调和的原则主要有主次原则、同一性原则以及秩序原则等，这些原则的目标是实现作为色彩调和最高原则的多样与统一。

1）主次原则。色彩的调和与色调的形成都必须对色彩的面积进行控制，主次原则即是对多个色彩之间的面积大小关系进行主次区分。通常在画面构图中以主调色、辅调色与点缀色来进行划分。主调色在画面构图中面积最大、位置也最为明显，对画面整体的色彩倾向起到主导与控制的作用。辅调色在画面构图中面积居次，起着辅助主调色并与之形成色彩对比关系的作用。点缀色作为画龙点睛之用，面积较小，可以调节主调色与辅调色在画面中过强或过弱的不和谐关系。

2）同一性原则。色彩调和要使得相互对比的色彩不至于差别过大而产生不和谐感，即可运用同一性原则。同一性原则使得构图中的各个色彩在色相、明度、彩度、色调或其所依附的材料、肌理、形状、面积、位置等要素中的某些方面相同，由此形成画面构图中色彩之间在以上要素中的呼应与联结关系，便可将较为强烈的色彩对比得以缓和，从而形成色彩的调和感。色彩之间的同一性与联结性要素越多，调和感就越强。

3）秩序原则。调和即秩序，相互调和的多个色彩中必然包含着其之间建立的一种秩序关系，由此形成一种色彩的秩序或节奏。秩序感与节奏感中往往内含着一种与色彩相关的数值与数值之间的组合关系，并可以成为外显在色立体中的规则形状。例如前述孟塞尔色立体与奥斯特瓦尔德色立体中，对于色彩调和的秩序原则都是通过距离间隔、区域划分、角度关系、数列组合、等量关系、几何连线，甚至是通过方程式的数值计算来实现的。

## 6.4　室内配色设计原理

讲课视频

室内配色设计需要以色彩基础知识为根本，符合并运用色彩知觉效应的理论，实现室内配色对比与调和的多样统一，并最终能够成功塑造出室内空间的总体艺术氛围。不过，由于室内色彩所依附的物质实体较多，如界面、家具、织物、灯具、植物及饰品等，要将这些不同部分或细部的色彩共同组织成为一个相互之间完美协调的统一整体，就必须首先梳理室内色彩所依附物质实体的结构层次。

### 6.4.1　室内色彩的结构

在前述色彩调和的主要原则中，将画面构图中的色彩按照主次关系区分为主调色、辅调色与点缀色。将这一关系运用并转换到室内空间的色彩构图中，结合室内的空间、界面、家具与陈设等要素，便形成以背景色彩、主体色彩与强调色彩来区分室内空间色彩的3个色彩结构。

#### 1. 室内色彩结构的分类

背景色彩（Background color）是指固定界面与构件这类在室内空间中占据面积最大

的物质实体的色彩，包括地面、墙面与顶棚这些界面的色彩，以及界面上的门窗及梁柱等构件的色彩。室内背景色彩在面积上可对应主调色的面积概念，都是占据最大面积的色彩。不过并不是所有的室内背景色彩都是如同主调色一样对构图的整体色彩倾向起到主控作用，室内背景色彩在功能上多是起着背景的烘托作用，在这一点上又与辅调色的效用相似。

主体色彩（Dominant color）是指家具与陈设这些占据中等面积的色彩。室内主体色彩在面积上与辅调色一样，均为占据中等面积的色彩，不过在功能上却常常起着主调色的作用。从色彩的图底关系上来看，"图"即主体，"底"即背景。如果将室内界面作为背景的"底"，室内家具则成为主体的"图"。同样，作为"图"的室内家具相对于陈设物来说往往又会转化成为衬托其"底"的背景，以突出陈设物作为"图"的主体。因此家具与陈设的色彩往往作为主体色彩对室内整体色彩起着主导与统治的作用，尽管有时其占据的面积并没有背景色彩大。

强调色彩（Accent color）是指室内饰品这类占据面积较小部分的色彩。强调色彩可对应点缀色的概念，在色彩上起到画龙点睛的重点强调作用。

### 2. 室内色彩结构的组合

根据上述室内色彩结构的分类，通常认为，作为烘托作用的背景色彩适宜采用彩度较低的沉静色彩，作为表现室内主要色彩效果的主体色彩宜采用较为强烈的色彩，而强调色彩则可用最为突出的强烈色彩以表达其画龙点睛之用。不过，这一常规原则并非一成不变，在实际的设计中，背景色彩、主体色彩与强调色彩可根据室内设计概念的需要进行不同侧重的突出与强调。例如，作为主体色彩所依附的室内地面、墙面与顶棚这些界面中，就常常会突出某一主墙面（如主题墙与背景墙）或顶棚的色彩与造型；对地面色彩与材质的强调也是走道和通道等交通空间中常用的设计手法。因此，室内空间中背景色彩、主体色彩与强调色彩这3个色彩结构，也可进一步细分并组合成为以下几种形式：

1）以地面和顶棚作为统一的背景色彩，墙面和家具作为突出的主体色彩（图6-33）。

2）以地面和墙面作为统一的背景色彩，顶棚和家具作为突出的主体色彩（图6-34）。

图6-33　某样板房主卧

图6-34　广州海航威斯汀酒店知味西餐厅

3）以墙面和顶棚作为统一的背景色彩，地面和家具作为突出的主体色彩（图6-35）。

4）以全部界面作为统一的背景色彩，家具作为突出的主体色彩（图6-36）。

5）以全部界面和家具作为统一的背景色彩，陈设作为突出的主体色彩（图6-37）。

图6-35　广州白天鹅宾馆洗手间

图6-36　某样板房餐厅室内

图6-37　某样板房客厅与餐厅

## 6.4.2　室内的配色设计

室内的配色设计从色相上可分为关系色（Related color）的配色设计与对比色（Contrasting color）的配色设计两大类。关系色的配色设计由一种或几种同类邻近的色彩组成，由于在色相上较为统一和谐，故在明度、彩度以及材料、肌理、形状、面积、位置等要素中的某些方面要做适当的变化与对比。对比色的配色设计建立在相互差异和对比效果较大的色彩组合上，由于在色相上的对比与反差效果强烈，故应以明度、彩度以及材料、肌理、形状、面积、位置等要素中的某些方面上做统一协调来取得各色之间的调和效果。

### 1. 关系色的配色设计

关系色的配色设计包括单色相配色设计、无彩色配色设计与类似色相配色设计3种。

（1）单色相配色设计

单色相（Monochromatic）配色设计只采用1种色相来统摄整个室内空间的色彩效果，同时在明度和彩度的高低上，以及材料、肌理、形状、面积、位置等要素中做变化，以此求取在色相统一中多样与丰富的效果（图6-38a）。单色相的配色设计易于创造出表达鲜明色彩情感的室内空间氛围，但前提是要善用以上变化，否则容易造成单调乏味之感。例如图6-39广州中国大酒店的大堂室内，虽然在色相上仅采用单一而强烈的红色，但却以不同材质的质感、虚实、形状、纹理上做明度和彩度上的变化，不仅共同营造出一种宾至如归的喜庆氛围，也通过"中国红"向外宾传达出设计中所强调的民族特色。

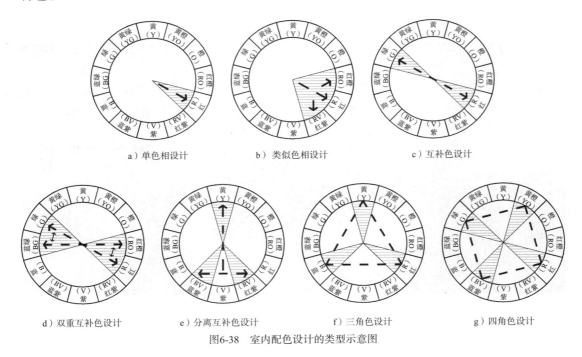

a）单色相设计　　　　　b）类似色相设计　　　　　c）互补色设计

d）双重互补色设计　　　e）分离互补色设计　　　f）三角色设计　　　g）四角色设计

图6-38　室内配色设计的类型示意图

（2）无彩色配色设计

无彩色（Achromatic）或中性色（Neutral）配色设计只运用色彩在明度上的变化，而在彩度上不做变化。其配色的色彩包括通常所说的黑、白、灰，也包括一些室内界面与家具中低纯度的暖色（如象牙白到深棕色）。无彩色的配色设计中可以加入红、黄、蓝、绿等小面积的纯色作为强调色彩来与之搭配。例如图6-40广州大剧院室内，即是典型的黑白灰无彩色配色，其中地面全部为黑色，围护结构与内墙面均为白色，在结构构件的部位施以灰色，并以高纯度的红色休息椅为点缀色。设计师强调的是空间形态语言所赋予的冲击与张力。

（3）类似色相配色设计

类似色相（Analogous）配色设计由两种或两种以上的色相组成，同时它们其中的每一个色相都包含有某种程度的共同色相，由此形成一种和谐关系的配色设计。例如伊顿色相环中的红橙（RO）、红（R）、红紫（RV），由于这3个色彩都包含有共同的红色色相，因而形成调和的效果（图6-38b）。类似色相配色可以在统一整体的色彩关系中产生更为丰富与趣味的色彩效果。例如图6-41澳门新濠天地室内地毯，即是以红色与红紫色这组类似色相配合黑白灰无彩色，同时降低纯度以取得协调效果。

2. 对比色的配色设计

对比色的配色设计包括互补色、双重互补色、分离互补色、三角色以及四角色这5种

图6-39　广州中国大酒店大堂　　　　图6-40　广州大剧院内景　　　　图6-41　澳门新濠天地内景

配色设计。

（1）互补色配色设计

互补色（Complementary）配色设计是指以色相环上的一对互补色对作为室内色彩的配色主体，利用互补色强烈的色相对比效果来进行室内配色，往往容易塑造响亮活泼的室内空间氛围。例如在伊顿色相环上，红（R）与绿（G）、橙（O）与蓝（B）、黄（Y）与紫（V），均可形成色相与冷暖对比强烈的互补色对比关系（图6-38c）。在互补色配色中，通常会加入黑、白、金、银、灰等无彩色将对比过于强烈的补色对进行中和与平衡。同时，在色彩面积、明度、彩度等方面也可进行适当调节，以取得互补色对比效果强烈而又统一和谐的调和效果。例如图6-42深圳火焰山创意湘川菜室内，即是以红色与绿色这组互补色进行配色设计，其中绿色的明度和纯度降低，而红色的面积最大纯度也最高，从而成为主调色，也传达出湘川菜浓郁的火辣特色。

（2）双重互补色配色设计

双重互补色（Double complementary）配色设计可视为是互补色配色设计的一种延伸，即是用2组在色相环上直接相邻的互补色来进行的色彩搭配。例如在伊顿色相环上，红（R）与红橙（RO）分别与它们的补色绿（G）与蓝绿（BG）进行组合，即可形成双重互补色的配色关系（图6-38d）。需要注意的是，双重互补色配色中的两组补色对必须是分别在色相环上的相邻位置上（如红与红橙），由此才能够建立联系与协调，如果分开太远则难于辨认出是由此配色设计类型所建立。双重互补色的调和方法与互补色相同，不过其色彩对比的强度比互补色要更为柔和，变化性与统一性却大为增强。例如图6-43深圳瑞吉酒店大堂吧室内即是以双重互补色进行配色设计，其中地面低纯度的紫色地毯与远处高纯度的紫色花朵，与金黄色的沙发椅面和靠垫形成一组互补色对比关系；蓝紫色的沙发椅面和靠垫与黄橙色的台灯灯光形成另一组互补色对比关系。

图6-42　深圳火焰山创意湘川菜室内

图6-43　深圳瑞吉酒店大堂吧室内

（3）分离互补色配色设计

分离互补色（Split complementary）配色设计可视为是互补色配色设计的一种变化，即是由色相环上任意1个色相与其互补色两侧的2个色相（即将此互补色分离为其两侧的2个色相）所组合而成的配色关系。例如在伊顿色相环上，将黄（Y）与其补色紫（V）两侧的蓝紫（BV）与红紫（RV）这两色进行组合，即可形成分离互补色的配色关系（图6-38e）。分离互补色由于将互补色进行了分离，因此其补色的对比效果相比互补色配色设计要小，同时其变化性与统一性又得到了增强。例如图6-44迪拜某室内儿童活动区，界面与家具即是以蓝色与其分离互补色红橙和黄橙共同形成的分离互补色配色，同时以黄绿色、浅蓝色等予以点缀，共同营造出儿童喜爱的色彩环境。

（4）三角色配色设计

三角色（Triad）配色设计是指在色相环上呈正三角形关系的一组三角色所形成的配色。例如在伊顿色相环上，红（R）、黄（Y）、蓝（B）；橙（O）、绿（G）、紫（V）；红橙（RO）、黄绿（YG）、蓝紫（BV），均可形成三角色配色关系（图6-38f）。不过在室内配色的使用中，三角色配色较少直接以色相彩度最高的纯色来进行搭配，通常都需要将其彩度适当降低并调整明度与面积，或是加入黑、白、金、银、灰等无彩色以加强三者之间的协调关系。三角色配色设计具有华丽而喧闹的效果。例如图6-45迪拜某酒店客房室内，即是以地面的黄色地毯配合红色与蓝色的床品织物，形成三角色配色。图6-46深圳雅昌艺术中心室内展柜后的背景墙面以连续的红色、黄色与绿色进行配色。

（5）四角色配色设计

四角色（Tetrad）配色设计可视为是三角色配色设计的一种延伸，是指在色相环上呈正方形关系的一组四角色所形成的配色。例如在伊顿色相环上，黄橙（YO）、绿（G）、蓝紫（BV）、红（R）即可形成四角色配色关系（图6-38g）。四角色配色具有华丽多彩的特点，其调和方法与三角色相同。图6-47为迪拜某酒店大堂室内，其中包含着黄、橙、紫、蓝的四角色配色关系。

图6-44　迪拜某室内儿童活动区

图6-45　迪拜某酒店客房室内

图6-46　深圳雅昌艺术中心室内

图6-47　迪拜某酒店大堂室内

## 本章小结与思考

　　本章介绍了色彩的基础知识、色彩知觉的效应、色彩对比与调和以及室内配色设计原理等内容。中华传统色彩文化历史悠久。《考工记》中较早提出中国传统"五色观"。古代文献中还见有"楹，天子丹，诸侯黝垩，大夫苍，士黈""朱柱素壁""白壁丹楹""红壁玄梁""螭桷丹墙"等有关室内色彩的描述。《营造法式》中记载了五彩遍装、碾玉装、青绿叠晕棱间装、解绿装、丹粉刷饰和杂间装这6类宋代主要的彩画形制。

## 课后练习

　　一、简释

　　色彩三属性　色立体　色彩体系　色调　视觉适应　色彩恒常　色相对比

　　明度对比　彩度对比　孟塞尔色彩调和理论　奥斯特瓦尔德色彩调和理论

　　二、抄绘

　　图6-3　图6-4　图6-5　图6-9　图6-10　图6-24　图6-26　图6-38

三、简答

1.简述色彩知觉的物理效应。

2.结合室内设计案例，简述室内色彩结构的分类以及室内色彩结构的组合形式。

3.结合室内设计案例，简述关系色的配色设计的3种类型。

4.结合室内设计案例，简述对比色的配色设计的5种类型。

# 第7章
# 室内照明的设计

## 7.1 照明的基础知识

从使用功能和美学形式这两方面来看，室内照明的设计在室内设计中发挥着重要的作用。室内的空间、界面、造型、色彩、材料、家具及陈设等设计内容都需要通过室内照明设计来提亮并显形。室内照明设计所形成的室内光环境对于室内空间整体氛围的塑造也具有强烈的表现效果。建筑室内的光环境由天然采光与人工照明这两种方式形成。天然采光由建筑设计主导并控制，通过在建筑的外围护结构上开启并布置侧窗与天窗等窗洞口，将天然光源引入建筑室内来实现。人工照明则需要在室内设计中与电气设计专业人员配合来完成，通过选配与布置合适的电光源与灯具来完成室内人工照明的设计。室内照明设计往往被设计师看作是室内设计中最具有技术含量的内容，室内设计人员应能够进行简单的照明设计，并协助电气设计专业人员完成复杂与专业性程度要求更高的照明项目，在学习时有必要首先理解相关照明术语的基本概念。

### 7.1.1 照明术语的基本概念

#### 1. 辐射通量、光通量与发光效能

在上一章光与色的相关内容中，谈到光是一种电磁波，即光作为辐射体以电磁波的形式向外辐射能量。以辐射的形式发射、传输或接收的功率称为辐射通量（Radiant flux）或辐射功率（Radiant power），其单位为瓦特（W）。同时，我们知道光辐射的波长范围很广，其中人眼可见光的波长范围仅仅只是在380~780 nm（图6-1），并且人眼对不同波长的可见光也有着不同的敏感度，因此就不能够直接用光本体的辐射通量或辐射功率来衡量光能量，而必须以人眼视觉对光的感觉量为基准。由此定义在辐射通量中有人眼视感觉的那一部分光辐射功率大小的度量为光通量（Luminous flux），其符号是$\Phi$，单位为流明（Lumen，以lm表示）。

光通量表示光源发出光能的多少，它将辐射功率的电能概念转化为光的度量单位。在光源的包装盒上都有这些基本的参数信息，例如5W/6500K的欧普LED球泡发出450lm的光通量，12W/3000K的欧普LED球泡发出1050lm的光通量。通过这些参数信息可以计算出灯的发光效能（Luminous efficacy），即是以灯的光通量除以灯消耗电功率之商，简称为光源的光效，单位为lm/W（流明每瓦特）。可依此计算出本例中两个球泡的发光效

能分别为90lm/W和87.5lm/W。发光效能表示每瓦特电力所发出光的量，其数值越高说明光源的效率就越高，是照明节能中的一个参数指标。在满足眩光限制和配光要求的条件下，设计中应选配发光效能高的光源与灯具。

### 2. 立体角与发光强度

在二维平面中，可以将一段圆弧（$l$）对圆心（$O$）所张开的角度（$\theta$）视为一个平面角（图7-1a）；其中弧度$\theta=l/r$，若$l=r$则称之为1弧度的角。如果将这一概念扩展到三维空间中（图7-1b），也可以将一块面积（$A$）对某一参考点（$O$）所张开的角称为立体角（Solid angle），其符号是$\Omega$，单位为球面度（Steradian，以sr表示）。

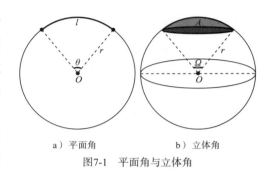

a）平面角　　　　b）立体角

图7-1　平面角与立体角

以一个空心的球体为例（图7-1b），若以$O$点为球心，以$r$为球体的半径作球面，在球面上取任意一块面积$A$，则可以将这块所取球面面积$A$所对球心$O$的立体角$\Omega$表示为$\Omega=A/r^2$。若当所取球面面积$A$与球体半径的平方相等时，即当$A=r^2$时，则可根据上述公式计算出这块球面面积$A$所对球心处的立体角$\Omega=A/r^2=r^2/r^2=1sr$，这也是1个球面度的概念。一个完整的球体的表面面积为$4\pi r^2$，故也可计算出一个完整球体球面的立体角$\Omega=A/r^2=4\pi r^2/r^2=4\pi sr$。

前述光通量的概念表达的是光源向四面八方各个方向辐射出的光能总量，然而不同的光源发出的光通量在空间中的分布是不同的，例如室内中的光源往往是以加灯罩的形式来限制光源发射的方向，不同的灯罩即可理解成为是不同的立体角，由此便形成了对光通量空间分布密度的控制。以发光强度（Luminous intensity）来说明这一现象，即是说明光源和照明灯具发出的光通量在空间各个方向或选定方向上的分布密度。光源在指定方向上的发光强度，是指该光源在该方向的立体角内所发出的光通量，除以该立体角之商，即单位立体角的光通量。发光强度的符号为$I$，公式表示为$I=\Phi/\Omega$；发光强度的单位是坎德拉（Candela，以cd表示），$1cd=1lm/1\ sr$，即表示光源在1球面度立体角内均匀发射出1流明的光通量。

### 3. 照度与亮度

照度（Illuminance）是指受照平面上接受的光通量的面密度。前述发光强度针对的是光源发光体而言，是以光源的单位立体角来计算；而照度针对的是光的受照面而言，是以受照面的单位面积来计算。因此照度是以光源落在受照面单位面积（$A$）上的光通量（$\Phi$）的多少来衡量受照面被照射的程度。照度的符号为$E$，公式表示为$E=\Phi/A$；照度的单位是勒克斯（Lux，以lx表示），$1lx=1lm/1m^2$，即表示1流明的光通量均匀分布在1平方米的受照面表面面积上所产生的照度。照度是衡量室内照明设计优劣的一个量化指标，不同功能性质的建筑室内空间其照度标准不尽相同，可以通过查阅《建筑照明设计标准》（GB 50034—2013）来获得相关照度标准的指标，并将DIALux等照明设计软件对所进行模拟分析的照明设计指标结果与之进行对照检验。

尽管照度可以作为照明设计中的一个量化指标，不过人眼的视觉并不能直接感受到由光源落到受照面上的照度的作用，人眼只能通过受照面的反射来感受一定的亮度作用。亮度（Luminance）即是人眼能够看到或感受到的受照面反射的明暗，亮度也是所有光度量中唯一能够直接引起眼睛视感觉的量。由于不同的受照面其反光系数均不尽相同，因此即便是在相同照度的条件下，人眼对同一位置

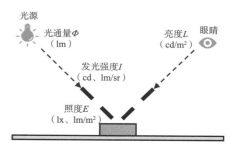

图7-2　光通量、发光强度、照度与亮度之间的关系

不同受照面的明暗程度感觉也会不尽相同。例如黑色与白色的两个物体，尽管将它们置于相同的照度条件下，不过人眼仍然感觉白色的物体会更亮。以上说明物体表面的照度并不能直接表明人眼对它的视觉感觉，由此引入亮度这一物理量，并将其定义为发光体在视线方向单位面积（$A$）上的发光强度（$I$）。亮度的符号为$L$，公式表示为$L=I/A\cos\theta$，其中$\theta$为光束截面法线与光束方向间的夹角。亮度的单位为坎德拉每平方米（cd/m$^2$），1 cd/m$^2$=1 cd/ 1 m$^2$，表示在1平方米的表面上，沿法线方向（$\theta=0°$）发出1坎德拉的发光强度。室内设计中的某些饰品往往在空间中起到突出主题与画龙点睛的作用，常常通过将饰品的亮度提高，并将与之相邻表面的亮度降低的方法，从而成为吸引人们注意的视觉注视中心。光通量、发光强度、照度与亮度之间的关系如图7-2所示。

### 4. 眩光与统一眩光值

眩光（Glare）是由于视野中的亮度分布或亮度范围的不适宜，或存在极端的亮度对比，以致引起不舒适感觉或降低观察细部或目标能力的视觉现象。

按照眩光对视觉影响程度的不同，可分为不舒适眩光与失能眩光。产生不舒适感觉，但并不一定降低视觉对象的可见度的眩光称为不舒适眩光（Discomfort glare），如办公桌上玻璃面板里出现灯具的明亮反射形象。降低视觉对象的可见度，但并不一定产生不舒适感觉的眩光称为失能眩光（Disability glare），如铜版纸书页表面引起强烈反光而看不清字的现象。

按照眩光的形成过程，可将眩光分为直接眩光与反射眩光。直接眩光（Direct glare）是由处于视野中，特别是在靠近视线方向存在的发光体所产生的眩光，如在室内空间中直接暴露于人眼的那些没有遮光器件的裸露光源。反射眩光（Glare by reflection）是由视野中的反射所引起的眩光，特别是在靠近视线方向看见反射像所产生的眩光，如人眼正对镜面或屏幕显示器所反射的光源。

统一眩光值（UGR /Unified glare rating）是度量室内视觉环境中的照明装置发出的光

对人眼睛引起不舒适感而导致的主观反应的心理参量，其数值含义见表7-1。

表7-1　UGR数值含义

| 眩光级别 | 眩光主观感受 | UGR |
|---|---|---|
| A | 严重眩光，不能忍受 | >28 |
| B | 有眩光，有不舒适感 | 25 |
| C | 有眩光，刚刚感到不舒服 | 22 |
| D | 感觉舒适与不舒适的界限值，可忍受 | 19 |
| E | 轻微眩光，可忽略 | 16 |
| F | 极轻微眩光，无不舒适感 | 13 |
| G | 无眩光 | <10 |

注：本表引自——徐华.照明设计基础[M].北京：中国电力出版社，2023：60。

### 5. 光源色与色温

光源色（Light source color）是指光源发出的光的颜色，它以色温来表示。色温（Color temperature）是表征热辐射光源颜色特征的物理量。色温仅用于表示光源的颜色，它不表示光源的实际物理温度，也不表示受照物体的颜色。

色温的单位为开尔文（Kelvin，以K表示）。光源色的色温小于3300K的颜色为暖色；光源色的色温大于5300K的颜色为冷色；光源色的色温介于3300~5300K的颜色为中间色。通常来说，红光、橙光的色温低；蓝光、青光的色温高。色温越低，光越偏暖；色温越高，光越偏冷。室内低色温的暖色光源能给人们带来温馨轻松的氛围，适合于客房、卧室等居住休息空间；而高色温的冷色光源则极易形成高效专注的空间环境，适合于办公室及图书馆等工作学习空间。由此可见，色温的选择主要取决于对室内光环境氛围塑造的需要（见表7-2）。此外，人们对色温的感受和偏好与照度存在着相应的关系，对光源色温的选择必须与照度相适应才能形成照明的舒适感。图7-3表达了色温值与照度值在光色舒适区的范围内才能够给人们带来较好的照明感受。

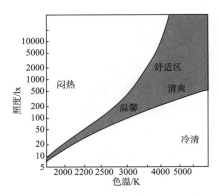

图7-3　照度与色温的关系示意图

表7-2　光源的色表分组

| 色表分组 | 色表特征 | 色温/K | 光色 | 气氛效果 | 使用场所举例 |
|---|---|---|---|---|---|
| Ⅰ | 暖（低） | <3300 | 带红的白色 | 稳重的气氛 | 客房、卧室、病房、酒吧、餐厅 |
| Ⅱ | 中间 | 3300~5300 | 白色 | 爽快的气氛 | 办公室、教室、阅览室、诊室、检验室、机加工车间、仪表装配 |
| Ⅲ | 冷（高） | >5300 | 带蓝的白色 | 寒冷的气氛 | 热加工车间、高照度场所 |

注：本表引自——马卫星.现代照明设计方法与应用[M].北京：北京理工大学出版社，2014：30。

### 6. 显色性与显色指数

显色性（Color rendering）是指光源对物体本身颜色真实呈现的程度。显色性高的光源对物体本身颜色的真实呈现能力强。例如在珠宝首饰店的室内设计中，就必须用显色性高的光源来还原并呈现出珠宝首饰本身的真实色彩与质感，使其展示出更加逼真而非失色的效果。显色性低的光源对物体颜色的表现较差，适用于只需要普通照亮而对显色性要求不高的环境，常见的如室外道路照明中的路灯。

人工照明光源以一般显色指数（General color rendering index）来对显色性进行度量与评价，其符号为$R_a$。光源显色指数$R_a$的值介于0~100，最大值为100。不同的显色指数$R_a$值表示光源显色性的优劣程度，光源显色指数$R_a$的数值越高，其显色性就越好。国际照明委员会（CIE）将光源显色指数$R_a$分为4大类（见表7-3）。各类建筑的不同室内房间与场所对显色指数$R_a$的指标要求都不尽相同，可以通过查阅《建筑照明设计标准》（GB 50034—2013）来获得规定的相关指标参数，进而再去选配与之匹配的光源。

表7-3　光源显色指数的分类

| 显色性能类别 | | 显色指数范围 | 色表 | 应用示例 | |
| --- | --- | --- | --- | --- | --- |
| | | | | 优先采用 | 允许采用 |
| I | $I_A$ | $R_a \geqslant 90$ | 暖 | 颜色匹配 | - |
| | | | 中间 | 医疗诊断、画廊 | |
| | | | 冷 | - | |
| | $I_B$ | $90 > R_a \geqslant 80$ | 暖 | 住宅、旅馆、餐馆 | - |
| | | | 中间 | 商店、办公室、学校、医院、印刷、油漆和纺织工业 | |
| | | | 冷 | 视觉费力的工业生产 | |
| II | | $80 > R_a \geqslant 60$ | 暖 | 高大的工业生产场所 | - |
| | | | 中间 | | |
| | | | 冷 | | |
| III | | $60 > R_a \geqslant 40$ | - | 粗加工工业 | 工业生产 |
| IV | | $40 > R_a \geqslant 20$ | - | - | 粗加工工业、显色性要求低的工业生产、库房 |

注：本表引自——北京照明学会照明设计专业委员会.照明设计手册[M].3版.北京：中国电力出版社，2016：11。

## 7.1.2　照明设计的相关概念

### 1. 正常照明、应急照明、值班照明、警卫照明与障碍照明

正常照明、应急照明、值班照明、警卫照明与障碍照明是照明的5个种类。

正常照明（Normal lighting）是指永久安装的，常规情况下使用的室内外照明。正常照明是室内照明设计的主要内容。

应急照明（Emergency lighting）是指在正常状态下因正常照明的电源失效而启动的照明，或在火灾等紧急状态下按预设逻辑和时序而启动的照明。应急照明分为疏散照明、安全照明与备用照明3种。疏散照明（Evacuation lighting）是用于确保疏散通道被有效地辨认和使用的应急照明，如建筑室内中的疏散照明灯和疏散标志灯。安全照明（Safety lighting）是用于确保处于潜在危险之中的人员安全的应急照明，如医院的手术室与抢救室的照明。备用照明（Stand-by lighting）是用于确保正常活动继续或暂时继续进行而使用的应急照明。备用照明除消防备用照明外，也包含重要场所的非消防备用照明，如数据机房和安保机房的照明。应急照明与建筑室内人们的生命财产安全密切相连，是建筑室内电气设计的重要内容。

值班照明（On-duty lighting）是指在非工作时间内为值班人员所设置的照明。

警卫照明（Security lighting）是指在夜间为改善对人员、财产、建筑物、材料和设备的保卫，用于警戒而安装的照明。

障碍照明（Obstacle lighting）是指为保障航空飞行安全，在高大建筑物或构筑物上安装的障碍标志灯。

2. 绿色照明、健康照明、智能照明与人因照明

绿色照明、健康照明、智能照明与人因照明是室内照明设计的新理念与新方向。

绿色照明（Green lights）是指节约能源、保护环境，有益于提高人们生产、工作、学习效率和生活质量，保护身心健康的照明。《绿色照明检验及评价标准》（GB/T 51268—2017）中规定绿色照明评价指标体系由照明质量、照明安全、照明节能、照明环保、照明控制和运营管理指标组成。

健康照明（Healthy lighting）是基于光的视觉和非视觉效应，关注光环境品质，改善人们生理和心理健康的照明，一般包含视觉照明、节律照明和情绪照明3个维度。视觉照明是指在有利于视看和视觉舒适度的同时不损害眼睛的相关功能。节律照明是指通过光的非视觉效应强化昼夜节律，提高睡眠效率和日间警觉性。情绪照明是指通过光的视觉和非视觉效应减少抑郁情绪和相关症状。

智能照明（Intelligent lighting）是指根据环境或预定义条件自动调节以提供如能源性能、动态用户需求、视觉作业需求及环境氛围等所需求质量的照明。智慧照明这一术语有时也被用于表达类似的含义。智能照明的实现依托于智能照明控制系统。有学者进一步提出："智能照明是指利用物联网技术、有线或无线通信技术、电力载波通信技术、嵌入式计算机智能化信息处理，以及节能控制等技术组成的分布式照明控制系统，实现对照明设备的智能化控制。"[⊖]

人因照明（HCL/Human centric lighting）即以人为本的照明，其理念认为，光不仅满

---

⊖ 姜兆宁，刘达平. 智能照明设计与应用[M]. 南京：江苏凤凰科学技术出版社，2023：8。

足了人们在视觉上的需求，而且对人们的情感上与生理上也在一直产生影响。人因照明通过对光的视觉、情感尤其是生理影响的整体设计与实施，对人们的健康、福祉和任何人的生产力都有着特定的长期影响。[⊖]

## 7.2　电光源与灯具

讲课视频

光源是指能够自行发光且正在发光的物体，包括天然光源与人造光源这两类。天然光源如太阳光、月光、星光、雷电及生物光等，建筑室内的天然采光设计以利用太阳直射光与天空漫射光为主导。人造光源如篝火、油灯、蜡烛、煤气灯及电光源等，室内空间中的人工照明设计以使用电光源为主导。

### 7.2.1　电光源

按照电光源的几何形状，可将其分为点光源、线光源及面光源。按照电光源的发光物质，可将其分为热辐射光源、气体放电光源和固态光源3大类（见表7-4）。

表7-4　电光源分类表

| | 热辐射光源 | | | 白炽灯 |
| --- | --- | --- | --- | --- |
| | | | | 卤钨灯 |
| 电光源 | 气体放电光源 | 辉光放电 | | 氖灯 |
| | | | | 霓虹灯 |
| | | 弧光放电 | 低气压灯 | 荧光灯 |
| | | | | 低压钠灯 |
| | | | 高气压灯 | 高压汞灯 |
| | | | | 高压钠灯 |
| | | | | 金属卤化物灯 |
| | | | | 氙灯 |
| | 固态光源 | | | 场致发光灯（EL） |
| | | | | 半导体发光二极管（LED） |
| | | | | 有机半导体发光二极管（OLED） |

注：本表引自——徐华.照明设计基础[M].北京：中国电力出版社，2023：79-80。

#### 1. 热辐射光源

热辐射光源（Thermal radiation source）是指通过电流加热导体至白炽状态而发光的光源，其主要品种为白炽灯和卤钨灯。

白炽灯（Incandescent lamp）也称为钨丝灯，是最早的电光源。不过由于白炽灯的

⊖　Licht.de. Licht.wissen 21：Guide to Human Centric Lighting（HCL）[EB/OL]. [2023-10-15]. https://www.licht. de/fileadmin/Publications/licht-wissen/1809_lw21_E_Guide_HCL_web.pdf.

发光效率较低，其发光过程中大部分的电能都以热辐射的形式而损耗，且其寿命较短，故不利于提高能效与节能减排。我国已于2012年实施《中国逐步淘汰白炽灯路线图》，设计用于家庭和类似场合的普通照明白炽灯已被淘汰禁止使用，并先后被卤钨灯、荧光灯、节能灯及LED灯所取代。白炽灯的使用仅限于反射型白炽灯和专门用于科研医疗、火车船舶航空器等的特殊用途白炽灯。

卤钨灯（Tungsten halogen lamp）在白炽灯的基础上改进而成。在白炽灯灯壳内填充的惰性气体中加入卤族元素，由于卤钨循环原理，使得其发光效率和寿命相较白炽灯都有进一步的提高，并曾一度取代白炽灯。卤钨灯受LED光源的冲击已被逐步淘汰。

### 2. 气体放电光源

气体放电光源（Gas discharge lamp）是指通过气体放电将电能转化为光的一种电光源。按照其放电过程可分为辉光放电灯与弧光放电灯两类。用于照明光源的主要是弧光放电灯，包括荧光灯与低压钠灯等低气压放电灯，以及高压汞灯、高压钠灯、金属卤化物灯、氙灯等高气压放电灯。

荧光灯（Fluorescent lamp）是由汞蒸气放电产生的紫外辐射激发荧光粉涂层而发光的低压放电灯。按照灯管形状可分为直管形荧光灯（如T5、T8荧光灯管）、环形荧光灯、紧凑型荧光灯和无极荧光灯等。紧凑型荧光灯俗称为节能灯，由于其高光效和紧凑化等优势曾一度取代了白炽灯。

高压汞灯（High pressure mercury lamp）是通过高气压汞蒸气（2~10标准大气压）放电而直接辐射出可见光的光源。高压汞灯具有发光体积小、亮度高，但光效低、显色性差的特点，曾经主要用于室外照明与高大厂房建筑的室内照明，其后被性能更好的高压钠灯、金属卤化物灯及室外LED光源取代。

由于荧光灯的发光原理决定了灯管中必须含有少量的汞蒸气，然而荧光灯废弃后回收过程中由于汞外泄会引发严重的环境污染及损害人类健康的问题。我国已于2013年实施《中国逐步降低荧光灯含汞量路线图》，国际社会也于2013年共同签署了旨在控制和减少全球汞排放的《关于汞的水俣公约》。大部分用于普通照明用途的荧光灯和高压汞灯逐步被列为淘汰类的落后产品被禁止生产与进出口，并被更加绿色节能环保的LED照明产品所取代。

低压钠灯（Low pressure sodium lamp）与高压钠灯（High pressure sodium lamp）都是利用钠蒸气放电来发光的电光源，具有高光效、低色温、低显色性及寿命长的特点，因此普遍应用于道路照明与隧道照明等，而不适用于室内照明，并且也呈现出逐步被室外LED光源所取代的趋势。

金属卤化物灯（Metal halide lamp）是在汞和稀有金属的卤化物混合蒸气中产生电弧放电发光的气体放电灯，是在高压汞灯基础上添加各种金属卤化物制成的光源。它汇集了气体放电光源的主要优点并克服了其缺点，具有光效高、显色性好、寿命长等特点。

金属卤化物灯适用于街道照明、景观照明、体育场馆照明及室内照明，但也有被性能更好的大功率LED光源所逐步取代的趋势。

氙灯（Xeon lamp）是由氙气放电而发光的放电灯，由于其光色与太阳光相似，故俗称为"小太阳"。氙灯具有显色性高、光效低的特点，故适合于广场等室外大面积照明的场所。

### 3. 固态光源

固态光源（Solid-state lighting source）是与传统的热辐射光源及气体放电光源相对而言的，是以固态电子元件将电能直接转化成光能的电气光源，以半导体发光二极管（LED）和有机发光二极管（OLED）为代表。固态光源在很多方面的优势已经显著地超过了传统光源，成为照明光源的主流并广泛应用。

LED（Light emitting diode）具有节能环保、光效高、高亮度、可调光、体积小、质量轻、寿命长、抗振动、维修和更换简便等诸多优势。LED球泡灯、日光灯、吸顶灯、装饰灯、投光灯、洗墙灯等各种适用于室内的照明产品十分丰富。《LED室内照明应用技术要求》（GB/T 31831—2015）将室内LED光源分为定向LED光源和非定向LED光源。非定向LED光源可分为LED球泡灯（5种规格）和直管型LED光源（包括T5管和T8管共有13种规格）；定向LED光源中包括6种规格的PAR灯。室内LED灯具按照形状可分为LED筒灯（8种规格）、LED线性灯具（5种规格）、LED平面灯具（7种规格）和LED高顶棚灯具（8种规格）。此外还有LED建筑一体化发光单元。

OLED（Organic light emitting diode）在照明领域中是唯一的面光源，相比LED其光利用率更高，并具有光线柔和、轻薄透明以及柔软可弯曲等优点。随着OLED照明技术的进一步发展与成本的不断降低，极可能成为未来照明光源的主导。

以上照明电光源的主要特性比较见表7-5。

表7-5 照明电光源的主要特性比较

| 光源种类 | 额定功率范围/W | 光效/（lm/W） | 平均寿命/h | 显色指数（$R_a$） | 色温/K |
|---|---|---|---|---|---|
| 普通照明白炽灯 | 10~200 | 7.5~25 | 1000~2000 | 95~99 | 2400~2900 |
| 管形、单端卤钨灯 | 60~1000 | 14~30 | 1500~2000 | 95~99 | 2800~3300 |
| 低压卤钨灯 | 20~75 | 14~30 | 1500~2000 | 95~99 | 2800~3300 |
| 直管形荧光灯 | 4~100 | 60~100 | 8000~15000 | 70~95 | 2500~6500 |
| 紧凑型荧光灯 | 5~150 | 44~87 | 5000~10000 | >80 | 2500~6500 |
| 荧光高压汞灯 | 50~1000 | 32~55 | 10000~20000 | 30~60 | 5500 |
| 高压钠灯 | 35~1000 | 64~140 | 12000~24000 | 23~85 | 1900~2800 |
| 金属卤化物灯 | 20~3500 | 52~130 | 3000~10000 | 60~90 | 3000~6500 |
| LED灯 | 0.1~400 | 不戴罩≥80 戴罩≥65 | 20000~50000 | 75~95 | 2400~6500 |

注：本表摘自——俞丽华.电气照明[M].4版.上海：同济大学出版社，2014：81。

### 7.2.2 灯具

灯具（Luminaire）是能透光、分配和改变光源分布的器具，包括除光源外所有用于固定和保护光源所需的全部零、部件，以及与电源连接所必需的线路附件。灯具中最为强调的是其控光部件，主要由反射器、折射器、遮光器及一些其他附件组成。

灯具的作用主要体现其结构、功能、安全及装饰这4个方面。在结构方面，灯具为光源与光源的控制装置提供保护与支撑，提供其自身与建筑室内结构构件的连接与安装；并通过固定光源，使电流安全地通过光源进而保证光源正常发光。在功能方面，灯具能够通过控制光源发出光线的扩散程度来实现需要的配光，同时限制或防止光源眩光的产生。在安全方面，灯具能够保证如防水、防尘、防爆及防触电等室内特殊场所的照明安全。在装饰方面，作为室内陈设的灯具也能起到装饰与美化室内环境的作用。

#### 1. 灯具的分类

灯具的分类有多种方式，室内灯具主要以考察灯具的不同配光方式与安装部位来进行分类。

（1）按照配光方式进行分类

根据灯具在上、下两个半球空间发出光通量的不同比例与分布，室内灯具可划分为直接型灯具、半直接型灯具、漫射型灯具、半间接型灯具以及间接型灯具这5类（见表7-6）。

表7-6　室内灯具按照配光方式进行分类

| 型号 | 名称 | 光通量比（%） | | 光强分布 |
| --- | --- | --- | --- | --- |
| | | 上半球 | 下半球 | |
| A | 直接型灯具 | 0~10 | 100~90 | |
| B | 半直接型灯具 | 10~40 | 90~60 | |
| C | 漫射型灯具 | 40~60 | 60~40 | |
| D | 半间接型灯具 | 60~90 | 40~10 | |
| E | 间接型灯具 | 90~100 | 10~0 | |

注：本表引自——北京照明学会照明设计专业委员会. 照明设计手册[M]. 3版. 北京：中国电力出版社，2016：77-78。

1）直接型灯具。直接型灯具（Direct luminaire）把100%~90%的光通量射向下方，直接照在工作面上。这类灯具的效率很高，但容易使顶棚较暗且顶棚与明亮的灯具形成过于强烈的明暗亮度对比，同时由于其光线投射的方向性较强也容易造成受照工作面较重的阴影与眩光（图7-4、图7-5）。

图7-4 广州中信广场电梯厅嵌入式筒灯

图7-5 福建省老年医院走道嵌入式灯盘

2）半直接型灯具。半直接型灯具（Semi-direct luminaire）把90%~60%的光通量射向下方，使得工作面获得较多的光线；同时将10%~40%的光通量射向上方的顶棚或墙体上部，从而使整个室内空间得到适当的照明，并降低了顶棚与灯具之间过大的亮度对比（图7-6）。

3）漫射型灯具。漫射型灯具（Diffused luminaire）也称为均匀扩散型灯具或直接-间接型的灯具。这类灯具向上向下射出的光通量几乎相等，各占40%~60%。灯具向下的光通照亮工作面，向上照亮顶棚与墙体上部，使室内获得一定的反射光而照亮，由此既可满足工作面的照度要求，又使整个室内空间得以照亮，均匀的亮度分布也可以避免形成眩光（图7-7）。

4）半间接型灯具。半间接型灯具（Semi-indirect luminaire）把60%~90%的光通量射向上方，使得顶棚作为主要的照射面，通过增加室内反射光的比例，使得室内光线更为均匀柔和，但室内照度往往不高。由于40%~10%的光通量射向下方，其向下的分量往往只用来产生与顶棚相称的亮度，应避免分量过多或不适当而形成眩光（图7-8）。

图7-6 某样板间书房

图7-7 澳门四季酒店电梯厅灯具

图7-8 阿布扎比皇宫酒店休息区

5）间接型灯具。间接型灯具（Indirect luminaire）把90%~100%的光通量射向上方，10%~0%的光通量射向下方，因而室内顶棚和墙体上部比较明亮，并通过光线的反射使得整体室内空间形成均匀而柔和的效果，而且没有眩光。不过这类灯具的利用效率很低，主要用于对照度要求不高但需要整体照明均匀的场所，故室内界面应采用高反光系数的扩散材料。

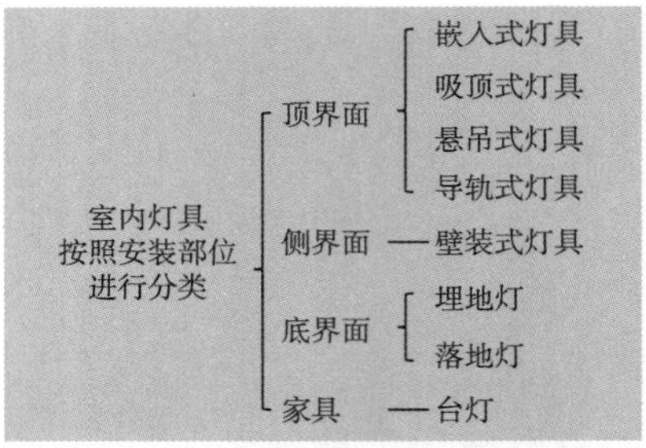

图7-9　室内灯具按照安装部位进行分类

（2）按照安装部位进行分类

室内灯具的安装部位主要依托于室内各界面与室内家具。依托于室内顶界面（室内顶棚）的有嵌入式灯具、吸顶式灯具、悬吊式灯具及导轨式灯具；依托于室内侧界面（室内墙面、隔断及柱）的有壁装式灯具；依托于室内底界面（室内地面）的有埋地灯及落地灯；依托于室内家具的主要是台灯（图7-9）。

1）嵌入式灯具。嵌入式灯具（Recessed luminaire）是指完全或部分地嵌入安装表面内（这里特指室内吊顶）的灯具，常见如嵌入式筒灯、嵌入式射灯以及格栅LED灯等。由于嵌入式灯具是嵌入在室内吊顶之内，在安装完成之后很难再对灯具的位置进行改变，因此在设计阶段要对其安装的位置考虑明确（图7-4、图7-5）。

2）吸顶式灯具。吸顶式灯具（Surface mounted luminaire）是指直接安装在顶棚表面上的灯具，常见如普通的LED吸顶灯、吸顶式筒灯以及吸顶式射灯等。吸顶式灯具广泛应用于各种功能性质的室内空间，但如果空间的高度太高会带来安装与维护的不便（图7-6）。

3）悬吊式灯具。悬吊式灯具（Pendant luminaire）是指用吊绳、吊链、吊管等悬吊在顶棚上或墙支架上的灯具，常见如各种造型的艺术吊灯。悬吊式灯具常作为装饰照明，应用也很广泛，不过应注意其吊挂的牢固性并应控制灯具最低点距离地面的最小距离（图7-7、图7-8）。

4）导轨式灯具。导轨式灯具（Track mounted luminaire）是指将灯具嵌入导轨，可在导轨上移动、变换位置和调节透光角度，以实现对目标的重点照明，常见如导轨射灯。导轨式灯具常用在博物馆、展览馆以及高档商品架、展示橱窗等场所（图7-11）。

5）壁装式灯具。壁装式灯具（Wall mounted luminaire）是指直接安装在室内墙面、隔断或柱子上的灯具，它通常是在顶棚过高的室内空间，或是为了获得墙面及隔断的垂直照度而安装，也可以表现某些装饰效果。常见如壁灯及镜前灯等（图7-7、图7-10）。

6）埋地灯。埋地灯（Recessed floor luminaire）是指完全或部分嵌入地表面的灯具。室内设计中主要用于嵌入楼梯台阶等用以装饰或指示照明之用（图7-12）。

7）落地灯。落地灯（Floor lamp）是指装在高支柱上并立于地面上的可移式灯具，主要作为局部照明之用（图7-8）。

图7-10 广州花园酒店卫生间壁灯

图7-11 展示橱窗中的导轨射灯

图7-12 深圳中洲万豪酒店埋地灯

8）台灯。台灯（Table lamp）是指放在桌子上或其他家具上的可移式灯具，它主要用于局部照明或是从事精细视觉工作的场所（图7-6、图7-7）。

灯具的类型与安装部位应在顶棚平面图等相关图样中表达清晰，并按照《房屋建筑室内装饰装修制图标准》（JGJ/T 244—2011）中的图例画法绘制（见表7-7）。

表7-7 常用室内灯具图例

| 序号 | 灯具名称 | 灯具图例 | 序号 | 灯具名称 | 灯具图例 | 序号 | 灯具名称 | 灯具图例 |
|---|---|---|---|---|---|---|---|---|
| 1 | 艺术吊灯 | | 5 | 轨道射灯 | | 9 | 壁灯 | |
| 2 | 吸顶灯 | | 6 | 格栅射灯 | | 10 | 台灯 | |
| 3 | 筒灯 | | 7 | 格栅灯盘 | | 11 | 落地灯 | |
| 4 | 射灯 | | 8 | 暗藏灯带 | -------- | 12 | 踏步灯 | |

注：本表摘自——中华人民共和国住房和城乡建设部. 房屋建筑室内装饰装修制图标准：JGJ/T 244—2011[S]. 北京：中国建筑工业出版社，2011：28-29。

## 2. 灯具的特性

### （1）光强分布

由于灯具在工作状态时向空间的各个方向上不同角度的发光强度都是不一样的，因此通过图形与数字结合的方式把灯具的发光强度在空间中的分布情况记录并表示出来，就能够了解不同灯具的光强分布情况。光强分布（Distribution of luminous intensity）即是用曲线或表格表示光源或灯具在空间各个方向上的发光强度值，也称为"配光"。由于光强空间分布特性是用曲线来表示的，故该曲线又称为"光强分布曲线"或"配光曲线"。

室内照明灯具多采用极坐标配光曲线来表示灯具的光强分布，即是在通过光源中心的某一测光平面上，测出灯具在不同角度的光强值；在极坐标（矢量$\rho$，角度$\theta$）中，$\theta$表示相应的角度，对应角度上的光强$I_\theta$用矢量$\rho$标注出来，将矢量$\rho$终端连接起来所形成的封闭交线即是灯具配光的极坐标曲线（图7-13）。由于绝大部分灯具的形状都是轴线对称的旋转体，因此其光强在空间中的分布也是轴线对称的，同时因为与轴线垂直的平面上个各方向的光强值相等，故这类灯具只需要通过灯具轴线的一个测光面上的配光曲线，就能够说明其光强在空间中的分布情况（图7-14c）。

光强分布是通过分布光度计的测量而获得，在照明生产

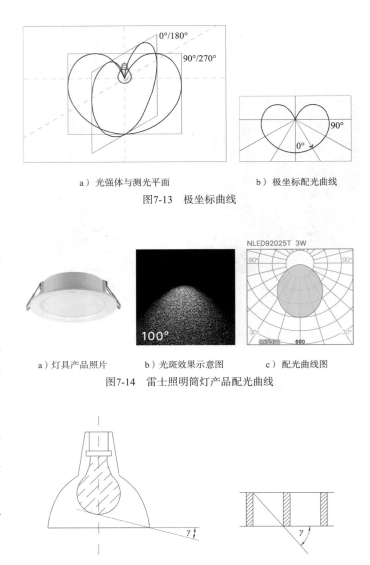

a）光强体与测光平面　　　　b）极坐标配光曲线

图7-13　极坐标曲线

NLED92025T　3W

100°

a）灯具产品照片　　b）光斑效果示意图　　c）配光曲线图

cd/klm　600

图7-14　雷士照明筒灯产品配光曲线

a）磨砂或乳白玻璃壳灯泡　　　　b）格栅灯

图7-15　灯具遮光角

厂家的灯具产品手册中都有相应灯具产品的配光曲线图以及其在实际照明中所呈现出来的不同形状的光斑效果示意图（图7-14b）。在设计时也可通过IES Viewer等光域网查看软件来查看光源的配光曲线。

（2）遮光角

遮光角（Shielding angle）是指光源发光体下端最边缘一点和灯具出光口的连线，与通过光源光中心的水平线之间的夹角$\gamma$（图7-15）。简单来说，即灯具出光口平面与刚好看不见光源发光体的视线之间的夹角。遮光角是根据光源产生的眩光与人视线角度的关系而设计的，故也称为保护角，它用以说明某一灯具防止眩光范围的量值。对长期工作或停留的房间或场所，选用的直接型灯具的遮光角不应小于表7-8的规定。

表7-8　直接型灯具的遮光角

| 光源平均亮度/（kcd/m²） | 遮光角/° |
| --- | --- |
| 1~20 | 10 |
| 20~50 | 15 |
| 50~500 | 20 |
| ≥500 | 30 |

注：本表引自——中华人民共和国住房和城乡建设部. 建筑照明设计标准：GB 50034—2013[S]. 北京：中国建筑工业出版社，2014：14。

## 7.3　室内照明设计原理

讲课视频

　　室内光环境的设计应将天然采光与人工照明这两者的优势相结合，实现室内照明设计的功能性与艺术性，满足人们对光在生理与心理上的多种需求。室内照明设计中的灯具与室内家具及室内织物一样，同时在装修（"硬装"）与陈设（"软装"）这两个层面中并存。在室内装修中的照明灯具主要是嵌入式照明（Built-in lighting）和建筑化照明（Architectural lighting）。具有室内陈设功能与意义的照明灯具主要是非建筑化照明（Nonarchitectural lighting）和可移式灯具（Portable luminaire），主要涵盖于前述"灯具的分类"一节所列出的灯具中，但凡属于在室内装修完工后进行安装的那些具有灵活可变而且可以轻易移动或者重新替换性质的灯具皆可归为此类范围。

### 7.3.1　嵌入式和建筑化照明

　　嵌入式照明和建筑化照明广泛地应用于公共空间与大部分居住空间的照明设计中，两者都是在室内设计与电气设计阶段中就已经形成的计划内容，并在室内施工的过程中完成电气线路的布线。

　　嵌入式照明约占据全部室内人工照明中的一半比例，它包括筒灯、射灯及格栅灯盘等这类被完全嵌入到室内吊顶中的嵌入式灯具；也包括吸顶式灯具、悬吊式灯具、导轨式灯具、壁装式灯具、埋地灯等这类被部分地嵌入到安装表面内的灯具。除室内吊顶外，嵌入式照明也可将灯具嵌入到墙面、隔断、地面或家具表面之中。

　　建筑化照明也称为一体化照明，是在进行室内装修（硬装施工）的过程中，将光源或灯具隐蔽在室内的吊顶、墙面（隔断）、地面这些室内装修界面或是室内固定的嵌入式家具之中，并与它们有机地结合成为一体，利用折射原理将光反射出来，达到见光不见灯的照明效果。建筑化照明的这种一体化优势，使得有些独立的单一灯具被发光顶棚、发光墙面、发光地面、发光家具及发光窗帘等所部分取代。这种照明方式首先有利于形成室内空间整体效果的完整统一，而不会破坏室内装饰的整体性。其次，它使得灯具发光体由分散的点光源扩大为面积更为集中的线光源或面光源，从而能够在保持发光表面亮度较低的条件下，使得室内空间获得较高的照度。同时，其所形成的线光源与面光源形态的光线扩散性，也使得室内空间整体的照度均匀、光线柔和且阴影浅淡。此外，由于光源或灯具是做隐藏式处理，故而也可以避免眩光，增加艺术效果。

建筑化照明可应用于室内吊顶、墙面（图7-16）、地面（图7-12）及家具（图7-17）之中，它们均是通过透光的直接照明或反光的间接照明这两种方式来形成的。以下对最为常见的应用于室内吊顶中的几种建筑化照明进行简介。

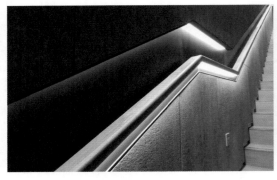

图7-16　深圳雅昌艺术中心室内墙面的建筑化照明　　　　图7-17　木质大阶梯式休息平台的建筑化照明

### 1. 发光顶棚

室内吊顶装饰面层的全部或部分为透光材料，并在吊顶内部设置均匀排列的光源，这种可发光的吊顶就是发光顶棚。发光顶棚是由天窗发展而来，是希望模仿天然采光的效果，故而发光顶棚应当具有亮度均匀的外观，因此吊顶内部的光源应均匀排列并保持合理的间距。通常光源之间的间距（$l$）与它到吊顶表面的距离（$h$）之比（$l/h$）应控制在 $l/h \leqslant 1.5 \sim 2.0$ 范围之内。发光顶棚内的光源选择以直管型LED光源或LED灯带为主。发光顶棚表面的透光材料选择常见如软膜及亚克力透光板等。图7-18南靖东溪窑博物馆展厅吊顶是将其最具有特色的青花瓷瓷盘的图案和色彩造型与圆形的软膜发光顶棚相结合。图7-19广州海航威斯汀酒店宴会厅吊顶采用化整为零的手法，通过不同比例关系的小立方发光体的变化与组合，塑造出整体发光顶棚的灵动与统一。

图7-18　南靖东溪窑博物馆展厅发光顶棚　　　　　图7-19　广州海航威斯汀酒店宴会厅发光顶棚

### 2. 光带与光梁

光带与光梁是发光顶棚的一种变体形式，将发光顶棚面状发光面的宽度缩小为带状造型的发光面，就形成了光带和光梁。光带的发光表面与吊顶表面平齐（图7-20），光梁则凸出于吊顶表面（图7-21）。光带与光梁的形式十分多样，可以组合成多种丰富的造型与图案。图7-20福建大剧院室内吊顶在常规的条形带状光带中穿插了圆形要素，使其室内空间氛围更符合观演空间生动活泼的特点。由于光梁凸出于吊顶表面，使其有一部分的光线会直射到吊顶表面上，从而可以使得光梁与吊顶表面之间的亮度对比较为均衡。图7-21为广州威尼国际酒店大堂电梯厅，由于大堂层的层高较高，吊顶中采用云石透光灯片光梁的做法可以在提高电梯厅亮度的同时又兼具装饰效果。

图7-20　福建大剧院室内吊顶光带

图7-21　广州威尼国际酒店大堂电梯厅吊顶光梁

### 3. 反光灯槽

反光灯槽是利用室内吊顶装修构造所产生的不同高低层次来对光源进行隐藏，利用造型控制光源的反射出光方向所形成的一种间接照明方式。反光灯槽与其形成所需的局部吊顶跌级之间相互配合，能够对室内空间的层高形成一定的中心突出与增高扩大的视觉感受，并且其间接性的反射照明方式也具有较好的装饰照明效果，因此反光灯槽在室内设计中的应用最为广泛（图7-7、图7-8）。在室内吊顶中采用反光灯槽会使吊顶局部降低150~300 mm；同时反光灯槽内的光源与墙面的距离不应小于100~150 mm。通常来说，反光灯槽距离顶棚越近，被照射的顶棚面积就越小。因此对于层高较低同时面积又较大的室内空间来说，为了避免顶棚中间部分照度不足，通常可以在顶棚中间增加吊灯，或是将顶棚分格处理划分为多个反光灯槽（图7-22）。对于层高较高的室内空间来说则可以设计成多层跌级式的反光灯槽（图7-23）。

图7-22　酒店公共空间中的分格式反光灯槽　　　图7-23　酒店公共空间中的多层跌级式反光灯槽

## 7.3.2　照明方式与照明层次

### 1. 照明的方式

照明的方式是将照明设备按照其安装部位或使用功能而构成的基本制式。照明的方式有一般照明、分区一般照明、局部照明与混合照明4种（图7-24）。

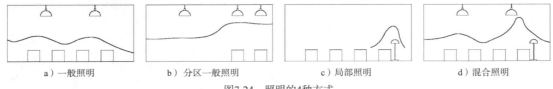

　　　a）一般照明　　　　　　b）分区一般照明　　　　　　c）局部照明　　　　　　d）混合照明

图7-24　照明的4种方式

1）一般照明。一般照明（General lighting）是指为照亮整个场所而设置的均匀照明，而不考虑特殊部位的照明需要。常见如普通教室的照明设计，以双端荧光灯规则均匀地布置在室内顶棚，并在课桌面上形成满足照度标准的均匀照度。

2）分区一般照明。分区一般照明（Localized general lighting）是指为照亮工作场所中某一特定区域而设置的一般照明。例如在大型开敞办公空间的照明设计中，灯具相对集中地布置在工作区与休息区等功能空间，使其有足够高的照度；而在通道及走道等交通空间的区域中则降低照度，由此形成分区一般照明。

3）局部照明。局部照明（Local lighting）是指为满足某些特定视觉工作用的、为照亮某个局部而设置的照明。常见如书桌上的台灯即属于局部照明。

4）混合照明。混合照明（Mixed lighting）是指由一般照明与局部照明组成的照明。它将照明的均匀性、分区性与重点性相结合，是室内照明设计中最为常用的方式。

### 2. 照明的层次

一般照明是通过单一的灯具或一组相似的灯具来形成照亮整个室内空间的均匀照明方式，其单一层次的照明（Only one layer of lighing）适合于为教室、办公室及商店等场所提供基本的照明需求。一般照明的设计、安装与使用都十分便捷，并且在价格上具有经济性的优势；不过与多层次的照明设计相比，它缺少照明设计的戏剧性与风格感的艺术特性。室内照明的美学效果与个性特征可以通过多层次的照明（Multiple layers of lighing）来实现，包括天然采光层次、焦点照明层次、任务照明层次、装饰照明层次以及环境照明层次这5个层次。⊖

1）天然采光层次。由于人的眼睛是在自然环境下发育与进化的，因此对天然的太阳直射光与天空漫射光最为适应。人工照明灯具的设计发展也是在对天然采光的自然光照效果模拟的过程中进行的不断探索。在室内光环境设计中应充分合理地利用建筑室内的天然采光条件以凸显天然采光层次（Daylight layer）的优越性（图7-25）。

2）焦点照明层次。焦点照明层次（Focal layer）通过重点照明来实现。重点照明（Accent lighting）是指为提高指定区域或目标的照度，使其比周围区域突出的照明。例如室内空间中的艺术品陈设通常采用重点照明的方式加以展示，由此形成焦点照明层次。人眼与光之间交互的特点在于人们通常会对明亮的垂直表面产生更大的视觉吸引力。当室内的墙面、隔断、家具及艺术品陈设等垂直表面接受充足的照度时，往往会比室内的地面与家具桌面等水平表面要使人们感觉更加的明亮。人们可以通过识别关键的垂直面元素、视觉焦点与视觉终点进而凭直觉穿行于室内空间。通常焦点层次照明是用于突出重点照明物的特点，因此常将灯具与光源做不可见的隐藏处理。如图7-26深圳雅昌艺术中心室内以暗藏灯带照亮书架垂直面，重点照明突出中心艺术品。

图7-25 深圳宝安国际机场T3航站楼室内天然采光

图7-26 深圳雅昌艺术中心室内

3）任务照明层次。任务照明层次（Task layer）通过局部照明来实现，如在室内空间中提供完成如阅读或写作等特定工作任务之用的直接型灯具，又如在厨房的橱柜底部安装嵌入式灯带的间接照明光源从而使得操作台上的光线更加明亮。通过任务照明层次实现完成特定任务所需要的较高照度需求，而不是以同样的照度来照亮整个空间。图7-27深圳瑞吉酒店酒吧室内的吧台吊灯即是以任务照明与装饰照明相结合的形式。

4）装饰照明层次。装饰照明层次（Decorative layer）通过装饰照明来实现。装饰照

⊖ [美] Mark Karlen，James R. Benya，Christina Spangler. 照明设计基础[M]. 2版. 于长艺，译. 北京：电子工业出版社，2016：3-10。

明（Decorative lighting）是指主要依靠灯具的外形起装饰作用的照明。常见如酒店大堂中高档订制的装饰性主题灯具及水晶吊灯等，图7-28深圳瑞吉酒店空中大堂中极具装饰效果的花环型灯饰即是一例。装饰照明层次对室内空间主题与立意构思的表达发挥着极为重要的作用。装饰照明的装饰性特性通常会致使其光源发出的光线较弱、照度较低，因此通常来说往往不会单独地将装饰照明层次作为室内空间的唯一层次，而是会与焦点照明层次、任务照明层次或背景照明层次进行补充与配合使用。

5）环境照明层次。环境照明层次（Ambient layer）为室内空间提供了背景灯光，它对于营造室内空间的氛围与情绪至关重要。通常来说，环境照明层次的对比度较低，它仅能够保证基本的视觉识别和能够通过空间的视觉移动。有时在所有其他照明层次考虑完备之后，有可能并不再需要环境照明层次，因此环境照明层次往往是放在最后予以考虑的内容。环境照明的数量很重要，如果室内空间中环境照明层次的水平比焦点照明层次要低很多，则两者之间的对比度将很高，室内空间就会显得更加赋有引人注目的戏剧性效果。相比之下，如果环境照明层次的水平与焦点照明层次比例相当而几乎接近，则室内空间会就显得更加明亮轻快。图7-29深圳京基100大厦电梯厅中，墙面上低照度的细窄暗藏灯带形成重复感的垂直面照明，作为高敞空间的环境照明。

图7-27　深圳瑞吉酒店酒吧室内　　　图7-28　深圳瑞吉酒店大堂灯饰　　　图7-29　深圳京基100大厦电梯厅

氛围照明是实现环境照明层次的一种相关方式。氛围照明（Atmosphere lighting）是指为调节室内环境气氛，以适应特定环境变换场景或实现健康照明等需求所采用的照明方式。通过建筑智慧照明系统，可以对同一建筑室内空间中的不同活动提供与之匹配的动态照明场景模式与氛围效果。例如在中小学教室的照明设计中，对应学生在教室中不同时间段的学习活动，通过控制相应的色温与照度，可形成相应的照明场景模式（见表7-9、图7-30）。

表7-9　教室不同时间段场景的推荐控制模式

| 场景模式 | 功能应用 | 色温/K | 课桌面平均照度 |
|---|---|---|---|
| 唤醒模式 | 早、午后第一节课 | 5300~6500 | 可适度提高 |
| 一般教学模式 | 读写 | 3300~5300 | - |
| 考试模式 | 考试 | 5300~6500 | 可适度提高 |
| 放松模式 | 午休等 | 2700~3300 | 宜降低照度 |
| 夜间模式 | 夜间上课或晚自习 | 2300~4000 | 维持在300 lx，不宜过高 |

注：本表引自——中国照明学会. 中小学教室健康照明设计规范：T/CIES 030—2020[S]. 北京：中国标准出版社，2021：9。

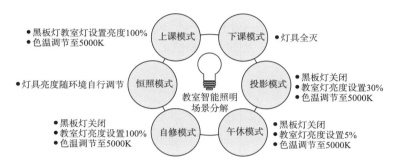

图7-30　三雄极光教室智能照明场景分解

以上照明的5个层次是从理论上进行的分类梳理，其主要目的是意在形成多层次照明的丰富性与艺术性效果。然而，太多种类的光源与灯具也会带来人们视觉上的干扰与凌乱，同时也会增加成本，因此在照明设计中寻求保证预期照明效果的同时，应进行最小化的灯光设计。故而在实际的设计中并不是要将这5个照明层次全部运用在设计项目中，而是根据具体的项目设计需要，组合其中的两个或多个层次即可。此外，有时一种光源或灯具也不是只能对应形成一个照明层次，也可以通过某种光源或灯具的选型来同时形成多个照明的层次，例如某些装饰性灯具就可以同时形成装饰照明层次与环境照明层次，也可兼做装饰照明层次与任务照明层次（图7-27）。

## 7.3.3　室内照明设计的步骤

室内照明设计可按照描述（Describe）、分层（Layer）、选配（Select）、协调（Coordinate）与使用后评价（POE/Post Occupancy Evaluation）这5个步骤来进行（图7-31）。<sup>⊖</sup>

### 1. 设计目标分析描述

（1）建筑室内空间的性质定性

室内照明设计作为整体室内项目设计中的一个子项，势必服从于建筑室内空间的总

---

⊖　[美] 马克·卡伦，[美]詹姆斯·R·本亚，[美]克里斯蒂娜·斯潘格勒. 照明设计实战手册[M]. 程天汇，译. 南京：江苏凤凰科学技术出版社，2022：110-115。

体设计。具有首要意义的建筑室内空间使用功能的性质定性，就决定了其照明设计的总纲领与大方向。设计者应首先从室内空间的性质定性入手，通过查阅相应的建筑设计标准规范（见表3-1），建立起相应的室内空间电气照明设计相关规定的初步概念。

（2）室内设计概念与空间氛围

建筑室内空间的性质定性可以视作为某一类室内空间的共性特征，而特定项目的设计概念与空间氛围则是设计者基于这一共性特征基础之上所进行的具有个性化特征的设计创作，室内照明设计所形成的光环境效果在这其中发挥着重要的作用。设计者应思考如何在实现空间使用者对灯光与照明在视觉上、情感上与生理上多重需求的基础上，通过照明设计的视觉形象语言将设计概念与空间氛围的要求得以转化与表达。

（3）建筑结构现状与制约条件

由于室内光环境的设计应将天然采光与人工照明相结合。通过对建筑结构现状条件的分析，特别是对建筑外围护结构上窗洞口的形状、尺寸、位置及其组合形式的分析，才能够对特定项目建筑室内的天然采光情况得以了解，由此决定其具体的透光、遮光、滤光及控光的方式；进而也为人工照明的设计策略提供依据。建筑室内顶棚上梁的高度与宽度尺寸、室内吊顶完成后的空间净高尺寸、空间

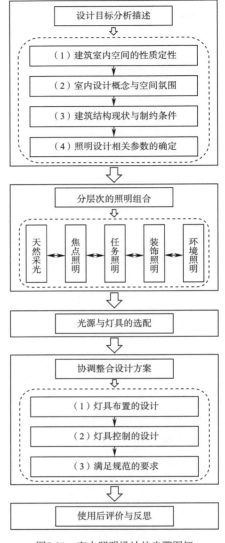

图7-31　室内照明设计的步骤图解

二次分隔后隔墙的位置与材质、室内各界面的材质等制约条件，都会对人工照明的设计策略产生较大影响。

（4）照明设计相关参数的确定

由于照明设计有较多的参数指标，通过对以上设计目标的分析，设计者应初步确定在特定项目的照明设计中，应该需要什么样的照明效果，其中起到主导作用的照明设计参数有哪些，如色温的高低、显色指数的高低、照度的强弱、照明对比的均匀性、照明控制的方式以及对绿色照明、健康照明、智能照明与人因照明等的需求问题。

2. 分层次的照明组合

这一阶段是对设计项目中的天然采光层次、焦点照明层次、任务照明层次、装饰照

明层次以及环境照明层次这5个层次进行逐一分析，通常采用文字列表记录结合绘制灯具布置图、立面图及透视图的方式进行。由此确定在特定项目的照明设计中采取哪几个层次进行照明组合。如同在"照明的层次"一节中所述，在设计项目中并不是要将这5个照明层次全部运用于其中，只要能够通过其中的两个或多个层次的组合来表达设计概念与空间氛围即可。

### 3. 光源与灯具的选配

对于大多数的室内照明设计项目来说，LED光源占据了光源选配中的绝大部分。由于室内照明主要由嵌入式照明和建筑化照明以及非建筑化照明和可移式灯具这两大部分组成，在嵌入式与建筑化照明设计的过程中就必然要同时进行光源的选配，而非建筑化照明和可移式灯具产品通常都是由灯具生产厂家设计并限定与其匹配的光源，因此光源与灯具通常是作为一个整体来同时进行选配的。

光源和灯具的选配要考虑的相关参数与指标较多，应根据特定项目照明设计的目的与条件情况进行分析优选，进而确定哪些是需要优先考虑的相关技术指标。例如不同使用功能的室内空间其对光源和灯具的需求就不尽相同，在商品展示照明中应优先考虑光源与灯具的色温与显色性，而在办公室照明中则将发光效能作为首要考虑内容；而多个使用功能的空间还应考虑光源和灯具调光控光与场景模式的可变性。对于嵌入式照明和建筑化照明来说，光源出光位置的选择十分重要；而就非建筑化照明和可移式灯具而言，其造型的美学效果无疑是选配的重点考虑内容。

### 4. 协调整合设计方案

#### （1）灯具布置的设计

这一阶段将前3个步骤中所确定的内容进行整合，同时要与项目设计团队中电气、暖通、给水排水、消防等设备专业的设计人员进行协调。例如在暖通设备中，天井机空调及中央空调送风口与检修口在吊顶上的数量与位置；在消防系统中，烟感报警器及消防喷淋头在室内吊顶中的数量与位置；另外还有如投影仪、扬声器、监控摄像头等悬挂于室内吊顶下的设备。这其中某些设备由于运行使用条件等原因，在室内吊顶中只有某个既定的位置可供安装；而灯具又主要集中地布置在室内的顶界面，因此应重点协调灯具布置与室内吊顶上设备之间的位置关系。室内吊顶中的灯具布置可以是规则有序的几何形布局，也可以是灵活自由的非几何形布局，都应讲求视觉上的美观性。灯具布置完成后应在DIALux等照明设计软件中进行照度计算的模拟分析与验证。

#### （2）灯具控制的设计

灯具的控制涉及人们如何方便地开启或关闭每个房间的光源，它主要由每个房间的灯具用法、多个灯具的分类分组以及人们在室内中的通行路线等因素来确定。由于灯具开关的安装位置会与室内立面的造型发生关系，故可以先由室内设计师提出灯具开关安装的具体位置，再与电气工程师进行协调确定，做到安全可靠且灵活经济。

（3）满足规范的要求

在设计完成后应重新检视是否符合相关的照明设计规范要求，特别是在安全方面。

### 5. 使用后评价与反思

室内设计全部施工完成并运行后应进行使用后的评价，检视照明设计是否与最初的设计意图及设计标准相符合，由此可以进行调整并通过反思学习来获得实践经验。

## 7.3.4 室内照明设计的案例

以下以某会议室为例，对其照明设计的步骤与过程进行介绍。

### 1. 设计目标分析描述

（1）建筑室内空间的性质定性

该会议室为某事业单位办公附属综合楼修缮工程中的一部分，通过查阅表3-1，可以确定本案例建筑室内空间的性质定性属于政务办公空间。通过在工标网网站上进行相关设计标准的搜索，可以查找出设计者应学习与本案例相关的设计标准主要有《建筑照明设计标准》（GB 50034—2013）、《办公建筑设计标准》（JGJ/T 67—2019）、《党政机关办公用房建设标准》（建标 169—2014）以及《绿色办公建筑评价标准》（GB/T 50908—2013）等。其中《建筑照明设计标准》（GB 50034—2013）中规定，办公建筑中的会议室空间在0.75 m高度的水平参考面上的维持平均照度值不应低于300 lx、统一眩光值（UGR）不宜超过19、照度均匀度（$U_0$）不应低于0.6、显色指数（$R_a$）不应低于80。

（2）室内设计概念与空间氛围

由于本案例属于政务办公空间，且为修缮改建的性质，并已确定以实用、朴素、简洁、功能基本完善的总设计原则，会议室需要以满足会议及视频指挥功能为主，并兼具学习与培训的功能。综上确定了本案例中会议室的设计定位为中级装修，由于政务办公空间中的家具配置通常是色彩较为沉稳的深色木质家具，故墙面以浅木色槽木穿孔吸声板与之配合。会议室照明灯具的选配以功能性为主导，兼具一定的装饰性，并配以高效节能型光源。

（3）建筑结构现状与制约条件

该建筑为框架结构，会议室平面长10.58m，宽10.65m，为正方形平面（图7-32）。室内地面到楼板底部高4.10m，不过2根主梁高达0.80m，另外还有6根高0.30m的次梁（图7-33）。这一建筑结构的制约条件使得在室内吊顶的设计中，对梁位的隐蔽处理与吊顶高度的控制成为设计的主导，照明设计应与之配合协调（图7-34）。此外，由于该会议室的天然采光条件较弱，仅由2个窗户提供，故应加强人工照明的光源补充。

（4）照明设计相关参数的确定

通过以上分析，可以初步确定该会议室的照明设计是以嵌入式照明与建筑化照明为

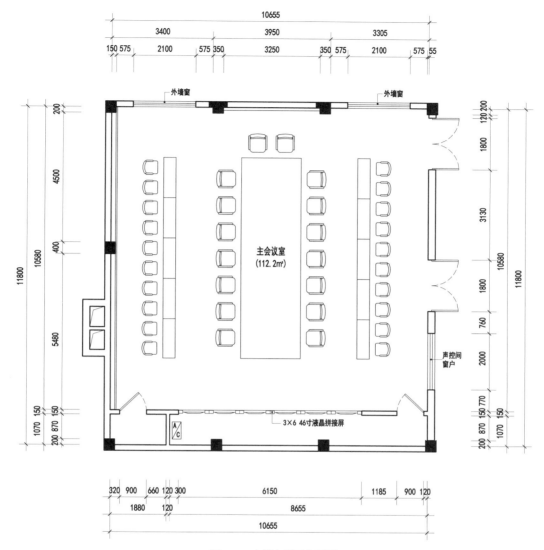

图7-32　会议室平面布置图

图7-33　会议室建筑结构现状

图7-34　会议室吊顶施工过程

主。由于该会议室的面积较大且平面形状方正，但其室内平面中主要是以会议桌椅的布置占据主体，由于深色木质家具的光反射比值（$\rho$）不高，故工作面上的平均照度值可在规范要求不低于300 lx的基础上提高至400~500 lx。同时建筑化照明在配合室内吊顶造型需要的同时，应避免形成单一化的直接照明效果。在色温上，以高色温的面、线形态的冷色光源为主体，结合低色温的点状形态的暖光源作为辅助调节。光源的显色指数（$R_a$）在规范要求不低于80的基础上取值80~90（见表7-3）。

### 2. 分层次的照明组合

由于本案例中建筑结构与现状的制约，天然采光条件较弱，且在室内设计阶段改变建筑外墙窗户尺寸大小的作用及可行性都不大，故天然采光层次以保持建筑现状为宜。同时基于本案例的功能性质定性和已经确定的总设计原则，可以明确照明设计中应较少考虑装饰照明层次。再结合前述的分析，可以确定本会议室以任务照明、环境照明与焦点照明这3个层次进行组合。任务照明层次主要通过发光顶棚与格栅射灯来满足会议桌的桌面照度需求；环境照明层次通过反光灯槽来实现空间的背景灯光；焦点照明层次通过吊顶四周的嵌入式筒灯实现墙面顶部会议横幅等悬挂物的照明展示效果。

### 3. 光源与灯具的选配

本案例中光源与灯具的选配主要涉及软膜灯天花造型发光顶棚与反光灯槽中的光源选型，以及双头格栅射灯和嵌入式筒灯的照明产品选配。发光顶棚与反光灯槽中选取LED T8直管光源。

### 4. 协调整合设计方案

（1）灯具布置的设计

灯具的布置主要集中在顶棚平面图中进行表达。从设计者操作的角度来说，通常以设计完成的平面布置图为底图，将透明的拷贝纸置于其上，这样就可以在拷贝纸上透过平面图底图，寻找出顶棚中的吊顶、灯具等与平面图中各个区域之间的对位关系。

如前所述，由于本案例照明设计中灯具的布置主要是以对梁位的隐蔽处理与吊顶高度的控制为主导。此外，本案例中会议室中的空调设备选型确定为采用天井机空调也是照明设计中的限制与协调内容，故室内设计师在进行灯具布置之前，应与暖通工程师确定好天井机空调的安装数量以及安装位置的尺寸控制范围。

通过对上述设计中要考虑的问题进行分析与综合，最终形成会议室的顶棚与灯具布置设计方案（图7-35）。吊顶中间的软膜灯天花造型发光顶棚以面状光源的形式对位室内正中央会议桌椅的任务照明，并将整体较长的软膜灯进行2-10-2的分组处理，同时2根主梁也得以隐藏在吊顶中。发光顶棚左右两边的吊顶都做分格处理，均分为5个单元是为了协调天井机空调及检修口的既定安装控制尺寸，以及对6根次梁做隐蔽处理的需要。其上布置的双头格栅射灯以点光源的形式对位室内左右两侧会议桌椅的任务照明，可调节角

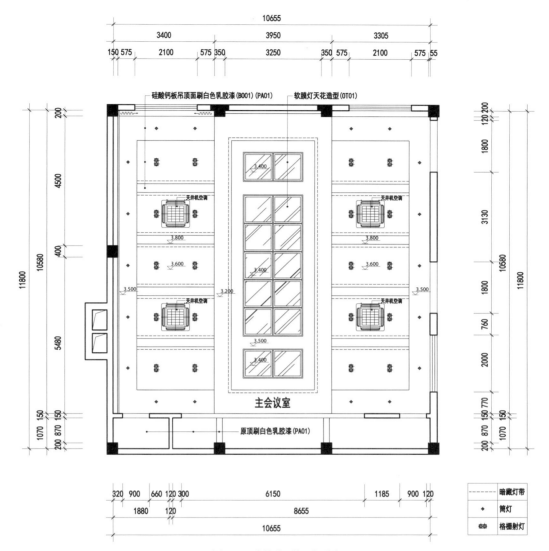

图7-35 会议室顶棚平面图

度的射灯配置也为会议桌椅的灵活布局提供照明指向调整上的便利。此外整个吊顶中均设计线光源形式的反光灯槽来形成环境照明，吊顶四周均设计点光源形式的嵌入式筒灯来形成焦点照明，它们同时也可以起到补充室内照度的作用。

　　这一灯具布置设计方案完成后需要进行计算机建模，并导入至DIALux照明设计软件中进行照度计算的模拟分析（图7-36）。从照度计算结果总可知3个会议桌桌面的平均照度值在440~490 lx，基本符合预期的照度值设定范围。

　　（2）灯具控制的设计

　　会议室灯具控制的建议方案是在本案例中所确定的3个照明层次的基础上进行灯具控制的分组细分。吊顶中间的软膜灯发光顶棚顺应其2-10-2的分组处理对应以3个开关来分别控制，其四周的反光灯槽由1个开关控制。左右两边吊顶的双头格栅射灯按照其均为

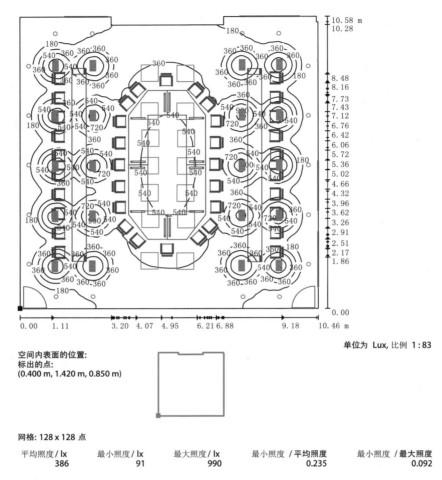

室内空间 1／工作面／等照度图（照度）

空间内表面的位置：
标出的点：
(0.400 m, 1.420 m, 0.850 m)

单位为 Lux, 比例 1:83

网格: 128 x 128 点

| 平均照度／lx | 最小照度／lx | 最大照度／lx | 最小照度／平均照度 | 最小照度／最大照度 |
| --- | --- | --- | --- | --- |
| 386 | 91 | 990 | 0.235 | 0.092 |

图7-36　会议室照度计算模拟分析

2列的灯具布置方式以4个开关分别控制，其上左右两边的反光灯槽分别用2个开关来控制。吊顶四周的嵌入式筒灯以2个开关控制。灯具开关均安装在进入会议室大门方向的左墙面上。最后，室内设计师将以上灯具控制的建议方案提交给电气工程师，再由电气工程师来综合确定其可行性。

（3）满足规范的要求

在施工的过程中，考虑到吊顶中间软膜灯发光顶棚的照度提高及造型比例问题，将原设计中的14个软膜灯增加为16个，同时调整为4-8-4的分组形式（图7-37）。

5. 使用后评价与反思

竣工完成后的照明设计效果基本达到预期的设计目标与设计效果（图7-38）。设计师应在灯具产品选型的品牌与相关参数指标方面给予更为严格的把控，一些嵌入式照明灯具的选配还可以根据其在室内空间中的实际效果进行现场比较与优化调整。

图7-37 会议室完工效果（一）　　　　　图7-38 会议室完工效果（二）

## 本章小结与思考

　　本章对照明的基础知识、点光源与灯具以及室内照明设计原理进行了阐述。由于人眼的生理结构习惯于太阳光和天空光这类天然光源的自然特性，因此可以说人造光源的发展其实就是在向天然光源进行不断逼真模拟的一个过程。在室内照明的设计中，我们应将人造光源与天然光源、人工照明与天然采光的优势相结合，使用安全舒适、节约能源、保护环境的绿色照明，采用关注于人们生理、心理及情感需求的健康照明与人因照明，共同设计营造幸福美好生活的室内光环境，做到保障人民健康、推动绿色发展，促进人与自然和谐共生。

## 课后练习

　　一、简释

　　辐射通量　光通量　发光效能　发光强度　照度　亮度　眩光　色温

　　显色指数　绿色照明　健康照明　智能照明　人因照明　嵌入式照明

　　建筑化照明　发光顶棚　光带　光梁　反光灯槽　照明方式　照明层次

　　二、抄绘

　　图7-2　表7-1　表7-2　表7-3　表7-6　表7-7　图7-15　图7-24

　　三、体验

　　1.参观你所在城市的灯具市场，了解市面上室内灯具与光源的类型与种类，拍摄照片并收集相关技术资料。

　　2.参观2~3个你所在城市的酒店与博物馆，体验其照明方式与照明层次的设计。

# 第8章
# 室内设计的方法

## 8.1  功能分析与平面布置

任何一类设计的成果都是艺术和科学的综合结晶。"'设计'其实就是处于艺术与科学之间的边缘学科。艺术是设计思维的源泉，它体现于人的精神世界，主观的情感审美意识成为设计创造的原动力；科学是设计过程的规范，它体现于人的物质世界，客观的技术机能运用成为设计成功的保证。"⊖室内设计更是艺术与科学的高度综合，功能与形式的完美统一始终是设计者的不懈追求。从室内设计方法的操作层面上来看，客观的技术机能运用可以体现于室内功能分析与平面布置的落实；主观的情感审美意识能够表现为室内空间氛围与空间形象的创造。可以说，理性的功能分析与感性的构思创意是室内设计过程中的一体两翼。

### 8.1.1  功能分析的过程

功能分析的"理性"特点决定了其有章可循。即为"分析"，必然在"画图"之前，会将对于设计项目的分析与思考通过一些相关文字的说明、表格的梳理、草图的勾画以及分析的图解等方式来呈现。"文字—表格—草图—图解"，即是一个从文字到图形的内容去粗取精与设计图形转化的过程（图8-1）。以下结合某办公楼一层空间的室内设计为例进行这一过程的阐释。

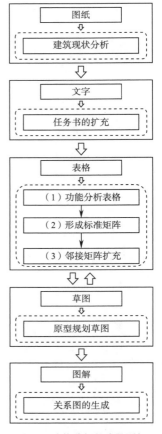

图8-1　功能分析的步骤图解

#### 1. 建筑现状分析

由于室内设计始终是在建成建筑物所提供的实体结构框架和相关环境条件的基础上进行，因此对建筑现状条件的分析就成为首要的工作。无论是新建建筑、扩建建筑还是改建建筑，设计者都应尽可能地获取一整套完整详细的该建筑物竣工设计的图样（包括

---

⊖　郑曙旸. 室内设计·思维与方法[M]. 2版. 北京：中国建筑工业出版社，2014：6。

建筑、结构、电气、给水排水、暖通空调等专业），同时进行实地调研以获得建筑室内空间的现场真实感受，通过实地测量与尺寸核校、拍照、摄像等记录建筑室内空间的现状信息，并最终用CAD软件在计算机中绘制形成尺寸精确的建筑现状平面图及顶棚梁位图等基础图样（图8-2、图8-3）。

建筑现状分析主要是对建筑物的竣工与现状图样进行"读图式分析"，这一过程往往是通过对现状平面图及顶棚梁位图等图样的"描图"来实现。在描图的过程中需要带着以下问题进行思考，并以文字的形式记录：

1）建筑的功能性质（性质定性）是什么？是属于办公楼、宿舍还是其他性质？

2）整座建筑的高度和层数是多少？是属于单层建筑、多层建筑还是高层建筑？

3）如果是高层建筑是属于一类建筑还是二类建筑？建筑的耐火等级是几级？

4）建筑的结构类型是什么？是属于墙体承重结构、框架结构、框架-剪力墙结构、框架-筒体结构还是其他结构类型？

5）室内设计的范围区域在哪里？各楼层的面积是多少？总面积是多少？各楼层平面图图形的形式有何特点？

6）建筑的入口以及建筑外墙窗户的数量、位置、尺寸与形式怎样？

7）建筑室内结构柱（墙）、梁位、楼梯、电梯、卫生间、管井等固定不可变的构件与部件的数量、位置、尺寸与形式怎样？

8）建筑的消防、电气、给水排水、暖通空调等的设计现状条件如何？

9）……

### 2. 任务书的扩充

通常来说，在学校设计课程的教学中，设计任务书都是由授课教师撰写，对具体设计的内容与要求都较为详细。然而在一些室内设计快题考试以及实际的项目设计中，设计任务书却往往是极为简明的，这就需要设计者在此基础上进行设计任务书的内容扩充与进一步的分类梳理。这一过程即是要求设计者在设计前期对建筑室内中每一个房间/空间/功能/区域的功能需求及设计需求（空间形态、造形、材质、界面、家具、陈设、色彩、照明等设计要素）逐一进行尽可能周全的思考与分析，并将分析的结果以文字的形式进行记录。

### 3. 功能分析表格

功能分析表格是将上述已经扩充完成的任务书文字进行重点内容抓取并转化和简化为表格的形式。通常功能分析表格集中一张纸面上完成，由此整个建筑室内中所包含的所有房间/空间/功能/区域就能在整体上一览无余。

如图8-4所示，在本办公楼一层空间的室内设计中，按照办公建筑一般由公共用房、办公业务用房、服务用房以及附属设施这4个部分所组成的大类，结合扩充的设计任务书

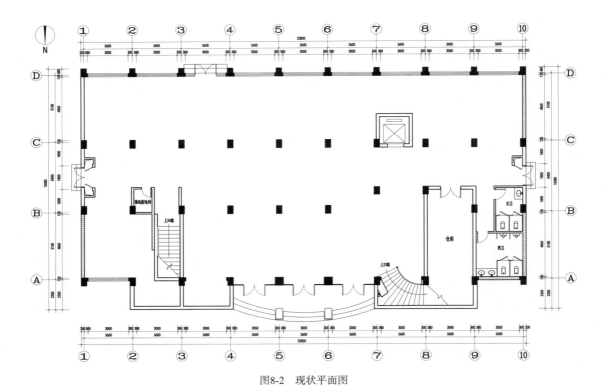

图8-2　现状平面图

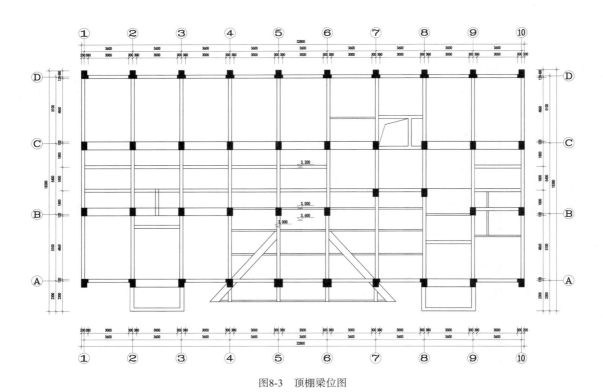

图8-3　顶棚梁位图

所分析的内容，依次列出具体的房间/空间/功能/区域的名称，并按顺序进行编号。然后逐一对其进行使用人数、基本功能需求分析以及所需家具与设备分析的列表。功能分析表格的理论出发点在第3章“室内空间的设计”中已有阐释，即是人们在室内空间中进行的各种生活与活动行为，都必须依托于与之配套适合的家具与设备才能辅佐完成。因此在功能分析表格中应确定室内空间中家具与设备的数量与尺寸。

当然，这类分析表格也可以根据项目设计的需要，进行室内空间形态、空间造型、界面材质、界面装饰、室内陈设、室内色彩、室内照明等设计要素的分析。

| | 房间/空间/功能/区域 | 人数 | 基本功能需求分析 | 所需家具与设备分析 |
|---|---|---|---|---|
| 公共用房 | ①大厅 | 3~5人 | ·来访登记<br>·等候休息<br>·形象展示<br>·通知公告<br>·查询取号 | ·登记台（1人）<br>·休息沙发（3~4人）<br>·大厅背景墙<br>·LED显示屏（对外）/告示栏（对内）<br>·自助查询终端机（2个）<br>·空调柜机（4台） |
| | ②服务接待办事窗口 | 6~8人 | ·咨询<br>·填单<br>·等候<br>·受理 | ·咨询窗口（1个窗口/1人）<br>·填单区（5~6人）<br>·等候排椅（6~8人）2300×650<br>·受理窗口（2个窗口/2人）<br>·空调柜机（1台） |
| | ③服务接待工作区 | 3人 | ·咨询与受理服务<br>·文件存放 | ·办公桌/椅（3套）1200×600<br>·文件柜（3~4个）850×400<br>·矮柜（3~4个）800×400 |
| | ④资料和证书存放室 | — | ·资料与证书存放 | ·文件柜（5~6个）850×400 |
| 办公业务用房 | ⑤驾驶员办公室 | 4人 | ·工作<br>·简单会客<br>·简单休息 | ·一字形屏风办公桌/椅（4套）1200×600<br>·文件柜（1~2个）850×400<br>·会客/休息沙发（2~3人） |
| | ⑥后勤人员办公室 | 5人 | ·工作<br>·简单会客<br>·简单休息 | ·一字形屏风办公桌/椅（5套）1200×600<br>·文件柜（2~3个）850×400<br>·会客/休息沙发（2~3人） |
| | ⑦普通办公室 | 3人 | ·工作<br>·简单会客<br>·简单休息 | ·L形屏风办公桌/椅（3套）1200×1400<br>·文件柜（4~5个）850×400<br>·会客/休息沙发（2~3人） |
| 服务用房 | ⑧值班室 | 2人 | ·值班 | ·普通办公桌/椅（2套）1000×700<br>·文件柜（1个）850×400 |
| | ⑨信件收发室 | 1~2人 | ·办公<br>·信件整理 | ·L形屏风办公桌/椅（2套）1200×1400<br>·工作台（1个）1200×600<br>·文件柜（5~6个）850×400 |
| | ⑩卫生间 | 5~6人 | ·洗手<br>·如厕 | ·洗手盆（2个）<br>·卫生间隔间（男卫2~3个/女卫2个）<br>·小便器（2~3个） |
| | ⑪开水间 | — | ·开水提供 | ·开水机（1个）430×450 |
| | ⑫仓库 | — | ·物品存放 | ·利用楼梯下的三角空间 |
| 附属设施 | ⑬UPS存放间及弱电配电间 | — | ·预留电气工程师需要的位置与面积 | ·由电气工程师决定 |

图8-4 功能分析表格

4. 形成标准矩阵

标准矩阵（Criteria matrix）是将需要考虑的设计因素与要求以一种简洁明了的实用顺序组合起来的表格形式。“标准”即方案设计需要考虑的设计因素与要求；“矩阵”即是将各个设计因素按照纵横排列所形成的方形表格。

如图8-5所示，标准矩阵的纵列是在前述功能分析表格中已经列出的各个带有顺序编号的具体房间/空间/功能/区域的名称。标准矩阵的横排是设计者需要进行逐一分析并填写的设计因素与要求，依次为面积需求估算、邻接空间需求、公共通道、天然采光/自然通风/室外景观需求、私密性需求、给水排水需求、特殊设备需求以及特殊注意事项。其中面积需求估算要通过后续原型规划草图的绘制并计算得出结果之后再来填写。

标准矩阵中内容的填写需要通过一些字母与符号来进行简化的表达，例如：

①——紧邻。 ①——靠近。

H（High）——高。 M（Middle）——中。 L（Low）——低。

Y（Yes）——是/有。　　　N（No）——否/无。

I（Important but not required）——重要的但不是必需的。

与功能分析表格一样，标准矩阵也是要集中在一张纸面上完成，这样全部的房间/空间/功能/区域就能够按照它们在整个项目设计中的相互关系进行分门别类，并且能够一目了然地获得对该项目设计总体关系的理解。标准矩阵中横排的设计因素与要求，可以在表格右侧继续扩展，例如前述的空间形态、空间造形、界面材质、界面装饰、室内陈设、室内色彩以及室内照明等；也可以进行细分，例如可将私密性需求细分为视觉私密性需求和声学私密性需求。当然，最终还要根据具体项目的大小、复杂难易程度、设计时间的长短等因素，将以上内容进行详细化或简略化的调整处理。

| 房间/空间/功能/区域 | 面积需求估算 | 邻接空间需求 | 公共通道 | 天然采光/自然通风/室外景观需求 | 私密性需求 | 给水排水需求 | 特殊设备需求 | 特殊注意事项 |
|---|---|---|---|---|---|---|---|---|
| ①大厅 | 120m² | ②③⑧⑦ | H | I | N | N | Y | • 紧邻大门<br>• 人流交通疏散中心 |
| ②服务接待办事窗口 | 30m² | ①③④⑧ | H | Y | M | N | Y | • 入口装玻璃门,便于使用与管理<br>• 需靠近入口,方便物流 |
| ③服务接待工作区 | 15m² | ①②④ | L | Y | L | N | N | • 以柜台形式办公 |
| ④资料证书存放室 | 8m² | ②③ | L | N | H | N | N | • 以服务接待工作区内的套间形式 |
| ⑤驾驶员办公室 | 18m² | 遥远的 | L | Y | H | N | N | • 优先满足使用人数需求<br>• 最小化办公桌 |
| ⑥后勤人员办公室 | 22m² | ⑩⑪⑫<br>遥远的 | L | Y | H | N | N | • 优先满足使用人数需求<br>• 最小化办公桌 |
| ⑦普通办公室 | 22m² | 遥远的 | L | Y | H | N | N | • 常规办公室配置<br>• 设于尽端 |
| ⑧值班室 | 6m² | ①②⑨ | L | I | L | N | Y | • 与大厅登记台紧邻 |
| ⑨信件收发室 | 15m² | ①⑧<br>中间的 | L | Y | M | N | N | • 需配置信件整理工作台 |
| ⑩卫生间 | 16m² | ⑪⑫<br>既定位置 | M | Y | H | Y | Y | • 既定面积较小<br>• 洗手台共用 |
| ⑪开水间 | 1.5m² | ⑩⑫<br>既定位置 | M | N | N | Y | Y | • 对外开放式 |
| ⑫仓库 | 30m² | ⑥ | N | N | H | N | N | • 利用楼梯下的三角空间 |
| ⑬UPS存放间及弱电配电间 | 39m² | 遥远的/<br>既定位置 | N | N | H | N | Y | • 由电气工程师决定 |

备注: ①—紧邻. ⑩—靠近.
H（High）—高. M（Middle）—中. L（Low）—低.
Y（Yes）—是/有. N（No）—否/无.
I（Important but not required）—重要的但不是必需的.

图8-5　标准矩阵

### 5.原型规划草图

原型规划草图（Prototypical plan sketch）即某一特定功能空间的典型平面布置图。在不同功能类型的房间/空间/功能/区域中，家具的尺寸选型、排列与组合的方式，不同类型的家具之间，以及家具与室内界面之间的关系，通常都有着几种最具有代表性与一般性意义的平面布置方式，它们往往是各个方面的设计因素综合起来最优化也是最为理想的平面布局形式，因此具有"原型"的意义。

在第3章"室内空间的设计"中已经阐述过，使用功能区域的面积组成，是由家具与设备本身的静态尺寸、人们使用家具与设备时的动态尺寸以及视觉和心理距离的调节尺寸这三者的尺寸之和来计算求得。同时在前述"功能分析表格"中，已经将每一个功能空间中家具与设备的数量与尺寸予以确定，再留出主次流线通道的最小面积尺寸，就能够勾画出每个功能空间的原型规划草图。由此就能够对每一个房间/空间/功能/区域的平面尺寸大小及平面形状有一个估量，其测算的面积数据也就能够补充填入前述"标准矩阵"中的"面积估算需求"中。

在这一过程中有必要与之前"建筑现状分析"过程中所分析的建筑开间与进深尺寸所构成的建筑柱网形成一种关照或呼应的关系。通常来说，室内空间的二次分隔墙体要尽可能地顺应原建筑的柱网布局与柱梁结构。如图8-2与图8-3中所示，结合本案例中原建筑的4个出入口设置，可分析得出各功能房间原型规划草图的绘制，应以3.6m开间与5.1m进深所形成的竖长方形的平面布置为主导（图8-6）。

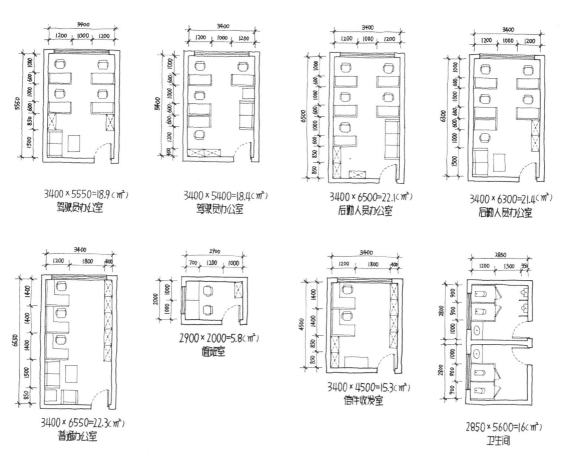

图8-6　原型规划草图

6. 邻接矩阵扩充

邻接矩阵（Adjacency matrix）是在完成"标准矩阵"之后所进行的分析内容扩充，

通常在标准矩阵的左侧增加表格来完成。

如图8-7可知，邻接矩阵实际上是在标准矩阵中"邻接空间需求"所分析的"紧邻"与"靠近"这两个邻接关系的基础上，进一步增加了"便利"、"远离"、"没有联系"、"既定位置"等邻接关系；同时也是将所有空间之间的邻接关系进行符号化与视觉化的处理过程。由此对各个空间相互之间的邻接关系进行了再次的梳理并确认。

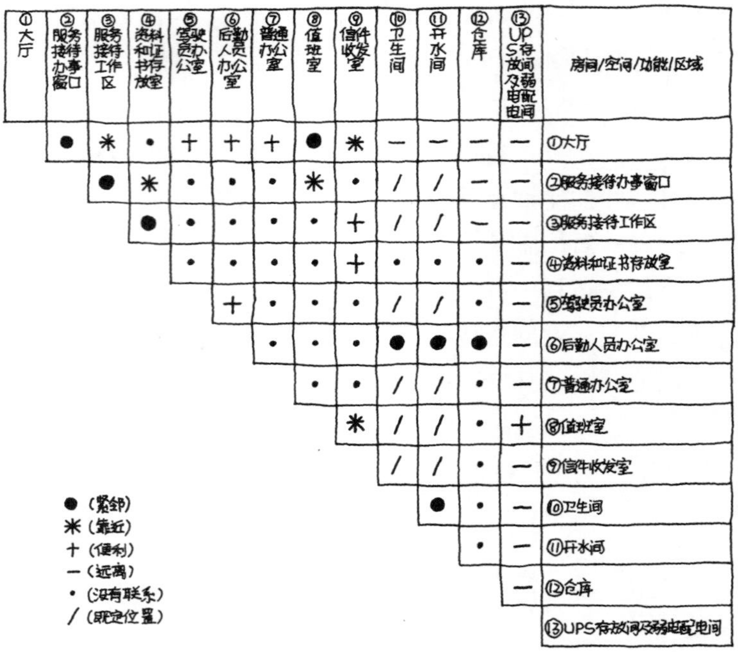

图例：
● （紧邻）
米 （靠近）
十 （便利）
一 （远离）
· （没有联系）
／ （既定位置）

房间/空间/功能/区域：
① 大厅
② 服务接待办事窗口
③ 服务接待工作区
④ 资料和证书存放室
⑤ 驾驶员办公室
⑥ 后勤人员办公室
⑦ 普通办公室
⑧ 值班室
⑨ 信件收发室
⑩ 卫生间
⑪ 开水间
⑫ 仓库
⑬ UPS存放间及弱电配电间

图8-7　邻接矩阵

### 7. 关系图的生成

功能分析表格、标准矩阵、邻接矩阵均是以表格与文字为主，字母和符号为辅的形式进行设计任务书的梳理，而到关系图（Relationship diagram）阶段，则是将上述内容全部转化为图解的形式。

如图8-8和图8-9的关系图中所示，各个房间/空间/功能/区域用倒角矩形或圆圈的图形形式来表示。在绘制时，倒角矩形和圆圈的大小控制要与在标准矩阵中所分析的面积需求估算所测算的数据形成一定的比例对应关系。各个房间/空间/功能/区域之间的邻接关系用不同线型形式的连接线来进行连接与关联。

在关系图的绘制中，也需要与最开始"建筑现状分析"中的内容有一定的关照与呼应的关系。通常来说，建筑的主次入口与外墙窗户的位置与数量在原则上应保持原建筑不变。同时由于受到建筑现状条件的制约，在每个设计项目中都会有几个房间/空间/功能/区域在建筑平面中有既定的位置，例如对空间中没有独立结构柱的大空间的需求、卫生间等用水房间的位置、厨房对排烟井的需求等。

如图8-8所示，在本办公楼一层空间的室内设计中，大厅应紧邻主入口，值班室应紧邻主入口和大厅，仓库利用现有楼梯下的三角空间，UPS存放间及弱电配电间预留电气工程师指定的需要位置，这些功能空间的既定位置都应该在绘制关系图时予以考虑，它们也是在关系图的绘制中起笔时所能够首先表达的内容。

关系图中各功能空间之间邻接关系的连接线表达，首先要通过查看邻接矩阵中的分类化视觉符号便可一目了然，在绘制时只需要把邻接矩阵中的不同符号相应地调整为关系图中的各类线型即可。通常可以按照邻接关系的层级等级顺序，依次按照顺序先将"紧邻"、"靠近"与"便利"这些主要的邻接关系表达出来（图8-8），然后再逐层深入进行完整的表达（图8-9）。

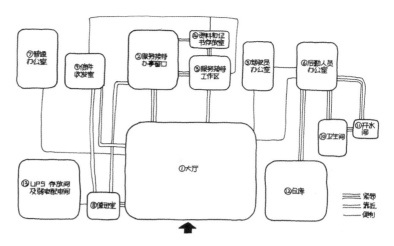

图8-8 关系图（一）

关系图中的各功能空间可以用倒角矩形或是圆圈的形式。倒角矩形的形式比较常用于如本案例中办公空间这类以功能性与经济性为设计主导、方盒子式的空间形态。接近于房间平面形式的倒角矩形也比较适合于初学者或最开始绘制关系图时使用。而圆圈的形式则更为灵动自然，更加适用于设计者

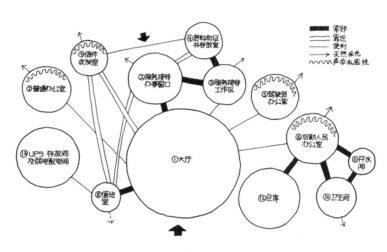

图8-9 关系图（二）

在进行手绘勾画时的直接表达与自由发挥。曲线式的圆圈形可以使设计者不受常规方盒子空间形态的束缚，同时也蕴含着创造出更多样丰富的空间形态的可能性。在绘制关系图的过程中，这两种形式都可以并存使用，只要能够达到以图解的方式梳理并表达各空间之间关系与上一步表格过程中的分析内容即可。此外，设计者应尽可能绘制2~3个不同的关系图方案，才能够表达出空间关系的多样性。多幅的关系图方案也意味着多个平面布置方案生成的可能性。

## 8.1.2 平面布置的生成

从功能分析的过程阶段转移到平面布置的生成阶段，也意味着才开始正式意义上的"画图"。平面布置图在整个室内项目设计中是最具有决定性意义的设计图样，地面铺装图、顶棚平面图以及立面图均是在平面布置与格局基本确定的基础上才能够进行，其

生成步骤如图8-10所示。

### 1.气泡图的生成

气泡图（Bubble diagram）是将前一步所绘制"关系图"中的代表各个房间/空间/功能/区域的倒角矩形或圆圈图形"填充入"到"现状平面图"之中。

由于建筑室内的平面布置都是由使用功能空间和交通联系空间这两大部分所组成，因此在气泡图的绘制过程中，除了"填充入"的功能空间之外，还应该要"留空出"交通联系空间。在水平交通联系空间中，原建筑设计的各个安全出口和疏散门以及与之相连的疏散通道应保持不变。在垂直交通联系空间中，原建筑设计的疏散楼梯、电梯及自动扶梯应保持不变。也就是说，这些内容可以作为是在绘制气泡图时"留空出"交通联系空间的既定内容（图8-11）。

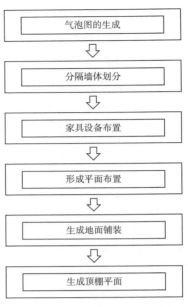

图8-10 平面布置的步骤图解

通过气泡图的绘制，各个房间/空间/功能/区域在现状平面图中的位置、邻接关系、对天然采光、自然通风与室外景观的需求以及对私密性及公共性的需求得以完成并且能够在平面图中体现。

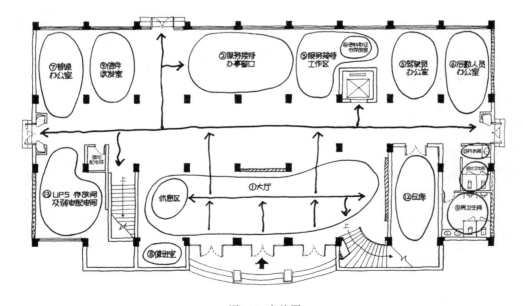

图8-11 气泡图

### 2. 分隔墙体划分

如图8-12所示，气泡图绘制完成之后便可进行分隔墙体的划分。分隔墙体的划分除了要尽可能地顺应原建筑的柱网布局与柱梁结构之外，还应特别注意对室内空间中独立柱的处理，以及分隔墙体上所开门窗的位置、形式、方向、尺寸及数量等问题。由于设计给定的建筑现状平面总是在一个具体有限的面积范围之内，这就不可能将功能分析中的每一个房间/空间/功能/区域——在室内平面中都给予一个独立的位置，因此通常来说，在设计时应优先满足主要功能需求，此外某些房间或区域可以处理成空间上的重叠合并，或是使用时间上的分离错开。

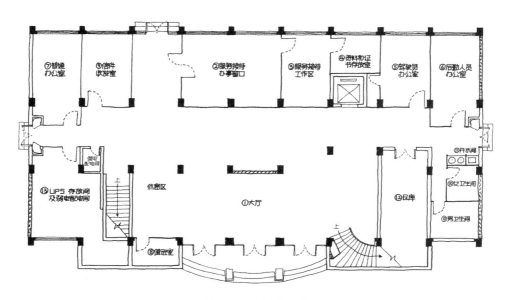

图8-12　分隔墙体划分

### 3. 家具设备布置

由于在"原型规划草图"中已经完成了设计项目中各功能空间所需要的家具与设备的草图布置，此阶段将家具与设备"填充入"前一步分隔墙体所划分的各个房间或空间即可（图8-13）。绘制时应注意对人们使用家具与设备时的动态尺寸，以及视觉和心理距离的调节尺寸这两者的控制。

### 4. 形成平面布置

在完成以上步骤之后，即可将上述手绘图样用CAD软件在计算机中绘制形成尺寸精确的平面布置图，这也是将平面图不断补充完善并最终将平面定形的过程（图8-14）。多层平面之间的竖向关系，可通过绘制或打印在透明拷贝纸上后上下对齐重叠来查看。

### 5. 生成地面铺装

平面布置图绘制完成之后即可绘制地面铺装图（图8-15）。地面铺装的设计方法在第4章底界面的设计中已有阐述。

## 6. 生成顶棚平面

地面铺装图与顶棚平面图都是将透明的拷贝纸置于平面布置图之上绘制（图8-16）。顶棚平面的设计方法见第4章中顶界面的设计与第7章中室内照明设计原理。

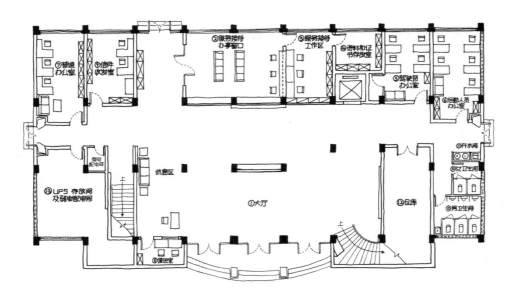

图8-13　家具设备布置

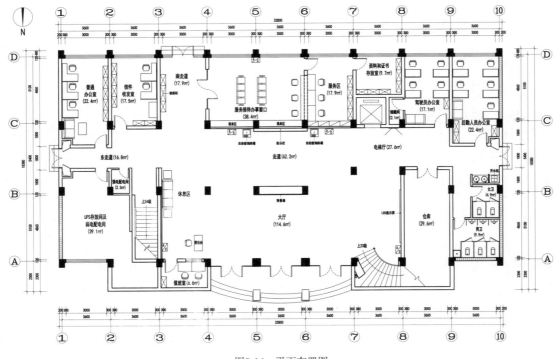

图8-14　平面布置图

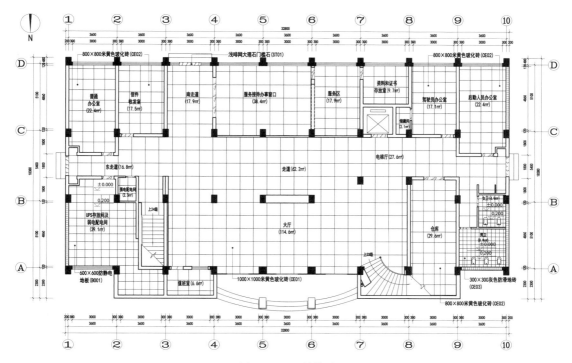

图8-15 地面铺装图

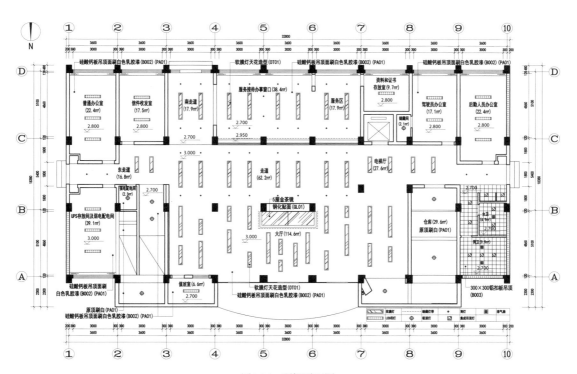

图8-16 顶棚平面图

## 8.2　空间氛围与空间形象

室内设计的宗旨在于综合创造出物质与精神合一、功能与形式并重的人性化室内空间环境。室内空间除了要满足人们基本的使用功能需求之外，还必须通过空间氛围的塑造与空间形象的表现，借由人们对空间的感知与体验，使人们产生某种心理上情感的共鸣或是心智的启迪，由此实现人们在更高层次上的审美与精神追求。这就涉及设计者关于室内空间氛围的确定及其相应空间形象的生成这一重要课题。

### 8.2.1　空间氛围的确定

空间氛围是室内设计所营造的意向。通过体验，使人与空间产生沟通与交流，进而传递某种观念和信息，同时也是反映社会、政治和技术等问题的总体空间框架。控制空间氛围的主要元素包括色彩和装饰面、光、家具、器物和产品。这些元素都具有相应的语义参考，既可以呈现其他学科在室内设计中的渗透，也揭示出室内空间的复杂性。在中国，根据时间、事件的不同变换家具、器物（陈设）一直以来就是营造空间氛围的主要手段，其多样性和即时性带来了中国传统室内空间氛围丰富、多变的特征。[一]

#### 1. 空间的功能性质与空间氛围

人们常常用诸如空间氛围、空间气氛、空间意境、空间意向、空间性格、空间个性等词语，来表达对体验过某一室内空间之后留下的总体印象。在现实生活中，当进入不同类型的建筑室内空间，往往会有不同的空间氛围感受：如家庭居室的温馨舒适、办公空间的宽敞明亮、纪念馆的庄重肃穆、幼儿园的欢乐活泼、茶楼的古香古色、酒店的金碧辉煌。而另有一些则总会感觉其不像或是缺少这类空间所本应该具有的空间氛围，却更像是另一种类型的室内空间：比如在家庭住宅的客厅中配置公共建筑空间所用的大尺度沙发；将民宿客房设计成与星级酒店客房相类似；不管是茶叶店、图书馆还是餐馆、美容店，但凡与传统文化有关的空间都以木隔扇、月洞门、山水画格栅等中式元素来表达，如此种种，不一而足。

以上现象所反映的是，某一类型功能用途建筑室内的空间氛围都有一定的共性特征，而这一共性特征正是这一类建筑室内的空间氛围区别与其他类型的个性之处所在。不同功能用途的建筑室内应该具备与之相呼应的空间环境氛围，否则便会导致一种空间氛围的错位或趋同。因此对于设计者来说，在设计之初就应该根据室内空间类型的性质进行归类，建立起对该室内空间氛围意向宏观整体的定位与控制。

---

〇　梁雯. 室内空间[DB/OL].（2022-01-20）[2023-06-02]. https://www.zgbk.com/ecph/words?SiteID=1&ID=211966&Type=bkzyb&SubID=146627

## 2. 通过风格样式塑造空间氛围

在进行室内设计时，设计者常常从选取某种"传统风格"入手，以此来对室内空间的氛围特征加以表现。比如从某个历史的时代风格中选取，如中国古代秦汉、唐宋、明清及近代等时期的风格，西方的古典、巴洛克、洛可可、装饰艺术直至现代及后现代主义风格；或是挑选某个民族或地区的地域特色风格来加以体现，如中式风格、欧式风格、日式风格、美式风格、北欧风格、东南亚风格。这些成熟的历史风格所具有的独特性、稳定性和一贯性，使得人们在很多情况下，可以对传统风格的历史精神或地域特质进行吸取，以塑造不同的室内空间氛围与性格。

不过需要明确的是，建筑及室内的历史风格是与当时当地的社会、政治、经济、文化以及建筑室内的功能、环境、结构与材料等条件相适应的；而民族或地区的风格更是要受到当地特有的地理环境、气候条件、民族风俗、文化传统以及社会环境等因素的影响。传统风格对于现代室内空间的氛围塑造来说无疑只是一种珍贵的资源，但却并不是一种现成的素材，盲目地抄袭或是模仿传统风格以建设现代生活环境势必带来一系列不良问题⊖。因此，在以传统风格来塑造空间氛围时，必须经过设计者的创造性转化与创新性发展，而非盲目地模仿、复制或拼凑。

此外，尽管室内设计的消费性特征决定了从传统风格中吸取养分来塑造空间氛围的可行性，但是设计者不能够仅仅拘泥于此，而更应该表现自身所处的时代风格或者开创更新的风格。现代室内设计中工业风格、轻奢风格、原木风格、侘寂风格、赛博朋克风格等各种新的风格时尚层出不穷，未来也必然会有更多更新的室内设计风格与流行样式不断出现，为探索并塑造满足人们复杂多样情感体验的空间氛围提供了无限的可能性。

## 3. 主题立意构思切入空间氛围

上文谈到，室内空间的整体氛围意向必须与其对应的建筑功能性质相匹配，然而即便是同一功能性质的建筑类型，其所细分的各种室内空间也都十分多样，那么这样一来又如何突出并表现具体空间氛围的个性特征而避免趋同呢？另外，通过风格样式可以来塑造空间氛围，不过这也仅是由于室内设计的消费性特征所致的一种途径，却不是唯一途径，况且新旧风格样式总是处在流行与过时的不断发展与交替变化之中，于是又会导致另一种空间氛围个性的丧失并趋于雷同。

我们知道，空间氛围、空间气氛、空间意境、空间意向、空间性格、空间个性，所经由传达的均是设计者的立意构思等种种创作思想，这是区别与工程设计的。因此，强调室内设计的创作性，通过设计者对创作主题与立意构思执着不懈的追求，在设计过程中自始至终地明确并把握空间创作的主题思想，并通过室内设计的造型语言来进行表现与传达，由此来切入具有个性化特征的室内空间氛围的塑造，就成为必由之路。

---

⊖　王建柱.室内设计学 [M]. 台北：视觉文化事业股份有限公司，1976：23。

人们在室内空间行进移动的过程中，通过视觉、听觉、嗅觉、触觉的多重感官而综合形成室内固定氛围的整体感受，而这其中又以视觉感受为主导。因此，设计者的主题立意构思，必须从语言文字表达转化为视觉的空间造型概念，进而要综合而整体地体现在构成室内的空间环境、装修构造与装饰陈设这三大部分之中。视觉概念所反映的主题立意构思在这三大部分之间不断地多层次穿插、交叉、强化，最终才能形成室内空间总体艺术氛围的塑造。

## 8.2.2　空间形象的生成

空间形象的生成有赖于两个必要条件，一是设计者对创作主题与立意构思的空间概念确定，这是一个煞费苦心的艰辛过程，对设计者的空间想象力与平时的积累提出了较高的要求。二是从空间概念到空间形象，通过室内设计造型语言将创作主题与立意构思转化为空间形象图式的表现过程，要求设计者能够自始至终地控制并贯彻最初的空间概念。空间形象生成的两个必要条件互相依存且相互交融，空间概念与空间形象即是内容与形式的关系，内容决定形式，形式服从内容。如果设计者缺乏创作主题的意识或是立意构思缺少心意，那么形式的表现则难免流于表面的肤浅，而缺失形式背后的情感情绪及意义与价值，空间形象的视觉传达也难以引起空间体验者的共鸣。

### 1. 空间概念的确定

空间概念的确定并没有固定的法则可循，主要还是依靠设计者不断地对优秀设计案例背后的主题立意构思与视觉概念呈现进行空间体验与分析思考，以下总结可供设计者参考：

1）空间概念应该能够让空间体验者看得懂、体验得到。立意构思宜大众化、清晰化；不要故意找些冷门的、稀奇古怪的哗众取宠，或含混的、模棱两可的而不知所云。

2）好的立意构思是"意料之外，情理之中"。

3）好的立意构思是"妙"，是"巧"；是形式与内容的统一。

4）好的立意构思用一个主标题或是一句话就可以概括说明，无须太多文字说明。

5）立意构思最起码要能够"自圆其说"，简言之就是要"说得通"。

6）立意构思要"切"，空间形象的主题元素要"搭"。

7）空间形象主题元素的选择宜少不宜多，选用1~2个或是1组同类的设计元素。

8）空间形象主题元素还要考虑其是否有灵活的可转换性，是否便于室内装修施工。

结合分析香港壹正企划有限公司设计师罗灵杰与龙慧祺设计的3个电影院作品，可进一步理解空间形象生成与视觉概念呈现的概念。在武汉武商摩尔国际电影城国广店九楼的室内设计中，设计师以传统放映电影胶片所用的"菲林铁盒"为创意构思，通过提取其铁盒圆盘的造型并将其大小错落地排列，形成一种有如电影菲林胶片放映时不断转动的运动感（图8-17）。在上海幸福蓝海国际影城龙湖虹桥天街店的室内设计中，设计师以拍摄电影过程中必不可少的"摄影路轨"为构思来源，并将其转化为一条条蜿蜒延绵的古铜色圆管贯穿于整个空间之中（图8-18）。在长沙银兴万影汇国际影城的室内设计中，设计师以电影导演在拍摄现场进行现场调度所手执的"扩音器"为构思概念，提取扩音器的喇叭口造型并将其转化融入整个空间主题中（图8-19）。

图8-17　武汉武商摩尔国际电影城国　　图8-18　上海幸福蓝海国际影城龙湖　　图8-19　长沙银兴万影汇国际影城内景
　　　　广店九楼内景　　　　　　　　　　　　　虹桥天街店内景

### 2. 空间形象的表现

设计者有了好的空间概念，还需要对空间形象进行表现，并以视觉的形式将概念呈现出来。换句话说，设计者即便是有了极具创意的空间概念，可是如果最终无法将概念表现出来，或是表现得模棱两可、词不达意，也就达不到空间氛围营造的目的。由此可见，作为"内容"的设计概念固然重要，而作为"形式"的空间形象视觉表现却更具有最终的决定意义。设计师在"发现"了空间概念的内容之后，不能仅仅停留在客观被动的形式"再现"的模仿层面，更需要进行主观能动的形式"表现"的创造。

室内设计造型语言的特殊之处在于其始终依附于相关的室内装饰材料与构造方法，因此通常只能运用一些比较抽象的几何体形，通过点、线、面、体各部分的比例、均衡、对称、色彩、材质、肌理、照明等造型要素的和谐统一与对比变化而获得相应的空间氛围。也正是由于室内设计中诸多的造型要素之间相互交织、相互制约，彼此存在着紧密的关系与影响，也相应带来设计中要考虑的变量较多的复杂情况。在空间形象的表现中，设计者可以从空间形态、空间造形、空间材质、界面装饰、家具陈设、空间色彩、空间照明等造型要素中选取其中的1~2个，通过形式美法则的灵活运用，不断地穿插、交叉、强化，进行重点突出的空间形象视觉表现即可，而不用面面俱到，最终形成多样统一的室内空间总体艺术氛围的营造（图8-20）。

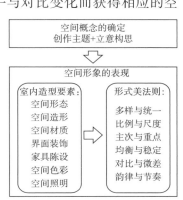

图8-20　空间形象的生成过程图解

## 本章小结与思考

　　本章结合某办公空间室内设计案例，就设计过程中"功能分析与平面布置"和"空间氛围与空间形象"这两大问题进行阐释分析。功能分析与平面布置的设计是基于理性，而空间氛围与空间形成的生成则偏重感性，两者是室内设计过程中的一体两翼。设计者应将"理性的功能分析过程"与"感性的设计构思创意"相结合，追求设计创新，创作出优秀的室内设计作品。

　　2014年10月15日，习近平总书记在文艺工作座谈会上的重要讲话中强调"文艺工作者应该牢记，创作是自己的中心任务，作品是自己的立身之本，要静下心来、精益求精搞创作，把最好的精神食粮奉献给人民"，并指出"文艺创作是观念和手段相结合、内容和形式相融合的深度创新，是各种艺术要素和技术要素的集成，是胸怀和创意的对接。要把创新精神贯穿文艺创作生产全过程，增强文艺原创能力""艺术可以放飞想象的翅膀，但一定要脚踩坚实的大地。文艺创作方法有一百条、一千条，但最根本、最关键、最牢靠的办法是扎根人民、扎根生活"。习近平总书记的重要讲话为我们在新时代进行室内设计艺术创作提供了根本指南，我们应立足时代、扎根人民、深入生活，树立正确的创作观与设计观，创作生产出无愧于我们这个伟大民族、伟大时代的优秀作品。

## 课后练习

　　图解

　　1.收集2~3个室内设计竞赛的命题要求和获奖作品，并用手绘图解分析的形式分析这些获奖作品在空间概念、空间氛围、空间形象及空间表达等方面的创新之处。

　　2.结合你所收集的室内设计竞赛的命题要求与相关图样，完成功能分析与平面布置这一过程中所需要表达的相关文字、表格、草图及图解等内容。

# 参考文献

[1] 侯平治. 现代室内设计 [M]. 台北：大陆书店，1971.

[2] 王建柱. 室内设计学 [M]. 台北：视觉文化事业股份有限公司，1976.

[3] 霍维国. 室内设计 [M]. 西安：西安交通大学出版社，1985.

[4] 陆震纬. 室内设计 [M]. 成都：四川科学技术出版社，1987.

[5] 史春珊. 室内设计基本知识 [M]. 沈阳：辽宁科学技术出版社，1989.

[6] 浙江美术学院环境艺术系. 室内设计基础 [M]. 杭州：浙江美术学院出版社，1990.

[7] 朱小平. 室内设计 [M]. 天津：天津人民美术出版社，1990.

[8] 张绮曼，郑曙旸. 室内设计资料集 [M]. 北京：中国建筑工业出版社，1991.

[9] 施淑文. 建筑环境色彩设计 [M]. 北京：中国建筑工业出版社，1991.

[10] 霍维国，张炜. 室内空间设计 [M]. 海口：海南出版社，1993.

[11] 邓庆尧. 环境艺术设计 [M]. 济南：山东美术出版社，1995.

[12] 来增祥，陆震纬. 室内设计原理 [M]. 北京：中国建筑工业出版社，1996.

[13] 彭一刚. 建筑空间组合论 [M]. 2版. 北京：中国建筑工业出版社，1998.

[14] 刘玉楼. 室内绿化设计 [M]. 北京：中国建筑工业出版，1999.

[15] 杜异. 照明系统设计 [M]. 北京：中国建筑工业出版社，1999.

[16] 小原二郎，加藤力，安藤正雄. 室内空间设计手册 [M]. 张黎明，袁逸倩，译. 北京：中国建筑工业出版社，1999.

[17] 宋建明. 设计造型基础 [M]. 上海：上海书画出版社，2000.

[18] 怀特T. 建筑语汇 [M]. 林敏哲，林明毅，译. 大连：大连理工大学出版社，2001.

[19] PILE F J.Interior Design [M]. 3rd ed. Upper Saddle River：Prentice-Hall，Inc.，2003.

[20] 尼森，福克纳L，福克纳S. 美国室内设计通用教材 [M] .陈德民，陈青，王勇，等译. 上海：上海人民美术出版社，2004.

[21] 庄荣，吴叶红. 家具与陈设 [M]. 2版. 北京：中国建筑工业出版社，2004.

[22] 屠兰芬. 室内绿化与内庭 [M]. 2版. 北京：中国建筑工业出版社，2004.

[23] 龚建培. 装饰织物与室内环境设计 [M]. 南京：东南大学出版社，2006.

[24] 程杰铭，陈夏洁，顾凯. 色彩学 [M]. 2版. 北京：科学出版社，2006.

[25] 娄永琪，LEUBA，朱小村. 环境设计 [M]. 北京：高等教育出版社，2008.

[26] 程大锦，宾格利. 图解室内设计 [M]. 2版. 侯熠，冯希，译. 天津：天津大学出版社，2010.

[27] 高祥生. 室内设计概论 [M]. 沈阳：北方联合出版传媒（集团）股份有限公司 辽宁美术出版社，2009.

[28] 叶铮. 室内设计纲要：概念思考与过程表述 [M]. 北京：中国建筑工业出版社，2010.

[29] 柳孝图. 建筑物理 [M]. 3版. 北京：中国建筑工业出版社，2010.

[30] 郑曙旸. 室内设计程序 [M]. 3版. 北京：中国建筑工业出版社，2011.

[31] 胡景初，戴向东. 家具设计概论 [M]. 2版. 北京：中国林业出版社，2011.

[32] 李凤崧，于历战. 家具设计 [M]. 3版. 北京：中国建筑工业出版社，2013.

[33] 潘吾华. 室内陈设艺术设计 [M]. 3版. 北京：中国建筑工业出版社，2013.

[34] 郑曙旸. 室内设计·思维与方法 [M]. 2版. 北京：中国建筑工业出版社，2014.

[35] 吴硕贤，夏清. 室内环境与设备 [M]. 3版. 北京：中国建筑工业出版社，2014.

[36] KILMER R，OTIE KILMER W. Designing Interiors [M]. 2nd ed. Hoboken：John Wiley & Sons，Inc.，2014.

[37] 矫苏平. 空间设计新探索 [M]. 北京：中国建筑工业出版社，2015.

[38] 霍维国，霍光. 室内设计教程 [M]. 3版. 北京：机械工业出版社，2016.

[39] 郑曙旸. 室内设计+构思与项目 [M]. 北京：中国建筑工业出版社，2016.

[40] 曾裕城. 窗帘制作教程 [M]. 南京：江苏凤凰科学技术出版社，2016.

[41] 北京照明学会照明设计专业委员会. 照明设计手册 [M]. 3版. 北京：中国电力出版社，2016.

[42] KARLEN M，R BENYA J，SPANGLER C. 照明设计基础 [M]. 2版. 于长艺，译. 北京：电子工业出版社，2016.

[43] 伦格尔J. 室内空间布局与尺度设计 [M]. 李嫣，译. 武汉：华中科技大学出版社，2017.

[44] 辛艺峰. 建筑室内环境设计 [M]. 2版. 北京：机械工业出版社，2017.

[45] 中国建筑工业出版社，中国建筑学会. 建筑设计资料集 第1分册 建筑总论 [M]. 北京：中国建筑工业出版社，2017.

[46] 三轮正弘. 环境设计的思想 [M]. 曹炜，译. 南京：江苏凤凰科学技术出版社，2017.

[47] BOTTI-SALITSKY R M. Programming & Research：Skills and Techniques for Interior Designers [M]. 2nd ed. New York：Fairchild Books，2017.

[48] 高祥生. 室内陈设设计教程 [M]. 南京：东南大学出版社，2019.

[49] 卡兰，弗莱明. 空间设计基础 [M]. 4版. 姚达婷，译. 北京：电子工业出版社，2019.

[50] 陈易. 室内设计原理 [M]. 2版. 北京：中国建筑工业出版社，2020.

[51] 琼斯M. 室内设计概论 [M]. 胡剑虹，等编译. 北京：中国林业出版社，2020.

[52] 宾格利. 建筑系统的室内设计师指南：第3版 [M]. 王延娥，陈海蛟，陈思达，译. 北京：电子工业出版社，2020.

[53] 李朝阳. 室内空间设计 [M]. 4版. 北京：中国建筑工业出版社，2021.

[54] 黄艳. 综合绿化设计 [M]. 北京：中国建筑工业出版社，2021.

[55] 戴昆. 室内色彩设计学习 [M]. 2版. 北京：中国建筑工业出版社，2021.

[56] 宋文雯，陆天启，宋立民. 室内色彩环境设计 [M]. 北京：中国建筑工业出版社，2021.

[57] 娄永琪，杨皓. 环境设计 [M]. 2版. 北京：高等教育出版社，2021.

[58] 曾大，子今，万蕴智. 现代窗帘设计教程 [M]. 南京：江苏凤凰科学技术出版社，2021.

[59] MITTON M，NYSTUEN C. Residential Interior Design：A Guide to Planning Spaces [M]. 4th ed. Hoboken：John Wiley & Sons，Inc.，2022.

[60] 王国彬，宋立民，程明. 虚拟环境艺术设计 [M]. 北京：中国建筑工业出版社，2022.

[61] 徐华. 照明设计基础 [M]. 北京：中国电力出版社，2023.